周志宇 主编 石俊学 刘宏吉 副主编

JUYIXI SHENGCHAN JISHU WENDA

聚乙烯生产技术问答

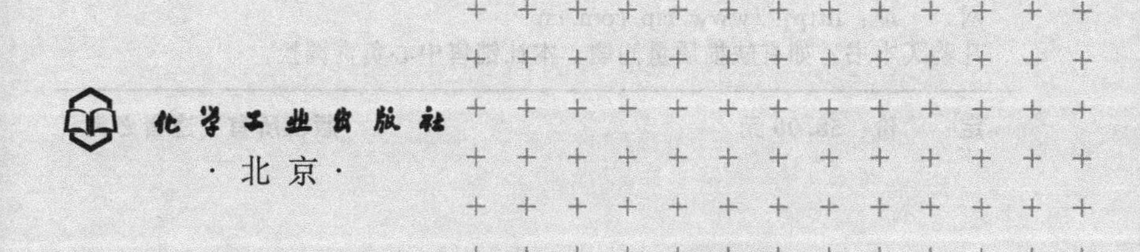

化学工业出版社
·北京·

本书以问答的形式系统介绍了聚乙烯生产技术人员应知应会的聚乙烯生产工艺流程、聚乙烯产品、聚乙烯理化性质、聚合催化剂、聚合方式等知识，在此基础上按照工艺流程依次介绍了原料精制、聚合反应、干燥脱气、溶剂和单体回收、添加剂和挤压造粒、粉料和粒料输送等工序的生产操作程序，常见的生产问题及其原因和处理方法。最后介绍了聚乙烯生产的分析检验和安全环保。

本书紧密联系聚乙烯装置生产实际，着眼于提高操作人员的实际操作技能和对问题的应变处理能力，可作为聚乙烯生产技术人员、岗位操作人员和管理人员的工作参考书，也可作为聚乙烯生产企业员工的培训教材。

图书在版编目（CIP）数据

聚乙烯生产技术问答/周志宇主编. —北京：化学工业出版社，2014.9（2025.2 重印）

ISBN 978-7-122-20890-3

Ⅰ.①聚… Ⅱ.①周… Ⅲ.①聚乙烯-生产-问题解答 Ⅳ.①TQ325.1-44

中国版本图书馆 CIP 数据核字（2014）第 122027 号

责任编辑：傅聪智　路金辉　　　装帧设计：刘丽华
责任校对：边　涛

出版发行：化学工业出版社
（北京市东城区青年湖南街 13 号　邮政编码 100011）
印　　装：北京科印技术咨询服务有限公司数码印刷分部
850mm×1168mm　1/32　印张 10¾　字数 275 千字
2025 年 2 月北京第 1 版第 3 次印刷

购书咨询：010-64518888　　售后服务：010-64518899
网　　址：http://www.cip.com.cn
凡购买本书，如有缺损质量问题，本社销售中心负责调换。

定　　价：58.00 元　

前言

聚乙烯是合成树脂中用量最大的品种，由于其特殊的机械性能和化学稳定性，广泛用于工业、农业、医药、卫生和日常生活用品等领域。2012 年，全球聚乙烯、聚丙烯、聚氯乙烯、聚苯乙烯和 ABS 五大合成树脂产能为 2.49 亿吨/年，需求为 1.92 亿吨。其中聚乙烯产能增加 190 万吨/年；产量为 7750 万吨，同比增长 1.6%；需求量为 7750 万吨，同比增长 1.9%。2012 年，中国聚乙烯产能增加 135 万吨，达 1175 万吨；表观消费量为 1809 万吨，同比增长 1.7%。

聚乙烯的合成方法众多，不同方法的流程和操作参数差异较大，即使是同一种合成方法，生产不同牌号的产品，其使用的原料、助剂、操作参数也有较大的不同。装置既有合成技术，也需要更多种类的分离技术。因此，掌握好聚乙烯的生产技能，对减少非计划停车、提高装置的运行水平和经济效益就显得十分必要。

为了进一步提高聚乙烯装置操作人员的实际操作技能，使员工掌握本装置的生产流程、工艺原理、通用理论知识、装置理论知识，熟练掌握装置操作影响因素分析和必备的操作技能知识，特编写《聚乙烯生产技术问答》，供聚乙烯装置岗位操作人员学习参考。本书以低压搅拌釜淤浆工艺和气相流化床工艺为基础，根据相关理论知识和多年来在实际生产过程中出现的一些生产问题，对其产生的原因、可能发生的危害、处理方法以及预防措施等做了系统阐述。在内容编排上既有基础理论知识又有实际操作知识，紧密联系聚乙烯装置生产实际，着眼于提高操作人员的实际操作技能和对问题的应变处理能力。

本书由刘勃安组织编写，全书共分十章，编写分工如下：第一章石俊学、吕士瀛，第二章周志宇、侯杰，第三章刘文鹏、成红利，第四章于现建、李福贵、夏天，第五章葛义、胡远涛，第六章邹善作、关黎明，第七章崔鹏远、关黎明，第八章崔鹏远、胡远涛，第九章王宝川、刘玉芹，第十章刘宏吉、贾旭、韩勇锡。

由于时间仓促及编者的水平有限，内容难免有疏漏和不妥之处，欢迎广大读者批评指正。

编　者
2014 年 5 月

目录

第一章 概述 1

第二章 聚乙烯生产技术基础 27

第六章 溶剂和单体回收 159

第十章 聚乙烯生产的安全环保 285

第一章 概述

第一节 聚乙烯生产技术

1 聚乙烯合成方法有几种？

聚乙烯的合成，按其聚合压力的不同，可分为高压聚合法、低压聚合法和中压聚合法。

高压法聚合的聚乙烯，是在100～300MPa[1]的高压下，用有机过氧化物为引发剂聚合而成的，也可把这种聚乙烯叫做高压聚乙烯。其密度在0.910～0.935g/cm³范围内，若按密度分类，称其为低密度聚乙烯。

低压法聚合的聚乙烯，是用齐格勒催化剂（有机金属）或金属氧化物为催化剂，乙烯在低压条件下聚合成聚乙烯。

中压法是用负载于硅胶上的铬系催化剂，在环管反应器中，使乙烯在中压下聚合，生产高密度聚乙烯。

2 低压法可以生产哪种类型的聚乙烯？低压生产工艺可以分为哪几类？

低压法可以生产线型低密度聚乙烯（LLDPE）和高密度聚乙烯（HDPE）的分子都具有线型结构。根据反应条件，LLDPE/HDPE工艺可分为3类：气相工艺、浆液法工艺和溶液法工艺。

3 低压气相法生产聚乙烯有哪些生产工艺？

低压气相法工艺的专利持有者主要有Univation、BP、利安得

---

[1] 本书的压力无特殊说明的均指表压。

巴塞尔和日本三井化学等公司。主要生产工艺有：

Univation公司的Unipol工艺；BP公司的Innovene工艺；利安得巴塞尔的Spherilene工艺；利安得巴塞尔的Lupotech G工艺；三井化学公司的Evolue工艺。

4 Univation公司的Unipol工艺特点是什么？

Univation公司是UCC公司（现已合并到陶氏化学公司）和埃克森公司的合资公司，结合了原UCC公司的气相流化床工艺的优势和埃克森公司茂金属催化剂和超冷凝态工艺的优势。

Unipol聚乙烯技术的主要特点为：采用冷凝态和超冷凝态聚合操作方式；基本使用同种齐格勒催化剂，二氧化硅作载体，活性为5000～8000g PE/g；产品范围扩大，密度范围0.890～0.965 g/cm^3，MFI范围0.05～155g/10min；采用计算机控制，改进了HDPE/LLDPE转换及不同牌号切换的操作技术；采用汽提方式回收排出气中的有用组分，不断降低乙烯耗量；能够生产用于吹塑制品的宽分子量分布的HDPE树脂。

Unipol聚乙烯技术的主要进展为：开发了UNIPOLⅡ工艺，增加了第二段聚合反应器，用两个反应器可特制具有两个不同分子段（即具有不同的分子量分布、共聚单体分布和不同的分子量等）的树脂结构。

5 BP公司的Innovene工艺特点是什么？

BP公司的Innovene气相法工艺是由石脑油化学公司在法国的Lavera开发的。我国原兰化公司、盘锦天然气公司、独山子乙烯工程的LLDPE装置均采用BP公司的Innovene气相流化床聚乙烯工艺。

BP气相法工艺基本与Unipol工艺相近，主要差别在所使用的催化剂、所采用的旋风分离器和其特有的HPT和EHP设计。BP使用单一的齐格勒-纳塔催化剂，这种催化剂能生产窄分子量分布的产品。BP公司也开发了适宜生产宽分子量分布吹塑牌号的铬基催化剂。BP工艺可以生产密度高达0.962g/cm^3的HDPE树脂。BP公司称，由于采用清洁的聚合技术，Innovene装置的开工率高，等外品少。据报告，采用该技术的装置的平均开工率可达96%，等外品只占1%。

6 利安得巴塞尔的Spherilene工艺特点是什么？

Spherilene聚乙烯工艺原是蒙特尔公司开发的技术，现蒙特尔公司已属利安得巴塞尔公司所有。Spherilene工艺1994年初工业化。我国没有采用Spherilene技术的聚乙烯装置。Spherilene由预聚合反应器和两个串联的气相流化床反应器构成，可以生产分子量分布和共聚单体组成分布呈双模式的产品。催化剂组分由载于氯化镁载体的钛化合物；烷基铝（如三乙基铝）和给电子体（如环己基甲基-二甲氧基硅烷）组成。催化剂的效率大约是1.5×10^4g聚乙烯/g负载型催化剂，或50×10^4g聚乙烯/g钛。反应条件随产品性能要求的不同而不同。一般条件是：温度70～100℃；压力1.5～3MPa。产品中乙烯含量为73%～98%，丙烯0～15%，其它共聚单体0～15%。

该工艺的主要优点是：不用冷凝模式操作就可达到与其它采用冷凝模式操作的气相法工艺相当的时空产率，因而反应器停留时间短；具有较高的传热效率和物料流动速度，因而Spherilene流化床反应器的体积只相当于普通非冷凝态操作的气相流化床反应器的1/3。牌号切换时产生的等外品过渡料也只是普通气相法工艺的一半。

7 利安得巴塞尔的Lupotech G工艺特点是什么？

Lupotech G工艺原属巴斯夫，现属于利安得巴塞尔公司。Lupotech G工艺流程基本与Unipol和Innovene工艺相似，主要特点是采用利安得巴塞尔公司设计的流化床活化器活化铬催化剂。所用的铬催化剂是在硅胶或硅铝胶上负载1%的铬，并用六氟硅酸铵改性。除了用活化的铬催化剂外，齐格勒-纳塔催化剂和其专有的茂金属催化剂也可直接注入反应器中。三烷基铝化合物用作助催化剂。

聚合反应的压力为2.1MPa，温度为95～115℃。聚合物的分离与其它工艺也有差别，聚合物一步直接排到排放箱，产生良好的脱气效应。排出的气体循环回循环鼓风机和冷却器的入口。由于催化剂性能优越，反应器条件控制得好，树脂产品的形态很好，细粉含量少，堆密度高，不结块。

8 三井化学公司的 Evolue 工艺特点是什么？

该技术的关键特点是使用两个串联的气相反应器，可以生产密度低至 0.900g/cm^3 的双峰树脂和共聚单体双分布模式的树脂。三井选择用气相流化床模式，在生产双峰树脂外，可以更高效地生产大批量的通用树脂，并在不牺牲产量的前提下生产熔体指数小于 1 的高分子量树脂及高熔体指数的高流动性树脂。相对于单反应器工艺，采用茂金属催化剂的 Evolue 工艺的主要优点是：产品有更高的冲击强度、纵向撕裂强度；热封初始温度比普通薄膜低 10℃，双峰树脂薄膜的雾度比普通薄膜低 4%；有更高的熔体强度，加工性能优于用茂金属催化剂制得的长链支化的 LLDPE。

9 低压溶液法生产聚乙烯有哪些生产工艺？

低压溶液法工艺生产 LLDPE 和 HDPE，一般是分子量分布窄的树脂。作为液相法工艺，排放的废物比气相法多。

溶液法工艺包括陶氏化学公司的 Dowlex 工艺（低压冷却型工艺）、荷兰矿业公司（DSM）的紧凑型（Compact）工艺（采用低压绝热反应器）和加拿大诺瓦化学公司的 Sclairtech 工艺（采用中压反应器）。

10 陶氏化学公司的 Dowlex 工艺特点是什么？

陶氏的低压溶液法工艺采用两个串联的搅拌槽反应器，反应压力 4.8MPa，反应器出口温度为 170℃，第二反应器的聚合物含量为 10%。反应停留时间短，单程转化率可超过 90%。使用的齐格勒-纳塔催化剂活性高达 5×10^5g 聚乙烯/g 钛。

在溶液法工艺中该工艺的操作压力最低，因为它使用较重的溶剂，溶剂可能是饱和的异构烷烃混合物。产品主要是薄膜和注塑的 LLDPE 牌号。

11 诺瓦化学公司的 Sclairtech 工艺特点是什么？

加拿大诺瓦化学公司的 Sclairtech 工业化工艺运转已达 30 多年之久。20 世纪 90 年代末，诺瓦化学公司进一步开发了先进的 Sclairtech（AST）工艺。Sclairtech 工艺反应器操作温度为 300℃，使用环己烷作溶剂，操作压力可高到 14MPa。该工艺产品的密度范围是 0.905～0.985g/cm³，熔融指数范围是 0.15～150g/10min。反应温度高，因而该工艺的最大优点是最大限度地利用反应热。此外，该工艺还有以下一些优点：反应器进料体系不要求设置冷冻设备；可生产全范围的产品；反应器的停留时间很短（小于 2min），反应器的牌号切换非常快；反应器中固体含量高；乙烯单程转化率达 95%以上；使用简单催化剂成分，不需要催化剂制备工序；该工艺的另一个优点是树脂不易形成凝胶，这一点对于薄膜的生产是很重要的。工艺的主要缺点是在高温下齐格勒-纳塔催化剂的活性较低。

诺瓦化学公司进一步开发的先进的 Sclairtech（AST）工艺使用诺瓦化学公司专有的高活性齐格勒-纳塔催化剂，使用强力搅拌、短停留时间（因为催化剂活性高）和双反应器，生产具有不同性能的聚乙烯均聚物和共聚物，并能按用户的要求定制产品。AST 工艺可生产全密度范围的聚乙烯，密度 0.905～0.965g/cm³，熔融指数范围是 0.2～150g/10min。在新的 AST 工艺中诺瓦使用了一种专有的高活性齐格勒-纳塔催化剂，并在较低的温度下操作（很可能低于 200℃），操作压力约 8.3MPa，使用更轻、更易挥发的溶剂。

诺瓦化学公司也开发了自己的非茂金属单中心催化剂（SSC），可用于 AST 工艺。生产的树脂相对于齐格勒-纳塔 AST 树脂有更优越的性质（即有更高的纵向撕裂强度和抗慢穿刺性）。

12 DSM 的 Compact 工艺特点是什么？

DSM Compact 工艺的操作温度比陶氏化学和诺瓦的溶液法工艺低，目的是充分发挥催化剂的活性。聚合反应是在一个完全充满液体、带搅拌器的反应器中，在绝热条件下进行。反应热被预冷的反应器进料吸收，反应温度为 150～250℃，反应压力为 3～

10MPa。反应器停留时间少于10min，牌号切换非常容易。乙烯单程转化率大于95%。产品密度为0.880～0.915g/cm^3。DSM Compact工艺的产品，目标市场主要是专用市场，即小批量牌号。在这方面溶液法工艺具有优势。

13 低压浆液法生产聚乙烯有哪些生产工艺?

低压浆液法生产聚乙烯主要工艺有菲利普斯浆液法工艺、北欧化工公司的Borstar工艺、用齐格勒-纳塔催化剂的釜式浆液法HDPE工艺。

14 菲利普斯浆液法工艺特点是什么?

菲利普斯浆液法工艺代表世界级的MDPE/HDPE生产工艺，现在产品范围已扩大到LLDPE树脂。利用该工艺可生产密度范围为0.918～0.970g/cm^3、熔融指数0.15～100g/10min的乙烯均聚物和共聚物。我国上海石化与菲利普斯公司合资的10万吨/年浆液环管法HDPE装置采用的是菲利普斯技术。

菲利普斯工艺使用两种不同类型的催化剂。一种是铬基催化剂，不仅可生产MDPE和HDPE，还可生产低密度线型聚乙烯(LDLPE)。第二类催化剂是有机金属催化剂，适宜生产分子量分布窄的树脂，用于注塑、拉伸带、单丝和滚塑，熔融指数范围1～100g/10min以上。

15 北欧化工公司的Borstar工艺特点是什么?

Borstar工艺主要是一个环管浆液反应器与一个气相反应器串联的工艺，环管浆液反应器采用超临界丙烷作稀释剂。北欧化工的浆液环管反应器与菲利普斯浆液环管反应器的关键不同之处是，北欧化工工艺使用了在临界点压力以上的液体丙烷作稀释剂，而菲利普斯使用在临界点压力之下的异丁烷。聚乙烯高温下在超临界丙烷中的溶解度小于在异丁烷中的溶解度，这样就可避免反应器的结焦问题。Borstar工艺生产全密度范围的LLDPE和HDPE，密度范围为0.922～0.960g/cm^3，使用专有的齐格勒-纳塔催化剂。双峰树脂的高负载（21.6kg）熔融指数范围是5～11g/10min。Borstar产品主要是用于管材、吹塑、电线电缆和薄膜的LLDPE/HDPE

专用树脂，特别是用于耐压管的树脂。所有的 Borstar 树脂都用 1-丁烯作共聚单体，相对于 LDPE 和高级 α-烯烃共聚的 LLDPE 具有成本优势。

16 齐格勒-纳塔催化剂的釜式浆液法 HDPE 工艺特点是什么？

该工艺只适合于生产 HDPE 树脂。属于这一类型工艺的有 4 种主要技术，即等星-丸善-日产工艺、Hostalen 工艺（现属利安得巴塞尔公司）、三井工艺和日石工艺。对于小规模装置，这种技术仍具有竞争力。用齐格勒-纳塔催化剂的釜式浆液法工艺以串连的两个反应器生产双峰树脂。通过改进催化剂来改进共聚单体的分布是很困难的。虽然单中心催化剂可以有效地控制共聚单体的分布，仍难以实现在树脂的低分子量部分有较少的共聚单体含量，而在树脂的高分子量部分有较高的共聚单体含量。但用顺序聚合的方法可以达到这一目的，可生产高抗环境应力开裂（ESCR）性能的牌号。如果要生产非双峰树脂，这种工艺也可以使两个釜式反应器并联。

（1）等星-丸善-日产工艺　生产双峰树脂时使用日产的高活性催化剂和莱昂戴尔及丸善改进的技术。产品主要用于高分子量薄膜树脂、吹塑、注塑、管材和其它挤出牌号。薄膜应用双峰牌号的熔融指数范围是 0.03～0.08g/10min；密度范围是 0.946～0.950 g/cm^3。管材应用双峰牌号的熔融指数范围是 0.027～0.11g/10min，密度范围是 0.949～0.956g/cm^3。吹塑应用双峰牌号树脂的熔融指数范围是 0.03～0.45g/10min，密度范围是 0.948～0.958g/cm^3。注塑应用树脂的熔融指数范围是 5.0～18.0g/10min，密度范围是 0.951～0.966g/cm^3。

（2）Hostalen 工艺　是 20 世纪 50 年代中期由德国赫斯特公司开发的，是世界上第一套使用齐格勒-纳塔催化剂的低压聚乙烯工业化装置。该工艺的开发进展有：推出了一种新的齐格勒-纳塔催化剂，活性是原有催化剂的 3～6 倍；开发了适于作高强度管材的树脂牌号，并实施了对生产过程的先进控制。

（3）三井油化 CX 工艺　20 世纪 50 年代三井油化公司首先推出间歇法工业技术，开发超高活性催化剂后，三井又开发了连续法工艺（即CX工艺）。我国大庆、扬子的HDPE技术采用三井油化CX工艺。用国产化技术建设的燕山和兰化HDPE装置的工艺流程与三井工艺相似。该工艺使用串联的搅拌槽式反应器，使用由氯化钛和烷基铝化合物组成的改性齐格勒-纳塔催化剂。聚合反应器是高压釜式容器，反应器中有机械搅拌，以保证混合均匀。反应器系统常由两三个串联的反应器组成，允许每个反应器在不同的氢分压下操作，因而可控制产品的分子量和分子量分布。典型的反应条件为70～90℃，压力低于1.03MPa。

17 线型低密度聚乙烯流化床有哪些特性？

与淤浆反应系统相比，气体流化床工艺所要需要的公用工程系统相对简单，消耗也低。聚合物产品作为干燥的颗粒从反应器排出，这些颗粒平均尺寸约为380μm，而90%的颗粒尺寸都小于830μm、大于150μm，反应系统不存在溶剂而省出了产品干燥的费用。另外，颗粒尺寸的均匀性，可使粉末直接使用，这样在处理过程中就又进一步地降低了操作费用和成本。

流化床反应器的主要优点是共聚生成的树脂是干燥的。反应在85～100℃温度下进行，而在淤浆聚合中，较低密度的产品粉末被溶剂浸泡而导致结块。对于共聚物生产，流化床反应提供了一个恒定的单体、共聚单体以及H_2浓度的控制方程。这很容易进行逐个控制，而且与溶解度和扩散作用无关，与淤浆聚合反应形成对比。

在淤浆聚合反应中，单体可能由一个反应参数的被动而被消耗，很难控制在一个恒定的水平。尽管如此，流化床反应生成的树脂其性能像流体一样，但是却不是液体。下面详细说明几个特性。

(1) 压缩性的、低密度的流体介质。流体介质的气体为单体，具有可压缩性并且还具有比液体低的动量。一旦出现堵塞可以用非压缩性液体进行冲洗（如高压水枪），绝不能用气体或高压气体来进行清除。如果固体颗粒停止流动，就会出现沉积，这样就是失去了热传导。热量的集聚、聚合物熔融导致结块、堵塞，因此流化床就有反应的爆聚危险。

(2) 气体组成的变化速率。除了固体粒子树脂以外，整个反应系统都是充满了单体、共聚单体和氢气的气体混合物。该气体混合物处于连续的循环状态，并且其组成也不断地加以分析和调节。由于系统内储存有大量的气体，气体组成的变化是缓慢的，需要根据操作进行摸索并根据经验进行超前处理。

（3）恒定的流化床密度和床层黏度。流化床的流化密度应保持恒定，并且颗粒尺寸也应保持恒定，如果气体的质量流速保持了恒定，那么固体的密度也就维持了恒定。理论上讲，热传递或流速上不会出现大的变化。这一特点与淤浆聚合反应不同，在淤浆聚合反应中，固体含量的改变明显的影响浆液黏度、循环率和热传递效率。但是，在实际上，由于气液的膨胀及气泡流动形式的变化，在流化床密度上也会出现一些波动，应及时进行调整。

（4）热传递及床层温度的改变速率。在反应系统内，通过循环气体冷却器来达到热传递，冷却器的冷却水流量的调节可以改变热传递的速率，并且，还可以通过对反应器系统的单体循环速率进行调节而使其达到一个限制的程度。由于大量树脂的迅速混合和流化床内良好的热传递速率，系统内温度的变化速度通常是缓慢的，非正常情况下给定的催化剂浓度可引起温度的波动并会导致反应器结块。因此生产中绝对禁止催化剂加料的误操作。

（5）催化剂加入量的控制。由于该工艺为无脱灰工艺，因此催化剂的残渣只有随产品排出反应器。在给定的催化剂加料速度不变，而反应速度下降或反应停止的情况下，因为产品的排出速度降低了，催化剂就会积聚到一个危险的储量。如果反应床层内的有毒物质很快被中和或消耗，高浓度的催化剂将引起温度的大幅度上升，爆聚的危险增大。因此，床层内催化剂的总量必须经常检查并控制。

（6）产品的特性控制。聚合物的产品特性主要通过催化剂的选择、反应器内气体组成的调节和反应温度来加以控制，这些变量中每种变量影响的大小都是由所使用的催化剂的特性所定的，而不是聚合系统的特性。

（7）反应器的结块。在反应器床层上形成结块的情况下其解决办法是通过排料系统或者是通过打开反应器而将其排出或清除。通常，在流化床上方的器壁上积累了一层厚厚的粉末，当用极高活性的催化剂进行操作时，将会形成一层熔融的树脂片。随着温度的提高，熔融物流淌到床层，而破坏流化床状态，如不及时排出，对反应器的操作是很危险的。

18 杜邦溶液法的技术特点是什么？

杜邦溶液法的技术特点是：

（1）采用环己烷作为溶剂，乙烯与 α-烯烃（主要是1-丁烯和1-辛烯）进行均相聚合，操作平稳，容易控制。但溶液循环系统流程较长。

（2）采用改进型齐格勒-纳塔催化剂，各催化剂配制简单，使用也不复杂，并且在较高的反应温度下很稳定。使用一种催化剂体系，便可以生产多种牌号的聚乙烯产品。

（3）聚合反应在200～300℃和10～13kPa条件下进行，反应产物呈熔融状态，不存在气相聚合的“爆聚”或“结块”和粉末输送工艺的爆炸等问题。

（4）聚合反应速率高，乙烯单程转化率一般可控制在95%左右；未反应的乙烯可返回乙烯装置回收，未反应的共聚单体在装置内回收利用。

（5）聚合反应停留时间短，切换牌号只需半小时，操作简便，易于控制，过渡料少。加拿大的专利装置上每月切换生产30～40种产品。

（6）产品牌号多，产品性能覆盖面广，密度范围为0.918～0.960g/m^3，熔体流动速率范围为0.28～120g/10min。尤其产品的抗环境应力开裂、抗张强度、低温脆化等性能均优于低压气相法产品。

（7）在工艺设计上同时考虑了能源利用问题，聚合反应产生的热量在回收区用来发生中压蒸汽（1176～1666kPa），高沸塔塔顶冷凝器在冷凝气相环己烷的同时，发生350kPa低压蒸汽；装置内产生的废烃类直接用于DTA汽化炉作燃料，这些燃料不足时用界区外引入的燃料气补充。

（8）在聚合体系中心4/5以上是溶剂环己烷，而催化剂仍可以引发乙烯聚合反应，因此对原料要求比低压气相法低得多。

（9）由于腐蚀问题，少量设备材质为蒙乃尔钢。

（10）可以满足严格的环境保护规定。

（11）Sclairtech 工艺催化剂在产品中残存程度可分为两个体系：使用溶液吸附器，吸附掉产品中的催化剂残渣；不使用溶液吸附器，允许催化剂残留在产品中。使用溶液吸附器的催化剂体系又分为两种：传统催化剂（称为 STD 或 REG）和热处理催化剂体系（称为 HTC）。不使用溶液吸附器时，也分两种催化剂系统：基于传统催化剂（STD 或 REG）的允许残留催化剂系统（称为 LIS），另一种是先进催化剂系统（称为 ACS）。

（12）Sclairtech 工艺技术可以进行乙烯均聚生产，也可以单独使用丁烯-1 或 1-辛烯，与乙烯进行共聚生产，还可以进行乙烯、1-丁烯和 1-辛烯三元共聚。

（13）杜邦溶液法 LLDPE 可生产产品的性能范围较宽，密度在 0.918～0.960g/cm^3，熔体流动速率为 0.28～120g/10min，应力指数在 1.22～2.01，在 Sclairtech 专利技术中，已经工业化了几种牌号产品。由于该技术从乙烯进料到挤压造粒仅有 30min，尤其反应的停留时间仅约 2min，聚合反应速度和切换牌号快，而且过渡料少，可以为用户生产期望性能的产品。

19 BP 化学公司流化床法工艺技术特点是什么？

自 20 世纪 70 年代中叶，BP 化学公司成功开发独特的催化剂体系以来，其流化床聚乙烯工艺的发展较之杜邦公司和 Unipol 线型聚乙烯工艺要慢些。但到了 80 年代末进展却十分迅速。这应归功于 BP 工艺解决了其工业化生产中的难题。这些难题的解决使 BP 工艺具有显著的优良特点。其特点如下：

（1）使用同一套设备可制备 HDPE 和 LLDPE 用的不同催化剂。两种催化剂的原料和制备工艺几乎没有差别，操作方便灵活。在 HDPE 和 LLDPE 间进行牌号转换时可连续操作，不必倒空反应器。

（2）BP 工艺聚乙烯产品分子量分布窄，强度高，因此可生产单丝级聚乙烯。对于特殊要求，通过改变添加剂，也可生产某些宽分子量分布的聚乙烯产品。产品的物理机械性能及光学性能略高于 UCC 气相法工艺同类产品，接近溶液法生产的产品。用该工艺生产的比 LLDPE 产品能加工生产出较高档的共挤出、流延挤出和挤出涂覆等塑料制品。

(3) 在聚合反应回路中设有旋风分离器、循环气压缩机前后共设两个换热器。这是 BP 工艺和其它工艺相比最显著的特点。

此外，BP 工艺还有倒空反应器后再开车时间短、聚合反应负荷操作弹性大、产品性能齐全等优点。BP 气相流化床工艺，同时，还具有流程短、占地小、能耗低、不合格品率低、运转周期长、无污染、投资少和操作人员少等优点。

(4) 采用自己开发的催化剂系统，催化剂在用于聚合反应前，先进行液相预聚合，使催化剂在聚合反应器中的反应活性得以缓和，从而使反应趋于更易控制。

BP 公司研制的高效催化剂是高活性“多效复合型”齐格勒 (Ziegler) 球形粒子催化剂。这种催化剂的优点在于，温度和反应速度（催化剂活性）之间不符合阿累尼乌斯效应，在开始升温阶段，催化剂活性随温度升高而增加；而当温度升高到一定值之后，催化剂活性不再随温度上升而提高，反而使反应器的温度分布均匀。这避免了因局部过热所造成的结块现象，延长了运转周期。由于催化剂活性高，则无需脱灰，产品中催化剂残留量符合要求。

(5) 聚合系统设计合理。在大量试验的基础上，选择优化流化参数，结合催化剂的特有粒子形式加入反应器内，使操作易控。从反应器出来的循环气体经旋风分离器除去细粒，防止循环气中的细粒堵塞冷却管和压缩机叶轮。同时，反应器底部设有抽出系统，用与反应器的倒空和间断排出分布板上的大粒子和块料。通过这些合理的保护措施，大大减少了器壁结垢、结块和停车的可能性。

(6) 牌号转换时间短，同一类型可以连续转换，可以迅速方便地转换牌号，且产品损失很少，不必倒空反应器或停车。所有牌号用同一种催化剂，没有不同型号催化剂不相容的问题。

在投料期间，为了减少中间物的数量可以降低投料量，然后改变工艺气体的组成并微调反应条件，控制产品质量就可以完成牌号转换。然后将中间物料混入正常的产品中，没有不合格的产品。对于线型低密度聚乙烯产品范围内的损失量仅相当于 4h 的产量。

当 HDPE 向 LLDPE 转换时，将催化剂从 M11 转到 M10 上

(M10用于LLDPE生产，M11用于HDPE生产)，反应床层脱活后即可。当LLDPE向HDPE转换时，是由低软化点向高软化点转换。这是BP工艺中牌号转换较难的一种，必须使床层脱活，重新建立气相组成，同时使催化剂M10向M11转换。

20 BP工艺预聚合作用是什么?

在聚合反应中特别是流化床工艺，聚合物的形态对反应系统的稳定很重要，而聚合物形态是催化剂形态的复制，为了控制聚合物的形态，就必须控制催化剂的形态。此外，催化剂的初活性太高，容易造成反应的失控，形成局部过热，导致聚合物黏壁和生成凝胶。

20世纪80年代中期，BP石油公司推出了一套与UCC公司Unipol工艺不同的气相法工艺。两个工艺最主要的差异在于催化剂体系。BP工艺采用预聚合技术，在搅拌釜中加入催化剂和一定量的乙烯，生产预聚物，通过一系列处理使预聚物粒度为200μm左右，而且分布均匀，堆积密度为0.25g/cm^{3}以上，并具有适当的Al/Ti比和较高的聚合反应活性。将预聚物当作催化剂加入流化床反应器，生成的聚合物粒径约为730μm，其粒度分布与预聚物一体也比较均匀，改善了反应热的移出。由于对催化剂进行了预聚合，高活性的催化剂不直接进入反应器，催化剂外表面的聚合物可以减慢单体和催化剂接触的速率，从而使反应得到较好的控制，避免了局部过热和凝胶的生成，提高了流化床的运转周期。

21 UCC冷凝工艺技术特点是什么?

UCC在20世纪80年代初期采用冷凝技术，使得PE的产率提高了60%。1993年3月，该工艺获得欧洲专利，主要应用在生产6个以上碳原子的α-烯烃共聚产品上。

流化床反应器中的反应热是通过循环气带出的，因而反应器的产量主要受到换热能力的制约。UCC的冷凝态工艺是在生产高碳α-烯烃共聚产品时，降低循环气冷却器出口的温度，使其低于循环气的露点，循环气中出现冷凝，凝液随着循环气经过反应器底部的预分布器和分布板，进入反应器并迅速汽化带走一部分反应热。在实施这种操作时，冷凝液在循环气中所占的比例不能超过10%，否则，会在反应器中造成树脂的黏结而导致正常流化状态的丧失。

冷凝态工艺的使用，可以使原有反应器的生产能力有所提高，换言之，可使新建反应器的投资得到降低。但由于允许的凝液含量较低，使得提高反应器生产能力的程度也相对较低。UCC冷凝态工艺的主要优点在于除采用新型的预分布器以外，几乎不需要对反应器进行任何改造，所以在Unipol生产装置上被广泛使用。

22 BP公司的“高产工艺”冷凝态操作工艺技术特点是什么？

1995年初BP公司宣布成功开发了“高产工艺”的冷凝态操作工艺技术，应用这一技术可以使现有装置的生产能力提高一倍，或使新装置的投资降低二分之一。

该生产工艺中，一种烃类混合物与循环气分别加入反应系统。冷凝液体与循环气分离并通过在分布板上方的一个特殊设计的喷嘴加入流化床反应器，冷凝液在反应器中气化并带走大量反应热。汽化后的冷凝液的气体随循环气一同由循环气管线离开反应器。在循环气压缩机的出口经过冷凝器和汽液分离器实现气液分离，气体由分布板进入反应器，而液体加料泵再经喷嘴加入反应器。

与原反应系统相比，需要新增的设备主要有泵、分离罐和喷嘴等，投资并不很大，但是，装置改造后其它部分的投资也要相应的增加，如产品的储存设备等。

23 Exxon公司的超冷凝工艺特点是什么？

Exxon公司的研究人员发现，循环气中液体组分的含量多少并不是导致流化床内粉末流化状态的主要因素，其主要因素在于流化床中粉末的松密度以及流化床中粉末松密度与堆积松密度的比值。该公司的研究人员将一种对于催化剂为惰性的饱和或不饱和的烃类，如异戊烷、己烷等加入反应系统。该物质可直接加入循环气，与原料一同加入。加入后，循环气的露点将显著降低，然后通过改变系统的压力、循环气的组成和循环气冷却器出口温度来调整循环气中液相组成的含量，循环气携带着雾状的冷凝液经预分布器与分布板进入反应器，在反应器中，凝液迅速汽化并带走大量的反应热。与此同时，调整流化床中树脂的流化松密度（FBD），使其与堆积松密度（SBD）的比值不低于0.59。另外，流化气量和流化气速的控制也相当重要，既要维持流化床中的正常流化状态，又要均匀地携带雾状的冷凝液进入床层并良好地分散。通过这种工艺上的改进，循环气中的液相组分可提高到50%，反应产率可提高到300%以上。

流化床反应系统不需要进行很大的改造，只是在产品出料的分离系统中加上冷凝液返回循环气系统的管线。但反应器底部的分布盘或与分布器需要作相应的改造。

Exxon公司在Boytown气相装置上，使用40%（质量分数）的凝液操作，使得时空收率由原来的150kg/(h·m³）增加到440kg/(h·m³)，停留时间由2.25h缩短到45～50min。该技术的关键之处在于如何维持好流化松密度与堆积松密度之间的比值，这需要通过调整循环气组成、催化剂加入量、流化气速等参数之间的关系来实现。

24 Hostalen工艺特点有哪些？

Hostalen工艺是高科技淤浆串联技术，生产优良的HDPE多峰产品。根据生产需要，Hostalen工艺可以运行两个反应器的不同组合。对于单峰HDPE，反应器并联操作，对于双峰HDPE则串联操作。两种模式可达到相同的能力，可在短的过渡时间内由一种切换到另一种。

通过改变催化剂和控制工艺，可十分容易地控制摩尔质量分布在所需范围。通过加入氢气，可使平均摩尔质量在较宽范围内变化。加入少量合适的共聚单体可显著地影响聚合物的密度。

BASELL的HDPE Hostalen工艺的另一个显著特征是使用己烷作稀释剂，保证在巨大的反应器内，最适宜的稳定状态工艺行为，恒定温度对产品质量有积极的影响。产生的聚合物粉末具有极好的颗粒性质，从而允许生产高浓度的聚合物。稀释剂的主要部分可直接循环，稀释剂从聚合物分离进入反应器不需作任何处理。这保证了未使用的助催化剂同样可返回到工艺，除了节省稀释剂处理费用外，可使工艺更经济。

聚合物的逐步建立格外简单。考虑到使用量小，没有必要从产品中除去任何催化剂残留组分，在水气和空气中氧的作用下，可转变成对健康无害的化合物。此外，用低沸点的己烷作为稀释剂，使之能够采用对能源和投资有利的干燥概念。

工艺所需设备限于少数大尺寸的常规的设计项目。近来建设的聚乙烯生产工艺，可通过使用技术最先进的仪表及特殊分析方式，实现简便的监视和全面的自动化控制。因为 Hostalen 工艺系统排除了腐蚀的危险，所以绝大多数设备可用碳钢制作。

BASELL 的 HDPE Hostalen 工艺实际上不会引起环境污染，因为整个聚合生产线没有泄露点，使产品直接与水或蒸汽接触。因此，几乎没有液体或固体废物从聚合区排放。由于所述的催化剂系统可达到的高转化率，气体排放物同样被限制在很少量，可轻易地在锅炉房或火炬烧掉。

由于 BASELL 的 HDPE Hostalen 工艺的简易性，所以它的投资费用低于其它双峰工艺。使用很少量的催化剂、可使某些催化剂组分循环使用，加上单体的完全转化，使进料成本最小。使用低沸点的稀释剂和合理的利用公用工程，使能源费用最低。

高度发达的技术也使维修和停工期的费用极低。

对于冷却水系统，不需要化学清洁剂。从工艺的观点看，工厂内不需要附加的设备和试剂用来清洁产品。

25 挤出机分几种结构类型？作用是什么？

在塑料制品行业中，挤出机的品种比较多。按挤出机中螺杆的数量分，挤出机可分为单螺杆挤出机、双螺杆挤出机和多螺杆挤出机；按照挤出机的功能作用分，挤出机又可以分为普通型单螺杆挤出机、排气型挤出机、发泡型挤出机、喂料型挤出机和混炼型挤出机等。

挤出机的功能作用，是它能够把粒状或粉状塑料混炼塑化呈熔融态，然后给予一定的压力推出机筒。则此料可造粒，可成型塑料制品，也可为塑料制品成型机提供熔融塑化料。

26 聚乙烯挤出成型主要用哪几种挤出机？

聚乙烯挤出成型用挤出机的种类有多种，目前应用较多的有单螺杆挤出机、双螺杆挤出机、排气型挤出机、发泡型挤出机、喂料型挤出机和混炼型挤出机等。

27 聚乙烯挤出成型用单螺杆挤出机有什么特点？

聚乙烯挤出成型用单螺杆挤出机的结构与其它种热塑性塑料挤出成型用单螺杆挤出机的结构相似，不同之处只是螺杆的结构。通常，要求挤出聚乙烯成型用螺杆的长径比为20～30，压缩比为2～4。目前，国内用单螺杆挤出机挤出成型聚乙烯制品，多采用螺杆的长径比在25左右，压缩比为2～3；螺杆的螺纹结构、进料段和均化段螺纹为等深等距，塑化段的螺纹深度则是由深逐渐变浅的渐变型螺杆。

28 双螺杆挤出机的结构以及类型是什么？

双螺杆挤出机由主机、辅机、传动系统、加热冷却系统、控制系统组成。主机由结构相同或者相似的两根螺杆装设在具有“8”字形孔的机筒内组成。螺杆旋转，推进物料沿螺槽与套筒组成的空隙运动。筒壁外加热和螺槽、套筒表面与物料摩擦产生的热量使得物料熔融，完成对聚合物的塑化挤出。

根据双螺杆挤出机的工作特点，可以分为非啮合型、部分啮合型、全啮合型和锥形双螺杆。

非啮合型挤出机的特点是两个螺杆轴线的间距大于或者等于螺杆外径，这种结构类似于彼此相互不影响的两台单螺杆挤出机；部分啮合型挤出机的特点是两个螺杆轴线的间距小于螺杆外径且大于螺杆的根径；全啮合型挤出机的特点是两个螺杆轴线的间距等于螺杆的根径；锥形双螺杆挤出机是由两个圆锥形螺杆组成。分类方法主要由两根螺杆的啮合度、旋转方向。螺棱和螺槽的几何形状，还有两根螺杆是否平行决定。

29 双螺杆挤出机和单螺杆挤出机有什么区别？

双螺杆挤出机和单螺杆挤出机的主要区别之一在于挤出机的输送类型，在一个单螺杆挤出机中，进料段物料的传送是通过螺杆旋转，物料与筒壁。螺槽表面摩擦，推动在物体输送区的聚合物向前运动，经过压缩段物料吸收摩擦热和加热套筒热量转化成熔体，进入计量段聚合物以熔体的状态向前运动，物料是处于被动移动状态。异向啮合型双螺杆挤出机的输送在某种程度上是主动移动，主动移动的程度依赖于一个螺杆的螺纹靠近另一个螺杆相反螺槽的好坏。靠近的自啮合反向旋转的双螺杆挤出机能提供最大的主动移动。同向啮合型双螺杆挤出机物料输送，由于两个螺杆的同向相对运动，加大了物料在螺杆表面的主动移动程度。在双螺杆挤出机生产中几乎没有类似于单螺杆挤出机中环结料的现象发生。

第二节 聚乙烯产品

1 什么是聚乙烯？

聚乙烯简称 PE，是乙烯经聚合制得的一种热塑性树脂。以聚乙烯树脂为基材，添加少量抗氧剂、爽滑剂等塑料助剂后造粒制成的塑料称为聚乙烯塑料。PE 是聚乙烯（polyethylene）的缩写代号。在工业上，也包括乙烯与少量 α-烯烃的共聚物。聚乙烯无臭，无毒，手感似蜡，具有优良的耐低温性能（最低使用温度可达 −70～−100℃），化学稳定性好，能耐大多数酸碱的侵蚀（不耐具有氧化性质的酸），常温下不溶于一般溶剂，吸水性小，电绝缘性能优良；但聚乙烯对于环境应力（化学与机械作用）是很敏感的，耐热老化性差。

聚乙烯的性质因品种而异，主要取决于分子结构和密度。采用不同的生产方法可得不同密度（0.91～0.96g/cm^3）的产物。聚乙烯可用一般热塑性塑料的成型方法加工。用途十分广泛，主要用来制造薄膜、容器、管道、单丝、电线电缆、日用品等，并可作为电视、雷达等的高频绝缘材料。

2 聚乙烯品种有哪些？

聚乙烯是一个可用多种工艺方法生产，具有多种结构和特性的系列品种，品种多达几百个。目前，应用较多的品种有：低密度聚乙烯（LDPE）、高密度聚乙烯（HDPE）、线型低密度聚乙烯（LLDPE）及一些具有特殊性能的品种，如超高分子量聚乙烯（UHMWPE）、低分子量聚乙烯（LMWPE）、高分子量高密度聚乙烯（HMWHDPE）、极低密度聚乙烯（VLDPE）、交联聚乙烯（VPE）、氯化聚乙烯（CPE）和多种乙烯共聚物等。

聚乙烯按密度分类如下：

（1）高密度聚乙烯，是不透明的白色粉末，造粒后为乳白色颗粒，分子为线型结构，很少有支化现象，是较典型的结晶高聚物。机械性能均优于低密度聚乙烯，熔点比低密度聚乙烯高，约126～136℃，其脆化温度比低密度聚乙烯低，约－100～－140℃。

（2）低密度聚乙烯，是无色、半透明颗粒，分子中有长支链，分子间排列不紧密。

（3）线型低密度聚乙烯，分子中一般只有短支链存在，机械性能介于高密度和低密度聚乙烯两者之间，熔点比普通低密度聚乙烯高15℃，耐低温性能也比低密度聚乙烯好，耐环境应力开裂性比普通低密度聚乙烯高数十倍。

此外，按生产方法可分为低压法聚乙烯、中压法聚乙烯和高压法聚乙烯，聚乙烯的生产方法不同，其密度及熔体指数（表示流动性）也不同。按分子量可分为低分子量聚乙烯、普通分子量聚乙烯和超高分子量聚乙烯。

3 聚乙烯化学性能有哪些？

聚乙烯有优异的化学稳定性，室温下耐盐酸、氢氟酸、磷酸、甲酸、胺类、氢氧化钠、氢氧化钾等各种化学物质，硝酸和硫酸对聚乙烯有较强的破坏作用。聚乙烯容易光氧化、热氧化、臭氧分解，在紫外线作用下容易发生降解，炭黑对聚乙烯有优异的光屏蔽作用。受辐射后可发生交联、断链、形成不饱和基团等反应。

4 线型低密度聚乙烯的性能特征有哪些？

线型低密度聚乙烯是乙烯和α-烯烃的共聚物。它的外观与普通低密度聚乙烯相似；线型低密度聚乙烯的密度、结晶度和熔点均比高密度聚乙烯低，结晶度为50%～55%，略高于低密度聚乙烯，但比高密度聚乙烯低很多；线型低密度聚乙烯的熔点比低密度聚乙烯的熔点略高些（一般要高出10～15℃），但熔点的温度范围很小；线型低密度聚乙烯的力学性能优于普通低密度聚乙烯，如撕裂强度、拉伸强度、抗冲击性、耐环境开裂性和耐蠕变性能均比低密度聚乙烯好；电绝缘性能也优于低密度聚乙烯；用线型低密度聚乙烯成型的薄膜，既柔软又耐热，且有较高的撕裂强度和热合强度，但膜的透明度和光泽性较差。

由于LLDPE是采用低压法在具有配位结构的高活性催化剂作用下，使乙烯和α-烯烃共聚而成，聚合方法与HDPE基本相同，因此与HDPE一样，其分子结构呈直链状。但因α-烯烃的引入，致使分子链上存在许多短小而规整的支链，其支链数取决于共聚单体的摩尔数，一般分子链上每1000个碳原子有10～35个短支链，支链长度由α-烯烃的碳原子数决定。不过LLDPE的支链长度一般大于HDPE的支链，支链数目也多。而与LDPE相比，却没有LDPE所特有的长支链。LLDPE的分子链是具有短支链的结构，其分子结构规整性介于LDPE和HDPE之间，因此，密度和结晶度也介于HDPE和LDPE之间，而更接近于LDPE。另外，LLDPE分子量分布比LDPE窄，平均分子量较大，故而熔体强度比LDPE大，加工性能较差，易发生熔体破裂现象。正是由于LLDPE结构上的特点，其性能与LDPE近似而又兼具HDPE的特点。

5 低密度聚乙烯树脂可成型哪些塑料制品？

线型低密度聚乙烯树脂一般多用注塑机注射成型塑料制品，经改性的线型低密度聚乙烯可采用吹塑、注射、滚塑和挤出等方法成型塑料制品。

采用挤出机可挤出成型管材、电线电缆包覆护套，挤出吹塑各种厚度薄膜及成型中空制品等。

采用注塑机注射成型各种工业配件、气密性容器盖、汽车用军部件和工业容器等。

旋转成型法加工成农药和化学品容器及槽车箱等大型容器等。

也可采用流延法成型流延膜，用于复合、印刷和建筑用薄膜。

6 高密度聚乙烯的性能特征有哪些？

高密度聚乙烯是种白色粉末或颗粒状产品，无毒、无味，密度在 0.940～0.976g/cm^3 范围内；结晶度为 80%～90%，软化点为 125～135℃，使用温度可达 100℃，硬度、拉伸强度和蠕变性优于低密度聚乙烯；耐密性、电绝缘性、韧性及耐寒性均较好，但与低密度聚乙烯比较略差些；化学稳定性好，在室温条件下，不溶于任何有机溶剂，耐酸、碱和各种盐类的腐蚀；薄膜对水蒸气和空气的渗透性小、吸水性低；耐老化性能差，耐环境开裂性不如低密度聚乙烯，特别是热氧化作用会使其性能下降，所以，树脂需加入抗氧剂和紫外线吸收剂等来提高改善这方面的不足。高密度聚乙烯薄膜在受力情况下的热变形温度较低，这一点应用时要注意。

7 高密度聚乙烯树脂可成型哪些塑料制品？

高密度聚乙烯树脂可采用注射、挤出、吹塑和旋转成型等方法成型塑料制品。

采用注塑机可注射成型各种类型的日用生活杂品、容器、工业配件、医用品、玩具、壳体、瓶塞和护罩等制品。

采用吹塑成型法，可成型各种中空容器、超薄型薄膜等。

采用挤出机挤出成型管材、拉伸条带、捆扎带、单丝、电线和电缆护套等。

另外，还可成型建筑用装饰板、百叶窗、合成木材、合成纸、合成膜和成型钙塑制品等。

8 氯化聚乙烯有哪些用途？

氯化聚乙烯（CPE）可用注射成型和挤出成型加工。但是，由于 CPE 中含有大量的氯原子，其成型加工前应在 CPE 中加入一定比例的热稳定剂、抗氧化剂和光稳定剂，以保护其组成及性能的稳定。低含氯量的 CPE 也可用旋转模塑和吹塑成型。

目前，氯化聚乙烯在塑料制品行业中主要是用来作 PVC、HDPE 和 MBS 的改性剂。在聚氯乙烯树脂中掺混一定比例的 CPE 后，可用一般 PVC 加工设备挤出成型管、板、电线绝缘包覆层、异型材、薄膜、收缩薄膜等制品；也可用来涂覆、压缩模塑、层合、黏合等；用作 PVC、PE 的改姓剂，可使产品性能得到改善，使 PVC 的弹性、韧性及低温性能都得到改善，脆化温度可降至

－40℃；耐候性、耐热性和化学稳定性也优于其它改性剂；作为PE的改性剂，可使其制品的印刷性、阻燃性和柔韧性得到改善，使PE泡沫塑料的密度增大等。

9 什么是交联聚乙烯？有哪些性能特征？

交联聚乙烯是聚乙烯改性的一种方法，工业上常用的交联聚乙烯有辐射交联聚乙烯、过氧化物交联聚乙烯和硅烷交联聚乙烯，聚乙烯（LDPE、HDPE、LLDPE和MDPE均可）通过交联可使其大分子链之间发生部分交联反应而改变其物理力学性能。PEX是交联聚乙烯的缩写代号。

交联聚乙烯是一种具有网状结构的热固性塑料，交联聚乙烯制品成型后就无法再模塑成型，此时，还可用机械加工。

交联聚乙烯无毒、无味、不吸水；耐磨性、耐溶剂性、耐应力开裂性、耐候性、防老化性和尺寸稳定性都非常好；低温柔软性、耐热性能好，可在140℃以下长期使用，软化点可达200℃；冲击强度、拉伸强度和刚性都比HDPE好；有很好的电绝缘性、耐低温性、化学稳定性和耐辐照性能，交联聚乙烯成型的膜薄、透明，也有较好的水蒸气透过性；交联聚乙烯经加热、吹胀（拉伸）、冷却定型后，当重新加热到结晶温度以上时，能自然恢复到原来的形状和尺寸。

10 交联聚乙烯可成型哪些塑料制品？

交联聚乙烯可用挤出机挤出成型制品，也可用注射、模压等方法成型制品。成型制品有用挤出机挤出成型耐热管材、软管、薄膜、电线电缆的绝缘包埋层；用注塑机注射成型耐高压、高频率的耐热绝缘材料、耐腐蚀零件、容器等。

11 低密度聚乙烯的结构是什么？性能和用途有哪些？

（1）结构　LDPE的分子由亚甲基构成，不完全是线型结构，而是有长支链、短支链，且含少量羰基、双键等，其分子链近似树枝状结构。聚乙烯每1000个碳原子平均含甲基的总数约为21个。聚乙烯的侧基类型和数量将影响聚合物的密度、结晶性、力学性能等。聚合物所含支链数目越多，则密度越小，因此高压低密度聚乙烯也称低密度聚乙烯，其密度为 0.91～0.92g/cm^3。

LDPE 组成简单，与碳原子连接的两个氢原子体积小，位阻不大，因此碳碳链易旋转。聚乙烯分子链相互靠近时，易作有规则排列而形成有序结构，所以易形成结晶体，因此聚乙烯是一种结晶聚合物。由于 LDPE 有较多侧链存在，其结晶度在 64%，远低于高密度聚乙烯（93%左右)。聚乙烯分子链上侧链越多、越长，则聚合物的结晶度越低。LDPE 分子量一般在 5 万以下，分子量分布较宽（M_w/M_n=20～50)。由于分子量分布较宽，有利于改善产品的加工性能，并能提高膜产品的光学性能。

(2) 性能　低密度聚乙烯的力学性能很大程度上取决于聚合物的分子量、支化度和结晶度。从总体比较，其力学性能一般，在强度上低于 HDPE 和 LLDPE。LDPE 低温性能优良，抗冲击性优于聚氯乙烯、聚丙烯及聚苯乙烯等。聚乙烯是非极性高分子材料，电绝缘性能优异，其介电常数及介电损耗几乎与温度、频率无关。高频性能优良。适于制造高频电缆和海底电缆的绝缘层。

LDPE 有良好的柔软性和热封性。

LDPE 易燃，且有烧滴现象，燃烧时发出蜡烛气味，火焰无烟无色。LDPE 不易热分解，超过 315℃时才有可能发生热分解，其最高使用温度可达近 100℃。最低使用温度为－100～－70℃。但在受力状况下，热变形温度仅为 38～50℃，限制了其使用范围。

LDPE 的透明性优良，易加工成型。低于软化温度 15～20℃，聚乙烯可进行延伸与造型。高于软化温度后即转变成塑性状态，此时可用挤出、注射等方法进行加工。

LDPE 的表面张力极低，其制品表团涂饰、上胶、印刷时，要预先进行电晕处理、火焰处理、砂磨处理、浓硫酸或等离子处理，使其有良好的附着力。

LDPE 有良好的阻湿性，但阻气性差，易带静电，高速生产装置上需安装静电去除器。

(3) 用途　低密度聚乙烯综合性能优异，卫生性好，因此广泛应用于各个工业部门和日常生活用品。低密度聚乙烯薄膜占其总量的一半，主要用于食品包装、工业品包装、化学药品包装、农用膜和建筑用膜等。

LDPE利用挤出吹塑成型法、可制成许多中空制品，如瓶、罐、筒、盆和大型工业用储槽等。利用旋转滚塑法，LDPE可做成大型中空成型制品，如儿童玩具摇马及大型储槽等。利用挤出工艺，低密度聚乙烯可制造高频、海底电缆的被覆料等，目前多采用交联改性的低密度聚乙烯，可提高其耐热比、耐应力开裂性和强度。

12 什么是高分子量和超高分子量聚乙烯？其性能和用途如何？

高分子量和超高分子量聚乙烯分子结构与高密度聚乙烯完全相同。通常将分子量在25万～50万之间的HDPE称为高分子量聚乙烯（简称HMWHDPE），而将分子量在150万以上聚乙烯称为超高分子量聚乙烯（简称UHMWPE）。超高分子量聚乙烯具有极性的耐磨性，很高的抗冲强度，良好的自润滑性，是一种性能优异的工程塑料。

高分子量聚乙烯可用钛系高效载体催化剂或SiO_2/Al_2O_3负载氧化铬催化剂通过采用多个反应器，调节工艺生产出具有双峰分子量分布的高分子量聚乙烯。

超高分子量聚乙烯多采用Ziegler-Natta对Ti高效催化剂的低压浆液法、Phillips高效负载催化剂的新浆液法和美国UCC的Unipol流化床气相法，适当提高浆液浓度和降低聚合温度。

由于高分子量聚乙烯具有良好的韧性、耐磨性、耐应力开裂性、冲击强度和拉伸强度高，对高湿气体阻隔性好等特点，可于生产超薄薄膜、汽车燃油箱和大型吹塑容器等。

超高分子量聚乙烯是分子极长的线性聚合物，由于分子链极长，分子链间产生缠结，从而引起聚集态变化，因此它具有许多优异的性能。耐磨性优于其它所有塑料和许多金属：抗冲击强度比聚碳酸酯高3～5倍，居各种工程塑料之首；滑动连接系数可与聚四氟乙烯相媲美，此外还具有优异的耐低温性和化学稳定性。因此它广泛用在纺织工业、造纸工业、化学工业、食品工业、农业及军工等领域制造许多耐磨自润滑零部件、防腐蚀制品及高强度制品。

13 中密度聚乙烯的性能特征有哪些？

中密度聚乙烯的密度为0.926～0.940g/cm³，分子结构介于低密度聚乙烯和高密度聚乙烯之间。中密度聚乙烯可采用几种方法生产，如用高密度聚乙烯和低密度聚乙烯按一定比例掺混方法；用高密度聚乙烯生产工艺，通过调节共聚单体1-丁烯的加入量，使聚合后制品的密度处在中密度范围内等方法，都能得到中密度聚乙烯。中密度聚乙烯的缩写代号是MDPE。

中密度聚乙烯的结晶度为70%～75%，中密度聚乙烯性能与低密度聚乙烯和高密度聚乙烯的性能相同，而它具有的优良耐应力开裂性、刚性和耐热性，是LDPE和HDPE所不具备的特性。

14 中密度聚乙烯树脂可成型哪些塑料制品?

中密度聚乙烯树脂可采用挤出、吹塑、注射和旋转方法成型塑料制品。用挤出法成型管材、电线电缆的包覆层；用挤出吹塑法成型薄膜和各种瓶类制品等。用注射及旋转法成型各种包装用容器、贮槽、桶、罐等制品。

15 极低密度聚乙烯的性能特征有哪些?

极低密度聚乙烯是由乙烯与α-烯烃共聚而成，α-烯烃有1-丁烯、1-辛烯等，多采用气相法或液相法生产。VLDPE是极低密度聚乙烯的缩写代号。

极低密度聚乙烯的密度为0.880～0.910g/cm^3，结晶度较低，柔韧性好；有优良的力学性能，抗冲击性、填充性、光学性、抗穿透性和抗撕裂性都很好；无毒、吸水性很低；热变形温度高，热稳定性好，耐低温，有优良的耐环境应力开裂，极佳的抗挠曲龟裂性和冷冲击性能；制品透光性好。其耐低温性、耐应力开裂性、抗挠曲性和拉伸强度等均优于低密度聚乙烯。

16 极低密度聚乙烯树脂可成型哪些塑料制品?

极低密度聚乙烯树脂因其共聚单体含量较高，所以加工性能较好。一般可用注射、挤出和吹塑等方法加工成型塑料制品。有时也可用涂覆的方法。采用挤出机挤塑成型收缩薄膜、包装薄膜、医用包装膜和重包装薄膜；挤出吹塑薄膜的最薄尺寸可达5μm以下；另外，还能用VLDPE树脂与PP树脂或HDPE树脂共混、挤出吹塑成型薄膜，其撕裂强度和冲击性能都得到很大的提高；用挤出法还可成型医用软管和电线电缆的绝缘保护层。

采用注塑机注射成型塑料制品，由于其树脂的结晶度较低，所以，VLDPE 制品的收缩率也较低（为制品的 1.5%），仅是 LLDPE制品收缩率的 1/2。可注射成型容器、玩具和吸尘器等制品；与 PP 树脂的共混料成型汽车保险杠、风门、挡泥板等制品，这种制品的低温冲击性能很好。

美国 Exxon 公司生产的极低密度聚乙烯树脂，可用于成型医用软管、瓦楞板、绝缘材料和电缆线等，主要用挤出和注射成型塑料制品。日本三菱油化公司生产的极低密度聚乙烯树脂，可用挤出机挤出成型薄膜、板材、软管和电线绝缘护套等制品，也可采用注塑或层压法成型制品。

第二章 聚乙烯生产技术基础

第一节　聚乙烯理化知识

1 聚合物的分子量有什么特点？

同一般化合物的分子量一样，聚合物的分子量也是组成这个分子的各原子的原子量总和。除少数天然高分子以外，合成聚合物的分子量往往具有不均一性。

聚合物分子量具有统计性。高分子由很大数目的单体分子通过聚合反应而形成。在加成聚合过程中形成的高分子的分子量将是组成这个高分子的单体分子量的整倍数。如果聚合是通过缩聚反应的，则由于反应中有某种小分子逸出，形成的高分子的分子量小于组成这个高分子的单体分子量的整倍数。由于聚合反应中高分子链的增长和终止受反应概率和可能存在的杂质的影响，聚合物中各个高分子并不是由相同数目的单体聚合而成的，因而试样中各个高分子的分子量将不完全相同。在文献中通常将这种分子量的不均一性称作分子量的多分散性。由于高分子的分子量有多分散性，要表征高分子的分子量就需要应用统计方法。最完整的表达形式应该是聚合物的分子量分布，因为它表明了试样中不同分子量组分的相对含量。

聚合物分子量比低分子大几个数量级，一般在 $10^3 \sim 10^7$ 之间。

2 聚合物的分子量表示方法有哪些？

聚合物的分子量表示方法主要有以下四种：

(1) 数均分子量（按分子数统计平均，以$\overline{M}_n$表示）

（2）重均分子量（按分子重量统计平均，以$\overline{M}_{\mathrm{w}}$表示）

（3）Z 均分子量（按 Z 量统计平均，以$\overline{M}_{\mathrm{Z}}$表示）

（4）黏均分子量（黏度法测得的平均分子量，以$\overline{M}_{\eta}$表示）

若有一高聚物试样，总质量为m，总物质的量为n；第i种分子的分子量为M_i，物质的量为n_i，质量为m_i，在整个试样中的摩尔分数为x_i，质量分数为w_i，则

$$\overline{M}_{\mathrm{n}}=\frac{\sum_{i=1}^{n}n_iM_i}{\sum_{i=1}^{n}n_i}=\sum_{i=1}^{n}N_iM_i$$

$$\overline{M}_{\mathrm{w}}=\frac{\sum_{i=1}^{n}w_iM_i}{\sum_{i=1}^{n}w_i}=\frac{\sum_{i=1}^{n}n_iM_i^2}{\sum_{i=1}^{n}n_iM_i}=\sum_{i=1}^{n}W_iM_i$$

$$\overline{M}_{\mathrm{Z}}=\frac{\sum_{i=1}^{n}z_iM_i}{\sum_{i=1}^{n}z_i}=\frac{\sum_{i=1}^{n}n_iM_i^3}{\sum_{i=1}^{n}n_iM_i^2}=\sum_{i=1}^{n}Z_iM_i$$

$$\overline{M}_{\eta}=\left[\sum_{i=1}^{n}W_iM_i^{\alpha}\right]^{1/\alpha}$$

$\alpha=1$时，$\overline{M}_{\eta}=\overline{M}_{\mathrm{w}}$；$\alpha=-1$时，$\overline{M}_{\eta}=\overline{M}_{\mathrm{n}}$。

在聚乙烯生产过程中，考虑到聚乙烯的分子量测量时间较长，因此常用熔融指数（MI）或熔体流动速率（MFR）表示分子量的大小，MI 或 MFR 越高，聚乙烯的分子量越低。

3 聚合物的分子量分布的表示方法是什么？

通常聚合物的分子量分布用多分散系数d表示：

$$d=\frac{\overline{M}_{\mathrm{w}}}{\overline{M}_{\mathrm{n}}}$$

d越大，说明分子量越分散，分子量分布越宽。

在聚乙烯生产过程中，常用 FRR（熔流比）表示产品的分子量分布宽窄。

4 什么是熔融指数（或熔体流动速率）和熔流比？

熔融指数（或熔体流动速率）是一种表示塑胶材料加工时的流动性的数值。测试的具体操作过程是：将待测高分子（塑料）原料置入小槽中，槽末接有细管，细管直径为 2.095mm，管长为 8mm。加热至某温度（常为 190℃）后，原料上端由活塞施加一定重量的力向下挤压，测量该原料在 10min 内所被挤出的质量，即为该塑料的熔融指数。

其中施加一定重量的力共分 8 级，分别是 0.325kgf、1.2kgf、2.16kgf、3.8kgf、5kgf、10kgf、12.5kgf 和 21.6kgf。聚乙烯生产中常用的是 1.2kgf、2.16kgf、5kgf 和 21.6kgf（1kgf = 98.0665kPa）这几个级别的。

熔流比是重量较高级别与较低级别的熔融指数间的比值，聚乙烯生产中常用的是 MFR21.6/MFR2.16 或 MFR21.6/MFR5 这两种熔流比。

5 聚乙烯的一般性能有哪些？

聚乙烯树脂为无毒、无味的白色粉末或颗粒，外观呈乳白色，有似蜡的手感，吸水率低，小于 0.01%。聚乙烯膜透明，并随结晶度的提高而降低。聚乙烯膜的透水率低但透气性较大，不适于保鲜包装而适于防潮包装。易燃，氧指数为 17.4，燃烧时低烟，有少量熔融落滴，火焰上黄下蓝，有石蜡气味。聚乙烯的耐水性较好。制品表面无极性，难以黏合和印刷，经表面处理有所改善。支链多其耐光降解和耐氧化能力差。

6 聚乙烯的力学性能如何？

根据聚乙烯拉伸时应力-应变曲线的形状可以看出，其属于软而韧的聚合物。聚乙烯的力学性能一般，拉伸强度较低，抗蠕变性不好，耐冲击性好。冲击强度 LDPE＞LLDPE＞HDPE，其它力学性能 LDPE＜LLDPE＜HDPE。主要受密度、结晶度和相对分子质量的影响，随着这几项指标的提高，其力学性能增大。耐环境应力开裂性不好，但当相对分子质量增加时，有所改善。耐穿刺性好，其中 LLDPE 最好。

7 聚乙烯的化学稳定性如何？

聚乙烯有优异的化学稳定性，室温下耐盐酸、氢氟酸、磷酸、甲酸、胺类、氢氧化钠、氢氧化钾等各种化学物质，浓度较高的硝酸和硫酸对聚乙烯有较强的破坏作用。

8 聚乙烯能溶于哪些溶剂？

在室温下，HDPE不溶于任何已知溶剂，在较高温度（高于80℃）时，HDPE溶于许多烷烃、芳烃以及卤代烃中，常用的有二甲苯、四氢萘、十氢萘、邻二氯苯等。

9 聚乙烯的印刷性能如何？

适用于抗水、油及化学物品等性能较高的产品标签，常将聚乙烯应用于化妆品、洗发水、洗涤和其它在使用过程中有耐潮、耐挤压要求的日用化学品标签。聚乙烯具有优异的柔软性，尤其适用于塑料袋。也可用于因环保要求而不能使用PVC标签材料的情况。

10 什么情况下，聚乙烯易降解？

聚乙烯容易光氧化、热氧化、臭氧分解，在紫外线作用下容易发生降解，炭黑对聚乙烯有优异的光屏蔽作用。受辐射后可发生交联、断链、形成不饱和基团等反应，会发生老化、变色、龟裂、变脆或粉化，丧失其力学性能。在成型加工温度下，也会因氧化作用，使其熔体强度下降，发生变色、出现条纹，故而在成型加工和使用过程或选材时应予以注意。

11 聚乙烯的电性能如何？

聚乙烯本身没有极性，这决定了其绝缘性能优异，特别是LDPE的性能更佳。

电性能主要由介电常数、介电损耗因数和介电强度确定。聚乙烯的介电常数是很低的，即使支化会带入少许极性，但基本上仍是非极性材料；纯粹聚乙烯的介电损耗因数在很宽的频率范围内是很低的，其电性能不受电场频率的影响。

优良的电性能使得聚乙烯是作为动力电缆和通讯电缆的主要材

料。但由于其耐热性不高，作为绝缘材料使用，只能达到 Y 级（工作温度≤90℃）。

12 哪些因素影响聚乙烯的电性能？

聚乙烯的介电常数随着密度的升高而稍许增大，介电常数还随温度稍许变化，但通常认为是由于密度变化引起的。

聚乙烯中存在填料、杂质或因氧化降解会使损耗因数增大，在空气中加热或快速辊炼由于氧化作用并引入羰基偶极基团使损耗因数增大，抗氧剂可大幅度抑制这种降解作用。引入极性基团，也增大了介电损耗因数。

温度升高，聚乙烯的介电强度降低。

13 不同聚乙烯的玻璃化温度（T_g）为何有较大差异？

这主要是由于不同类别的聚乙烯分子链的支化度不同，因而结晶度和密度不同，这样晶区和无定形区所含比例相差较大，其无定形部分链长差别较大，因此测得的玻璃化温度差别也较大。

14 哪个因素对聚乙烯的脆化温度（T_B）影响较大？

分子量大小对聚乙烯的脆化温度影响较大。一般情况下，聚乙烯的脆化温度约在－50～－70℃，分子量增加，脆化温度降低，当重均分子量大于 10^6 时，比如超高分子量聚乙烯，脆化温度低达－140℃。

15 熔融温度（T_m）受哪些因素影响？

影响熔融温度的主要因素是支化度，支化度增加，密度降低，熔融温度降低。分子量大小对聚乙烯的熔融温度基本上没有影响。低密度聚乙烯熔融温度约为 108～126℃、高密度聚乙烯熔融温度约为 126～137℃。

16 聚乙烯的抗应力开裂性能受哪些因素影响？

主要受密度、分子量、分子量分布和温度的影响。其中随密度减小、分子量的增加、分子量分布变窄以及温度升高，聚乙烯的抗应力开裂性能随之提高。

17 哪些物质会引起聚乙烯的环境应力开裂？

引起聚乙烯的环境应力开裂的物质有：酯类、金属皂类、硫化或磺化醇类、有机硅液体、潮湿的土壤等。

18 聚乙烯的光泽度受哪些因素影响？

就聚乙烯本身来说，主要受密度、分子量、分子量分布的影响。其中随密度增加、分子量的降低、分子量分布变宽，聚乙烯的光泽度变好。

对于加入的添加剂来说，增加硬脂酸钙/硬脂酸锌的加入量，会降低聚乙烯的光泽度。

19 聚乙烯的加工性能如何？

因 LDPE、HDPE 的流动性好，加工温度低，黏度大小适中，分解温度低，在惰性气体中高温 300℃不分解，所以是一种加工性能很好的塑料。但 LLDPE 的黏度稍高，需要增加电机功率 20%～30%；易发生熔体破裂，需增加口模间隙并加入加工助剂；加工温度稍高，可达 200～215℃。聚乙烯的吸水率低，加工前不需要干燥处理。

聚乙烯熔体属于非牛顿流体，黏度随温度的变化波动较小，而剪切速率的增加下降快，并呈线性关系，其中以 LLDPE 的下降最慢。

聚乙烯制品在冷却过程中容易结晶，因此，在加工过程中应注意模温，以控制制品的结晶度，使之具有不同的性能。聚乙烯的成型收缩率大，在设计模具时一定要考虑。

20 聚乙烯改性的方式有哪些？

聚乙烯改性主要在三个过程中进行：聚合过程、后处理过程和成型加工过程。

聚合过程中主要通过不同的聚合方式、不同的工艺方法、不同的共聚单体和不同的催化剂等方面进行改性。

后处理过程中主要通过加入添加剂、化学改性（氯化、氯磺化等）以及交联和共混等方式进行改性。

成型加工过程中主要通过不同的成型工艺以及加工过程中操作参数的变化等实现聚乙烯改性。

21 共聚单体的作用是什么？

共聚单体中由于存在α-烯烃，扰乱了聚乙烯晶胞单元紧密堆砌的方式，降低了结晶度和密度，造就了贯穿数个晶区与无定形区的系带分子，提高了韧性及与之相关的许多重要性能。

22 碳原子个数不同的α-烯烃对聚乙烯性能的影响有何不同？

对于C_3～C_8的α-烯烃，碳原子数量越多，共聚单体在聚合物中的分布也越合理，对聚乙烯韧性的增强也越明显。

23 哪些因素影响聚乙烯的透明性？

从结构上来说，一般影响聚乙烯透明性的是其结晶度/密度。结晶度/密度高的聚乙烯透明性差一些，因为晶区和非晶区对光的折射率不一样，从而导致不透明。另外在聚乙烯中加入成核剂可以改善其透明性。

24 如何提高聚乙烯的加工性能？

提高聚乙烯的加工性能可以采用以下几方面措施：

(1) 提高聚乙烯中长支链的比例；

(2) 控制分子量分布，形成宽分子量分布或双峰/多峰分布的聚乙烯；

(3) 接入第三单体，形成三元共聚物；

(4) 加入加工助剂，提高熔体的润滑性。

25 聚乙烯的分子量大小对哪些性能有影响？

分子量增加，聚乙烯的耐热性、抗冲击强度、耐应力开裂性能、耐候性均有所提高；流动性下降；而对刚性、拉伸强度、硬度、透明性和抗渗透性影响不大。

26 聚乙烯密度的大小对哪些性能有影响？

密度提高，聚乙烯的收缩率、刚性、拉伸强度、硬度、耐热性、光泽度和抗渗透性均提高；流动性、抗冲击强度、耐应力开裂性能、透明性下降；对耐候性影响不大。

27 聚乙烯的分子量分布变动对哪些性能有影响？

分子量分布变宽，聚乙烯的流动性、耐应力开裂性能有所提高；抗冲击强度、光泽度和抗翘曲性能下降；而对刚性、拉伸强度、硬度、耐热性、透明性、耐候性和抗渗透性影响不大。

28 聚乙烯产品产生翘曲的原因有哪些？

聚乙烯产品产生翘曲的原因有以下几点：

（1）聚乙烯材料本身的分子量分布较宽；

（2）聚乙烯产品的形状（包括厚度）差异；

（3）成型加工模具结构的不同；

（4）加工过程中的操作参数不同。

29 HDPE 增韧的方法有哪些？

HDPE 增韧主要通过以下方法：

（1）弹性体或和/或韧性好模量低的树脂；

（2）刚性粒子增韧（包括有机刚性粒子增韧、无机刚性粒子增韧、刚性粒子复合增韧）；

（3）刚性粒子与弹性体并用增韧。

30 HDPE 与哪些弹性体树脂共混可以实现增韧？

HDPE/LLDPE（线型低密度聚乙烯）、HDPE/CPE（氯化聚乙烯）、HDPE/EVA（乙烯-醋酸乙烯共聚物）、HDPE/mPE（茂金属聚乙烯）、HDPE/PVA（聚乙烯醇）短纤维等共混实现增韧。

31 刚性粒子增韧塑料应具备哪些基本条件？

刚性粒子增韧塑料应具备以下基本条件：

（1）被增韧基体本身应具有一定的韧性。基体的韧性使得它在共混合金受力时易于屈服形变，产生对刚性粒子的净压力，并使其发生塑性形变以吸收更多的冲击能量；

（2）刚性粒子与基体之间要有良好的界面粘接，界面粘接的好坏与粒子的冷拉有直接影响；

（3）刚性粒子粒径要小，浓度要达到一定值才能增韧。

32 HDPE与哪些刚性粒子共混可以实现增韧？

有机粒子包括PC（聚碳酸酯）、PP（聚丙烯）、AS（丙烯腈-苯乙烯共聚物）、PS（聚苯乙烯）、PET（聚对苯二甲酸乙二醇酯）、PA6（尼龙6）。

无机刚性粒子有很多，常见的有碳酸钙、硅灰石、高岭土、水镁石、蒙脱土、方解石、碳纳米管等。

第二节 聚合催化剂

1 聚乙烯催化剂有哪几种？

聚乙烯催化剂有以下几种：

（1）齐格勒纳塔催化剂。该催化剂是将氯化钛负载制备，并普遍使用的大宗催化剂，主要载体是氯化镁和硅胶，制备成为球形负载催化剂；

（2）铬催化剂。该催化剂是将氧化铬之类的化合物负载于单一或复合载体如二氧化硅、氧化铝、氧化锆或氧化钍之类的无机氧化物上；

（3）茂金属催化剂；

（4）后过渡金属催化剂；

（5）生产双峰或宽峰聚乙烯的复合催化剂；

（6）其它催化剂。

2 什么是齐格勒-纳塔催化剂？

齐格勒-纳塔催化剂是一种有机金属催化剂，又叫Z-N催化剂，用于合成非支化高立体规整性的聚烯烃。典型的齐格勒-纳塔催化剂是双组分：四氯化钛-三乙基铝［$TiCl_4$-$Al(C_2H_5)_3$］。1953年前后由K. 齐格勒和G. 纳塔发明，他们因此获1963年诺贝尔化学奖。适用于常压催化乙烯聚合，所得聚乙烯具有立体规整性好、密度高、结晶度高等特点。

3 根据过渡金属性质的不同，齐格勒-纳塔主催化剂可分为哪几类？

第一类为Ⅵ、ⅣB族过渡金属的卤化物、卤素氧化物、烷氧化合物、乙酰丙酮（Hacac）化合物、环戊二烯（Cp）化合物等，如$TiCl_4$、$TiCl_3$、VOI_3、$VOCl_3$等。

第二类为Ⅷ族过渡金属，如Ni、Co、Fe等的卤化物，羟酸盐，乙酰丙酮化合物等。此类催化剂对α-烯烃聚合活性较小，却是共轭二烯烃聚合的理想催化剂。

4 齐格勒-纳塔催化剂所用的助催化剂主要作用是什么？

齐格勒-纳塔催化剂所用的助催化剂的主要作用有：

① 烷基化反应：$MtX_n + AlR_m \longrightarrow MtRX_{n-1} + AlXR_{m-2}$，过渡金属被烷基化，生成Mt-C活性中心；

② 还原反应：过渡金属将由高氧化态还原成低氧化态。将四价钛还原成三价钛，进一步还原成二价钛；

③ 清除聚合体系中对催化剂有毒性的物质（如单体或溶剂中含氮、氧等化合物）；

④ 在烯烃聚合时充当链转移剂。

5 为什么选择$MgCl_2$作为齐格勒-纳塔催化剂的载体？

选择$MgCl_2$作为齐格勒-纳塔催化剂的载体的原因有：$MgCl_2$有很大的比表面积，使主催化剂能够很好地分散于其表面，活性中心数目大大增加；使Ti活性中心通过Cl原子牢固地与$MgCl_2$络合在一起，合成的催化剂不仅活性高，而且具有较好的聚合稳定性；通过Mg-Cl-Ti的推电子效应，使催化活性中心Ti的电子云密度增大，从而降低烯烃分子在活性中心Ti上链增长的活化能。

6 在Ti/Mg催化剂体系中，硅胶的作用是什么？

硅胶又称硅载体。它是通过$Si(OH)_4$的凝缩聚合而成的硅氧烷链网状聚合物。这种聚合物的表面含有一层SiOH，或硅烷醇基团。这种基团使表面的硅原子第4层化合价饱和。

硅胶的加入既保持了原 Ti/Mg 催化体系的高活性，又保持了 SiO_2 载体较好的颗粒形态、较高的孔隙率和较大的比表面积等特点。在气相聚合过程中，载体 SiO_2 能够稀释缓和催化剂的活性，并起到聚合物增长模型的作用，使聚乙烯具有球状颗粒和较高的堆积密度。载体的不同制备方法、活化方法、干燥成型方法以及活性组分在载体上的负载方法直接决定了制得催化剂的性能。

7 四氢呋喃（THF）在 Univation 技术中的 UCAT-A 催化剂配制过程中所起的作用是什么？

THF 既是溶剂又是络合物的配位基，它本身是一种催化剂的可逆毒物，用它作溶剂的目的是让 THF 作为配位基络合在 Ti、Mg 中心上，从而决定了结构形成与母体的化学稳定性和热稳定性。必要时再除去，暂时保护活性中心，防止受到其它不可逆或强毒物的攻击而永远失活。

8 催化剂负载化的主要作用是什么？

催化剂负载化的主要作用有：

（1）催化剂的负载化首先能够提高活性组分的催化效率，同时能够在一定程度上适当降低催化剂的初始活性，大大减少聚合过程中的结块或爆聚现象；

（2）催化剂的负载化可以使其满足更多的聚合工艺过程，防止造成较严重的聚合物黏壁现象，从而会严重影响装置的正常开车；

（3）催化剂的负载化可以改善聚合物的形态，提高聚合物的表观密度；

（4）催化剂的负载化可以大幅度降低催化剂的用量，降低催化剂的生产成本。

9 工业化装置对催化剂载体的要求有哪些？

工业化装置对催化剂载体的要求有以下几点：较高的比表面积；较适宜的孔容及孔径分布；有良好的流动性；适宜的堆积密度；合适的平均粒径及粒径分布；较高的机械强度和耐磨强度；化学惰性，含有负载活性组分的活性基团。

10 催化剂载体有哪些？

催化剂的载体有以下几种：

（1）氯化物，如 NaCl、$FeCl_3$、$AlCl_3$、$GaCl_3$、$MgCl_2$、$MnCl_2$ 等；

（2）氧化物，如 SiO_2、Al_2O_3、MgO、TiO_2、ZrO_2、ThO_2 等；

（3）氢氧化物，如 $Mg(OH)_2$、Mg(OH)Cl 等；

（4）烷氧基化合物，如乙氧基镁等；

（5）有机金属镁化物，如二烷基镁、格氏试剂等；

（6）碳酸盐化合物，如 $CaCO_3$、$MgCO_3$ 等；

（7）多孔性物质，如硅酸铝、黏土、硅藻土等；

（8）合成高聚物或天然高聚物。

使用效果良好的主要有 SiO_2、镁化物以及格氏试剂等。

11 什么是复合载体催化剂？

复合载体催化剂是把 $MgCl_2$ 负载在作为第二载体的 SiO_2 上制得的复合载体，然后与 Ti 化物反应制得的。这种由 $MgCl_2$ 和复合载体形成的复合载体催化剂，既存在 $MgCl_2$ 载体的特性，又保持有 SiO_2 载体的特性。因此，其兼具良好的形态和高活性，用于乙烯聚合的活性大大高于 SiO_2 载体催化剂。

12 复合载体催化剂制备分哪几步？

复合载体催化剂的制备有多种方法，一般可分为两步：

（1）制备复合载体

① 热活化（和化学活化）SiO_2；

② 将无水 $MgCl_2$ 或格式试剂等有机镁化合物溶解于醇或四氢呋喃等溶剂中，形成均匀溶液；

③ Mg 化物溶液与活化过的 SiO_2 相互作用。

（2）复合载体（或用 $SiCl_4$ 等硅化物、烷基铝化合物处理）与 $TiCl_4$ 反应，或接着与有机镁或烷基铝化合物反应。

13 什么是催化剂的复制现象？

非均相聚烯烃催化剂能把它们的形态复制给相应的聚合物。例如，球形催化剂颗粒往往产生球形聚合物粒子；如果催化剂颗粒有空洞，生成的聚合物粒子也会有空洞。这种现象叫做催化剂的复制现象，非均相的齐格勒-纳塔催化剂是唯一具有这种复制现象的催化剂。

14 为了控制聚乙烯颗粒的形态，催化剂需要满足哪些要求？

需要满足以下要求：

（1）具有高表面积；

（2）具有高孔隙度，并有大量微小的缝隙均匀分布于整个催化剂粒子上；

（3）具有合适的机械强度，既能在操作过程中保持其基本形状，又不妨碍聚乙烯链的增长，使催化剂粒子在聚乙烯链增长的作用下不破碎，最后以大量微小颗粒包裹于聚合物粒子中；

（4）活性中心在催化剂粒子中均匀分布；

（5）单体易向催化剂粒子内部扩散。

15 什么是预聚合？

预聚合就是在烯烃聚合之前，用少量的烯烃在催化剂和烷基铝存在时的温和条件（低 Al/Ti 摩尔比，低温）下聚合一定时间，在催化剂表面包裹上一薄层聚合物，目的是防止聚合过程中聚合物颗粒破碎，改善聚合物形态。

16 工业化铬系催化剂与齐格勒-纳塔催化剂有哪些差异？

铬系催化剂与齐格勒-纳塔催化剂主要有以下几点不同：

（1）铬系催化剂的多相性高，而齐格勒-纳塔催化剂则适中或较低；

（2）反应温度作为铬系催化剂产品分子量控制的主要手段；而齐格勒-纳塔催化剂则主要靠氢气乙烯比控制产品的分子量大小；

（3）铬系催化剂产品的分子量分布宽（只有 Unipol 工艺中的 S9 催化剂生产的产品分子量分布较窄），呈单峰分布，而齐格勒-纳塔催化剂产品分子量分布宽则较窄，但可以通过反应器串联方式生成双峰分布；

（4）铬系催化剂产品的长支链比例从中等到少，而齐格勒-纳塔催化剂产品则很少；

(5) 铬系催化剂产品主要用于吹塑、管材和导管、高密度聚乙烯膜和热成型方面，而齐格勒-纳塔催化剂产品则用于注塑、线型低密度聚乙烯膜和双峰（膜、PE100/PE80 管材）产品。

17 铬系催化剂在哪些聚乙烯工艺上有应用?

铬系催化剂在菲利普斯和 INEOS 公司的 Innovene S 的环管淤浆工艺、Univation 公司的 Unipol 工艺、BP 公司的 Innovene 工艺及 LYONDELLBASELL 公司的 Lupotech G 的气相流化床工艺上均有应用。

18 哪些因素对铬系催化剂性能有影响?

以下几个因素对铬系催化剂性能有影响：

(1) 载体的孔结构。在载体表面积相同的前提下，聚乙烯的熔融指数随孔体积的增加而增加；

(2) 载体的化学组成，含氧载体表面活性基团（—OH）的含量及分布；

(3) 改性剂对铬系催化剂性能影响如下：

① 钛化物处理。钛作为氧化铬催化剂改性剂可以显著提高催化剂的性能，以缩短催化剂的诱导期，提高催化剂活性；

② 氟化物处理。氧化铬催化剂在活化前加入无机氟，可以得到相对窄分子量分布的聚乙烯产品。用氟进一步改进浸渍钛的氧化铬催化剂可以提高催化剂的共聚性能；

(4) 活化条件。催化剂的聚合活性与活化的温度密切相关，在一定温度之下，聚合活性随温度的提高迅速增加，超过该点温度后，聚合活性开始降低；

(5) 助催化剂的影响。

19 Unipol 气相流化床工艺中主要使用哪些催化剂?

Unipol 气相流化床工艺中主要使用以下几种催化剂：

(1) 钛系催化剂。主要有固体粉末的 UCAT-A（即 M）催化剂和 UCAT-J 淤浆催化剂；

(2) 氧化铬催化剂，为 UCAT-B（即 F3 和 F4）催化剂；

（3）有机铬催化剂，为UCAT-G（即S2和S9）催化剂；

（4）茂金属催化剂，为XCAT-HP和XCAT-EZ；

（5）单反应器双峰催化剂，代表性的催化剂是BMC-100和BMC-200，其中BMC-100生产双峰膜产品，而BMC-200生产PE100管材产品。

20 UCAT-A和UCAT-J催化剂的差异有哪些？

UCAT-A和UCAT-J催化剂的差异有以下几点：

（1）UCAT-J的活性可达15～20kg PE/g cat，是普通UCAT-A的4～5倍；

（2）助催化剂浓度不同。UCAT-J所用的助催化剂是三乙基铝，反应器中钛金属含量低，所需要的三乙基铝少得多；

（3）对氢调敏感。同样MFR的产品，UCAT-J所需的氢气量比UCAT-A少10%～20%；

（4）还原情况不同。UCAT-A本身是经过还原的，而UCAT-J是在进料过程中还原，还原剂为正己基铝和一氯二乙基铝。在生产大多数密度高于0.945g/cm^{3}的HDPE产品时，无需还原；而生产密度低于0.945g/cm^{3}的产品时需还原，其目的是缓和催化剂活性以更好地控制树脂的粒形及堆密度；

（5）毒物影响程度不同。对UCAT-A有影响的杂质同样影响UCAT-J，通常的毒物有CO、CO_2、H_2O、C_2H_2、O_2、H_2S及各种羰基及醇类。因为UCAT-J的活性很高，反应器中的活性钛较少。所以同样浓度的杂质对UCAT-J的影响要比对UCAT-A的影响大；

（6）产品性能不同。UCAT-J的活性高，所需助催化剂量少，催化剂残留量低，即产品灰分低，薄膜的表观度提高；

（7）UCAT-A催化剂进料过程不容易稳定控制，容易出现进料堵塞、架桥现象，而UCAT-J加料平稳均匀，易于控制，克服了干粉进料的缺点；

（8）UCAT-J催化剂的主、助催化剂均用特定的矿物油稀释到一定比例，在空气中不自燃，与固体型催化剂在空气中的自燃性相比，其储存、运输更安全。

21 什么是茂金属催化剂？

茂金属催化剂，是以茂金属为基础的催化剂，也通常被称为“单活性中心催化剂”，与传统的齐格勒-纳塔催化剂的主要区别在于活性中心的分布。实际上，茂金属催化剂是双组分和多组分混配型催化剂体系，主要是由第ⅣB族过渡金属锆、钛或铪与一个或几个环戊二烯基或取代环戊二烯基，或与含环戊二烯环的多环化结构（如茚基、芴基）及其它原子或基团形成的有机金属络合物和助催化剂（主要为烷基铝氧烷或有机硼化合物，某些情况下，还需要载体）等组成。

22 茂金属催化剂的特点有哪些？

茂金属催化剂有以下特点：

(1) 聚合活性高，其催化活性可达 10^7 g 聚合物/g 金属，是高活性齐格勒-纳塔型 $MgCl_2$ 负载催化剂的活性 10 倍以上。这是因为齐格勒-纳塔型催化剂为非均相负载型，其表面的有效活性部位仅有 1%～3%，大多数的过渡金属原子仍未发挥作用。而 SCC 体系中的活性金属属单中心，100%都有活性。加之 SCC 是均相或高分散负载体系，故活性高。

(2) 茂金属催化剂与齐格勒-纳塔型催化剂相比，活性中心单一，这种单中心催化剂催化烯烃聚合产生高度均一的分子结构和组分均匀的聚合物，而传统 Z-N 催化剂有多个活性中心，每个中心产生不同分子量和组分分布的聚合物。因而由单中心催化剂制得的聚合物分子量分布（M_w/M_n）比多中心聚合物的分子量分布（$M_w/M_n=3\sim8$）窄，但是较窄的分子量分布使聚烯烃树脂的加工性变差。

(3) 可以生产出分子结构满足应用要求的聚合物，通过改变茂金属催化剂的结构，例如：改变配体或取代基，由聚合条件可以控制聚合产物的各种参数（分子量、分子量分布和组成分布、共单体含量、侧链支化度、密度以及熔点和结晶度等），从而可以按照应用要求，“定制”产品的分子结构，精确控制产品的性质。

(4) 具有优异的催化共聚能力，茂金属催化剂能使大多数共聚单体与乙烯共聚合，可以获得许多新型聚烯烃材料。

(5) 均相茂金属催化剂活性寿命长，在空气中稳定。

(6) 茂金属催化剂的上述特点为各种聚合工艺提供了多样性条件。

23 茂金属催化剂可以分哪几类?

茂金属催化剂可以分以下几类:

(1) 双茂型金属催化剂。

① 非桥链茂金属催化剂。过渡金属原子的 d 电子与两个茂基或取代茂基的芳香电子络合形成夹心结构;

② 桥链立体刚性茂金属催化剂。上下两个环由一个桥联基连接起来，桥链通常是乙基、二甲基硅烷等。

(2) 单茂型茂金属催化剂。

(3) 阳离子茂金属催化剂。

(4) 负载型茂金属催化剂。

24 影响茂金属催化剂催化活性的主要因素有哪些?

影响茂金属催化剂催化活性的主要因素有以下几方面:

(1) 过渡金属与烯烃单体的相互作用。烯烃与金属相互作用的一个特点就是烯烃作为一个配体，金属与烯烃间的 α 键和 π 键能够降低烯烃双键间的稳定性，使它能够进行插入反应，而烯烃与金属的配位也应该削弱金属与 R 基的成键 (M—R)。随着烯烃分子变大，烯烃与金属之间的配位能力降低，这是由于受到空间效应因素和烯烃与金属之间成键轨道能量的影响;

(2) 金属与烯烃键的稳定性。以 Cp_2MCl_2/MAO 作为一个简化的、有代表性的催化活性中心模型；通过改变配体的电子效应，能够调节中心金属与烯烃基团之间键的强度。为了便于 M—R 键的打开，能够使烯烃插入后形成新的 M—R 键，金属与烷烃间成键的强度要弱。M—R 键的强度也与 R 本身有关，其稳定性次序如下：$Me < Et < (CH_2)_nCH_3$;

(3) 配体。如果配体中环戊二烯基团上的取代基团使得它具有较好的给电子性，那么它将减少催化剂活性中心金属上的正电性，将削弱金属与其它配体的成键，提高催化剂的活性;

（4）空间效应。催化剂上含有大体积的取代基团，有利于α-烯烃从一定方向上与中心金属配位、聚合。同时，环戊二烯上大的取代基团也影响大体积的烯烃单体与中心金属配位的能力。

25 茂金属载体催化剂可以使用哪些种类的载体？

茂金属载体催化剂可以使用下面一些种类的载体：

①SiO_2，SiO_2 载体催化剂是各种茂金属载体催化剂中是研究最多的一种催化剂；②Al_2O_3 和 $MgCl_2$；③聚合物，主要是聚苯乙烯；④聚硅氧烷；⑤分子筛；⑥环糊精（CD）。

26 什么是后过渡金属催化剂？

后过渡金属催化剂又称非茂金属催化剂。后过渡金属催化剂中金属元素的种类涉及第Ⅷ族中的元素，目前研究比较多的为 Fe、Co、Ni、Pd 四种元素，络合物的配体种类有膦氧配体、二亚胺配体和亚胺吡啶配体等。催化剂的组成除了金属络合物之外，还需要加入助 MAO 或者离子型硼化合物组成均相催化剂。

27 后过渡金属催化剂有哪些特点？

（1）后过渡金属催化剂和茂金属催化剂及传统的齐格勒-纳塔催化剂的不同在于选择金属元素方面跨越了元素周期表的过渡金属区域，选择了 Ni、Bd、Fe、Co 等，所制备的催化剂也是单活性中心催化剂，因此可以按照预定的目的极精确地控制聚合物的链结构；

（2）后过渡金属催化剂还表现出用传统 Z-N 催化剂或茂金属催化剂都不能达到的各种性能，如茂金属催化剂和传统催化剂都不能接受除碳、氢以外的元素，因此很难用于含有极性官能团的单体共聚反应，但后过渡金属催化剂可用于聚合含有像酯和丙烯酸酯那样的官能团烯烃；

（3）过去的催化剂要生产高支链的聚乙烯必须使用已烯、辛烯等共聚单体，否则，只能生产分枝少的线型聚合物，使用镍基催化剂则可以使乙烯聚合成具有高分枝的聚乙烯，而且通过控制反应条件，生产的聚乙烯均聚物的范围包括线性、半结晶到高分枝的无定形聚乙烯，控制分枝还可以生产无共聚单体的弹性体；

（4）由于后过渡金属单中心催化剂具有合成相对简单，聚乙烯产品产率较高，有利于降低催化剂成本（催化剂成本低于茂金属催化剂，助催化剂用量较低），可以生产多种聚烯烃产品。

28 什么是生产双峰或宽峰聚乙烯的复合催化剂？

生产双峰或宽峰聚乙烯的复合催化剂是在单反应器中生产双峰和宽相对分子质量分布的 HDPE 和 LLDPE 产品的催化剂，通常是两种茂金属催化剂或茂金属催化剂和齐格勒-纳塔催化剂相混合的复合催化剂。Univation 公司开发的 BMC-100 和 BMC-200 催化剂是用于单个气相流化床反应器，分别生产双峰膜和管材产品的催化剂。

29 什么是双功能催化剂？

双功能催化剂能实现在同一聚合反应器中同时完成乙烯低聚成 α-烯烃，并使乙烯与生成的 α-烯烃“就地”共聚以制得不同密度的聚乙烯，这提供了一种可控制聚合物密度的新型聚合法，用单一的乙烯可生产乙烯与 α-烯烃的共聚物，可简化生产工艺，降低生产成本。

30 双功能催化剂的组成是什么？

双功能催化剂体系含有两种不同的催化剂，一种是由 Ti(OR) 和 $Al(C_2H_5)_3$ 组成的低聚催化剂，用于乙烯二聚成 1-丁烯。另一种是 Cr-Cr、Ni-Cr、Ti-Ti、Zr-Ti 催化剂，用于乙烯与生成的 1-丁烯共聚。

31 齐格勒-纳塔催化剂活性受哪些因素影响？

影响催化剂活性的因素有内在因素和外在因素。内在因素为催化剂本身过渡金属性质和配位体及载体，外在因素为催化剂毒物。具体如下：

（1）过渡金属配位体的影响。一般认为，在过渡金属周围的配位体对催化剂的活性有显著影响。使用球磨法制备的 $MgCl_2$-TiX_4 [$X=N(C_2H_5)_2$，OC_2H_5，Cl]催化剂，在三异丁基铝存在下进行聚合，催化剂活性随 X 的不同而有较大差异，随 $N(C_2H_5)_2<$

OC_4H_9<OC_2H_5<Cl顺序增加，和这些配位体释电子能力的顺序相反。使用$TiCl_4(OC_4H_9)_{4-n}$($n=0\sim4$)系列催化剂的相似研究表明聚合物产物随n值的增加而增加。

(2) 助催化剂的影响。乙烯聚合催化剂体系中常用的助催化剂是烷基铝化合物，工业生产实验表明，使用$TiCl_3$或$TiCl_4$作为乙烯聚合主催化剂时，使用助催化剂的聚合速度为$Al(C_2H_5)_3$>$Al(C_2H_5)_2Cl$>$Al(C_4H_9)_3$，对于卤化烷基铝化合物，聚合速率顺序为$AlEt_3$>$AlEt_2Cl$≈$AlEt_2Br$>$AlEt_2I$。虽然$AlC_2H_5Cl_2$工业生产的数据没有，但可以肯定，聚合速率小于$Al(C_2H_5)_3$是肯定的。

(3) 载体的影响。经过特殊处理的无水$MgCl_2$是齐格勒-纳塔催化剂最常用的载体，$MgCl_2$的使用可以提高催化剂的活性。研究表明$MgCl_2$的晶格与$TiCl_3$相似，它们的离子半径相近，即Ti^{4+}或Ti^{3+}为0.068nm，Mg^{2+}为0.065nm。$MgCl_2$能提供最多的反应位置，从而提高催化剂的活性。在齐格勒-纳塔催化剂的研究历史上曾有许多金属氯化物（MCl_x）被用作载体，但经研究MCl_x中M的电负性X_i是决定催化剂活性的关键。如果M的电负性小于10.5（Ti的电负性）则为促进剂，大于10.5则为抑制剂。

(4) 催化剂毒物影响。对于任何一个母体的催化剂体系，原材料的杂质均能对催化剂活性产生成倍的降低作用，这正是任何一个乙烯聚合工艺对原材料提出苛刻要求的主要原因。以Unipol气相流化床工艺而言，原料均需精制，因此设置了乙烯脱炔、脱CO、脱CO_2、脱水，1-丁烯脱水，氮气脱氧，氢气脱水等工序，对CO和CO_2的规格要求降低到0.5×10^{-6}以下。研究结果表明，脱除的这些物质，既影响聚合反应产率，又使催化剂的活性明显降低，因此统称这些物质为催化剂毒物。

(5)单体的影响。对同一引发体系，不同烯烃的聚合活性顺序为：$CH_2{=}CH_2$>$CH_2{=}CHCH_3$>$CH_2{=}CHC_2H_5$>$CH_2{=}CHCH_2CH(CH_3)_2$>$CH_2{=}CHCH(CH_3)C_2H_5$>$CH_2{=}CHCH(C_2H_5)_2$>$CH_2{=}CHC(CH_3)_3$

第三节 聚合方式

1 聚合反应如何分类？

（1）按反应单体：可分为均聚反应和共聚反应；

（2）按反应类型：可分为线型聚合、开环聚合、环化聚合、转移聚合、异构化聚合；

（3）按单体和聚合物的组成和结构变化：可分为加聚反应、缩聚反应和开环聚合；

（4）按聚合机理或动力学：可分为连锁聚合和逐步聚合。

2 什么是本体聚合？

本体聚合是单体（或原料低分子物）在不加溶剂以及其它分散剂的条件下，由引发剂或光、热、辐射作用下其自身进行聚合引发的聚合反应。本体聚合是自由基聚合的一种方式，高压聚乙烯（LDPE）的生产采用本体聚合的方式。

3 本体聚合有哪些特点？

本体聚合有如下特点：

（1）聚合配方的主要成分是单体和引发剂，聚合发生在本体内；

（2）提高速率的因素使产品的分子量降低；

（3）产品纯净，不存在介质分离问题；

（4）可直接制得透明的板材、型材；

（5）产品的分子量分布宽；

（6）聚合设备简单，可连续或间歇生产；

（7）体系很黏稠，聚合热不易扩散，温度难控制；轻则造成局部过热，产品有气泡，重则温度失调，引起暴聚。

4 乙烯气相本体聚合有哪些特点？

乙烯气相本体聚合具有以下特点：

（1）聚合热大。乙烯聚合热约为 95kJ/mol；

（2）聚合转化率较低。通常在 20%～30%；

（3）链终止反应非常容易发生，因此聚合物的平均分子量小；

（4）链转移反应容易发生；

（5）以氧为引发剂时，存在着一个压力和氧浓度的临界值关系。即在此界限下乙烯几乎不发生聚合，超过此界限，即使氧含量低于 2×10^{-6}时，也会急剧反应。在此情况下，乙烯的聚合速率取决于乙烯中氧的含量。

5 对于乙烯气相本体聚合，操作参数对反应和产品的影响有哪些？

（1）反应压力：提高反应系统压力，促使分子间碰撞，加速聚合反应，提高聚合物的产率和分子量，同时使聚乙烯分子链中的支链度及乙烯基含量降低；

（2）反应温度：在一定温度范围内，聚合反应速率和聚合物产率随温度的升高而升高，当超过一定值后，聚合物产率、分子量及密度则降低。同时大分子链末端的乙烯基含量也有所增加，降低产品的抗老化能力；

（3）引发剂：引发剂的用量将影响聚合反应速率和分子量。引发剂用量增加，聚合反应速率加快，分子量降低；

（4）链转移剂：①丙烷是较好的调节剂，若反应温度>150℃，它能平稳地控制聚合物的分子量；②氢的链转移能力较强，反应温度高于 170℃，反应很不稳定；③丙烯起到调节分子量和降低聚合物密度的作用，且会影响聚合物的端基结构；④丙醛作调节剂在聚乙烯链端部出现羰基；

（5）杂质：乙烯中杂质越多，则聚合物的分子量越低，且会影响产品的性能。

6 什么是离子聚合？

单体在阳离子或阴离子作用下，活化为带正电荷或带负电荷的活性离子，再与单体连锁聚合形成高聚物的化学反应，统称为离子型聚合反应。属于连锁聚合反应的一种。

7 什么是配位聚合？

配位聚合又称络合催化聚合。是不饱和乙烯基单体首先在有空位的活性催化剂上配位，形成某种形式的配位化物，然后再聚合的反应。配位聚合反应的特点是可以选择不同的催化剂和聚合条件以制备特定立构规整的聚物。高分子工业中的许多重要产品（如高密度聚乙烯、等规聚丙烯、顺丁橡胶和异戊橡胶等）都是用配位聚合反应制备的。

8 配位聚合有哪些特点？

配位聚合具有以下特点：

（1）活性中心是阴离子性质的，因此可称为配位阴离子聚合；

（2）单体 π 电子进入嗜电子金属空轨道，配位形成 π 络合物；

（3）π 络合物进一步形成四元环过渡态；

（4）单体插入金属—碳键完成链增长；可形成立构规整聚合物。

9 配位聚合的实施方法有哪些？

配位聚合的实施方法有以下几种：

（1）溶液聚合。加拿大诺瓦化学公司的 Sclairtech 聚乙烯生产工艺属于该方法；

（2）淤浆聚合。该方法又可以分为环管法和釜式法。BP-Solvay 的 Innovene S 及菲利普斯的聚乙烯生产工艺属于环管法，而利安得巴塞尔的 Hostalen、三井油化的 CX 和等星-丸善-日产工艺属于釜式法；

（3）气相和液相本体聚合。Univation 的 Unipol、BP-Solvay 的 Innovene 和利安得巴塞尔 Lupotech G 等聚乙烯生产工艺属于气相本体聚合。

10 齐格勒-纳塔催化剂生产聚乙烯聚合机理是什么？

齐格勒-纳塔催化剂生产聚乙烯聚合机理是 $TiCl_4$ 被 $AlEt_3$（三乙基铝，Et 为乙基）还原为 β-$TiCl_3$，而 β-$TiCl_3$ 是链状结构，有一个或两个空位，乙烯聚合就是在这个 β-$TiCl_3$ 与 $AlEt_3$ 反应形成的固体活性种上引发、增长直至终止而形成聚乙烯的。其聚合机理如下。

（1）活性种的形成。β-$TiCl_3$ 被 $AlEt_3$ 烷基化，按如下两种途径形成活性种：

A. $\text{Ti}\cdots\square + AlEt_3 \xrightleftharpoons{配位}$ (Ⅰ) $\xrightleftharpoons{烷基化}$ (Ⅱ) $+AlEt_2Cl$

B. $\text{TiCl}_2\cdots\square + AlEt_3 \xrightleftharpoons{配位}$ (Ⅲ) $\xrightleftharpoons{烷基化}$ (Ⅳ) $+ AlEt_2Cl$

式中，---□为空位，Ⅰ、Ⅱ、Ⅳ均为带空位的活性种，但Ⅰ为双金属活性种，Ⅱ和Ⅳ均为单金属活性种。

(2) 引发和增长。以单金属活性种为例，乙烯在活性种上引发、增长反应为：乙烯在空位处与$Ti^{\delta+}$配位，配位后活化了Ti—C键，随后形成四元环过渡态，$Ti^{\delta+}$—$^{\delta-}$C对乙烯发生顺式加成，Et接到乙烯上形成链端，同时腾出空位，结果就增长了一个链节。如此重复进行，就得到了键接在活性种上的增长链。

$\text{Ti(Cl)(Et)}\cdots\square + CH_2{=}CH_2 \xrightleftharpoons{配位} \text{Ti(Cl)(Et)}\leftarrow H_2C{=}CH_2 \rightleftharpoons \text{Ti(Cl)}-CH_2-CH_3 \cdots H_2C{=}CH_2$

$\xrightarrow{Et移位} \text{Ti(Cl)}\cdots\square\ CH_2CH_2Et \xrightarrow{+nCH_2{=}CH_2} \text{Ti(Cl)}\cdots\square\ CH_2CH_2{+}CH_2CH_2{+}_nEt$

（3）链终止。链终止方式主要有 β-H 转移、助催化剂转移、单体转移和 H_2 转移。

① β-H 转移终止：

$$\mathrm{Ti(Cl)}-CH_2-CH(H)-CH_2CH_2\sim\sim Et \longrightarrow \mathrm{Ti(Cl)}-H + CH_2=CH-CH_2CH_2\sim\sim Et$$

② 向助催化剂转移终止：

$$\mathrm{Ti(Cl)}-CH_2CH_2CH_2CH_2\sim Et \;(+\ \mathrm{Et},\ \mathrm{AlEt_2}) \longrightarrow \mathrm{Ti(Cl)}-Et + Et_2Al-CH_2CH_2\sim Et$$

③ 向单体转移终止：

$$\mathrm{Ti(Cl)}-CH_2CH_2CH_2CH_2\sim Et \;(+\ CH_2=CH_2) \longrightarrow \mathrm{Ti(Cl)}-CH_2CH_3 + CH_2=CH-CH_2CH_2\sim Et$$

④ H_2 转移：

$$\mathrm{Ti(Cl)}-CH_2CH_2CH_2CH_2\sim Et \;(+\ H-H) \rightleftharpoons \mathrm{Ti(Cl)}-H + CH_3CH_2CH_2CH_2CH_2\sim Et$$

如果在上述体系中加入水、醇、羧酸或胺等活泼氢的化合物，则发生活性种消失的终止反应。

11 气相法中有无预聚合对聚乙烯颗粒的影响有何差异？

与不采用预聚合比较，气相法中预聚合对聚乙烯颗粒的影响如下：

（1）可以显著提高聚乙烯的堆积密度，这是因为预聚合很好地保护了催化剂表面的多缝隙，因而单体易扩散进入其内部，聚合反应在预聚物内、外协调地进行，使得聚合物颗粒坚实致密；

（2）催化剂预聚合后，颗粒表面形成一薄层聚合物。这层聚合物可以起到保护作用，减缓单体向内部扩散，降低单体在颗粒内部的反应速率，进而防止粒子破碎。

第三章 原料精制

1 乙烯的物理性质是什么？使用注意事项有哪些？

乙烯在正常贮存和处理条件下是一种稳定的物质，无聚合的危险，但在高温高压下，它会聚合生成聚乙烯；乙烯是易燃物质，应注意贮存和工作区域的通风，远离火源，并应采取预防措施防止静电积聚。乙烯引起的火灾，可以采取常规的灭火方法如水，干粉。暴露于带压的液体乙烯是很危险的。液体乙烯将迅速闪蒸，产生极端低温，与肌肉接触会导致冻伤。

2 1-己烯的物理性质是什么？使用注意事项有哪些？

1-己烯是一种具有较高蒸气压的烃类液体，不溶于水，具有高度可燃性，与强氧化剂接触可能产生火灾。蒸气/空气的混合物有爆炸性。蒸气能够沿地面扩散到远处的点火源，因而可能产生回火。密封的容器如受热可能破裂，对静电非常敏感。己烯引起的火灾，可采取干粉、泡沫、二氧化碳等灭火方法。液体1-己烯汽化将产生低温，与肌肉接触会导致冻伤。

3 1-丁烯的物理性质是什么？使用注意事项有哪些？

1-丁烯与空气混合能形成爆炸性混合物。遇明火、高热或强氧化剂有燃烧爆炸的危险。本品易聚合，只有经过稳定化处理才允许储运。对人体的主要危害表现为黏膜刺激、嗜睡、血压微升、有时脉搏加速等。一旦误吸入或溅到眼睛要立即利用现场的洗眼器和安全淋浴进行冲洗，严重时立即送医院。

4 异戊烷的物理性质是什么？使用注意事项有哪些？

异戊烷在常温下是无色、稍有气味的液体，具有高度可燃性。蒸气/空气的混合物有爆炸性。异丁烷引起的火灾，可采取干粉、二氧化碳等灭火方法。冷凝剂蒸汽对神经有麻醉作用和轻度刺激作用。液体汽化将产生低温，与肌肉接触会导致冻伤。

5 氢气的物理性质是什么？使用注意事项有哪些？

氢气是无色无味气体，具有很宽的燃烧范围及很低的爆炸下限。氢气-空气混合物燃烧只需很小的能量，使得对氢气需要特殊处理。氢气-空气混合物点燃，会爆炸性燃烧并产生很清洁几乎看不见的火焰。如果氢气发生火灾，灭火之前首先应当切断氢气源以避免积累爆炸性混合气体。当氢气源被切断后，可采用常规的灭火方法（水、干粉）扑灭残火。

6 三乙基铝的物理性质是什么？使用注意事项有哪些？

助催化剂三乙基铝（TEAL）是一种无色透明的液体，TEAL在浓度高于12%（质量分数）时自燃，TEAL暴露于氧气、水、或含有活泼氢的混合物如醇和酸中会剧烈反应。若TEAL与皮肤接触会导致严重烧伤。由三乙基铝泄漏而引起火灾时，绝对禁止用水、四氯化碳和泡沫灭火器来灭火，要采用蛭石、干砂和干化学药品等灭火剂，参加消防的人员必须穿戴有铝或石棉层的耐火、耐热服和面罩，必须备有空气呼吸器。

7 原料单元脱杂质机理有哪几种，举例说明？

原料单元脱杂质机理有如下几种。

（1）物料和其中的杂质同时扩散到催化剂表面，在一定的温度、压力下反应而脱除杂质。如：氢气甲烷化、乙烯脱炔。

（2）杂质直接与催化剂反应而除去。如：乙烯脱氧、氮气脱氧。

（3）利用13XPG分子筛的吸附选择性，吸附其中杂质而让非杂质通过。如：氢气、乙烯、1-丁烯、氮气脱水。

（4）利用精馏原理，从塔顶排放脱除轻组分。如：共聚单体精馏塔。

8 乙烯精制基本流程是什么？

由于目前加工工艺的改进，乙烯精制根据界区原料质量不同，流程也有所差异，通常分两种情况：

（1）乙烯首先在加热器内进行加热，升温至40℃，加入微量的氢气后进入脱炔床内脱除微量乙炔。脱炔后的乙烯经过换热器与来自脱氧床出口的100℃热乙烯进行换热，再经加热器加热到100℃，然后依次进入脱一氧化碳床和脱氧床，脱除一氧化碳和氧。进行冷热交换后的乙烯温度降到40℃以下，冷却后的乙烯进入乙烯干燥器进行脱水然后进入反应系统（早期装置通常采用此种流程）。

（2）从界区来的乙烯，首先在加热器内进行加热，升温至40℃，预热后的乙烯进入脱硫床脱除乙烯中的微量硫，脱硫后乙烯加入微量的氢气，进入脱乙炔床脱除乙烯中的微量乙炔。再进入换热器与脱氧床出口的100℃热乙烯进行换热，再经加热器加热到100℃后依次进入到脱一氧化碳床和脱氧床，分别脱除乙烯中的一氧化碳和氧。进行冷热交换后的乙烯温度降到40℃以下，进入乙烯干燥床，脱除乙烯中的微量水分（干燥床下部催化剂还脱除其它极性杂质）。从干燥床出来的乙烯，经过脱二氧化碳床脱除其中的杂质二氧化碳后送往聚合反应单元（部分装置脱氧床与脱一氧化碳床顺序不同）。

9 乙烯脱硫原理是什么？

乙烯脱硫是利用含有氧化锌的催化剂，脱除硫化氢。这是一种化学吸附，催化剂无法再生。反应式如下：

$$ZnO + H_2S \longrightarrow ZnS + H_2O$$

10 乙烯脱炔原理是什么？

利用金属加氢催化剂（含有金属钯），在一定的温度下使乙炔转化成乙烯。反应如下：

$$C_2H_2+H_2 \longrightarrow C_2H_4$$

其过程中伴随副反应如下：

$$C_2H_2+2H_2 \longrightarrow C_2H_6$$

$$C_2H_2+H_2 \longrightarrow C_2H_6$$

11 乙烯脱一氧化碳原理是什么?

乙烯脱一氧化碳同样是利用氧化还原反应原理，通过一氧化碳对催化剂进行还原反应，达到脱除一氧化碳的目的。通常使用含有氧化铜的催化剂，反应式如下：

$$CO+CuO \longrightarrow CO_2+Cu$$

$$Cu_2O+CO \longrightarrow 2Cu+CO_2$$

12 乙烯脱一氧化碳催化剂再生原理是什么?

乙烯脱一氧化催化剂在使用一定时间后，被一氧化碳还原导致脱除能力逐步降低，可通过通入氧气对催化剂进行氧化，使其恢复活性，其反应如下：

$$2Cu+O_2 \longrightarrow CuO$$

13 乙烯脱一氧化碳床再生操作主要步骤有哪几步?

(1) 将备用脱一氧化碳床并入系统，待床层温度正常后将准备再生的脱一氧化碳床切除系统。

(2) 打开床层降压孔板将床内压力泄至 0.3MPa 以下，切换至再生孔板。

(3) 引再生氮气对床层进行 100～140℃升温。

(4) 120℃恒温吹扫 4～6h，排放气去火炬。

(5) 床层进行 130～170℃升温。

(6) 恒温吹扫 4～6h，排放气去火炬。

(7) 关闭火炬线，打开排大气线。

(8) 使仪表风流经孔板进入床层，对床层进行氧化。

(9) 当床温曲线的温峰过后，继续增加仪表风的浓度，床温不再变化时，可以认为再生过程完成，时间通常不少于 48h。

(10) 再生完成后，关闭仪表风线手阀，继续用 150℃热氮吹扫床层 2h。

（11）用冷氮吹扫床层，使床温降到100℃以下，将再生氮系统关闭。

（12）慢慢打开出口双阀组，打开去火炬线，引乙烯进行压力置换。

（13）床层升压至操作压力，保压备用。

14 乙烯脱一氧化碳床卸床前如何进行处理？

（1）将备用脱一氧化碳床并入系统，待床层温度正常后将准备卸床的脱一氧化碳床切除系统。

（2）打开床层降压孔板将床内压力泄至0.3MPa G（g）以下，切换至再生孔板。

（3）引再生氮气对床层进行100～140℃升温。

（4）120℃恒温吹扫4～6h，排放气去火炬。

（5）床层进行130～170℃升温。

（6）恒温吹扫4～6h，排放气去火炬。

（7）使氢气经孔板进入床层，对床层进行还原，除去乙炔铜。

（8）床层温峰过后对床层进行氧化。

（9）床层温峰过后逐步提高氧气含量，直至全部通入仪表风床层再无温峰变换，证明脱一氧化碳床卸床前处理步骤完成。

15 乙烯脱氧原理是什么？

乙烯脱氧即利用氧化还原反应原理，通过氧和催化剂进行氧化反应，生产氧化物达到脱氧的目的。UCC专利催化剂为氧化铜，反应式如下：

$$4Cu+O_2 \longrightarrow 2Cu_2O$$

$$2Cu_2O+O_2 \longrightarrow 4CuO$$

目前国内开发出锰系催化剂，已经在多套装置进行使用，其原理相同，其反应式如下：

$$2MnO+O_2 \longrightarrow 2MnO_2$$

$$2MnO_2+O_2 \longrightarrow 2Mn_2O_3$$

16 乙烯脱氧催化剂再生原理是什么？

乙烯脱氧催化剂经过一定时间氧化后，失去脱氧效果，可通过氢气对催化剂进行还原，使其恢复活性，其反应式如下：

$$CuO + H_2 \longrightarrow Cu + H_2O$$

$$MnO_2 + H_2 \longrightarrow MnO + H_2O$$

17 乙烯脱氧床再生如何操作?

(1) 将备用脱氧床并入系统，待床层温度正常后将准备再生的脱氧床切除系统。

(2) 打开床层降压孔板将床内压力泄至 0.3MPa 以下，切换至再生孔板。

(3) 引再生氮气对床层进行 100～140℃升温。

(4) 120℃恒温吹扫 4～6h，排放气去火炬。

(5) 床层进行 130～170℃升温。(注：Mn 系催化剂升至170～210℃后恒温)。

(6) 恒温吹扫 4～6h，排放气去火炬。

(7) 使氢气经孔板进入床层，对床层进行还原。

(8) 当床温曲线的温峰过后，降低再生氮气流量，继续增加氢气的浓度，床温不再变化时，可以认为再生过程完成，时间通常不少于 48h。

(9) 再生完成后，关闭氢气线手阀，继续用 150℃热氮吹扫床层 2h。

(10) 用冷氮吹扫床层，使床温降到 100℃以下，将再生氮系统关闭。

(11) 慢慢打开出口双阀组，打开去火炬线，引乙烯进行压力置换 3 次。

(12) 床层升压至操作压力，保压备用。

18 乙烯脱氧床卸床前处理如何操作?

(1) 将备用脱氧床并入系统，待床层温度正常后将准备卸床的脱氧床切除系统。

(2) 打开床层降压孔板将床内压力泄至 0.3MPa 以下，切换至再生孔板。

(3) 引再生氮气对床层进行 100～140℃升温。

(4) 120℃恒温吹扫 4～6h，排放气去火炬。

(5) 床层进行130～170℃升温。

(6) 恒温吹扫4～6h，排放气去火炬。

(7) 使氢气经孔板进入床层，对床层进行还原，除去乙炔铜。

(8) 床层温峰过后对床层进行氧化。

(9) 床层温峰过后逐步提高氧气含量，直至全部通入仪表风床层再无温峰变化，证明脱氧床卸床前处理步骤完成。

注：Mn系催化剂可以省略还原过程，直接进行氧化即可。

19 乙烯脱氧床与脱一氧化碳床为什么打开容器前要进行乙炔铜分解处理？

由于铜容易与乙炔生成对震动非常敏感的乙炔铜，一旦乙炔铜积累，稍有振动就会发生爆炸，因此含有铜催化剂的脱一氧化碳床和脱氧床在打开容器之前都需要进行乙炔铜分解，用一定受控制氢气浓度的氮气进行分解乙炔铜。反应式如下：

$$CuC{=}CCu + H_2 \longrightarrow 2Cu + \text{烃类}$$

20 为什么乙烯脱一氧化碳床与脱氧床打开前要进行氧化？

由于铜暴露于高氧气浓度中，例如空气，它将自燃，引起铜的氧化放热反应。反应式如下：

$$2Cu + O_2 \longrightarrow 2CuO$$

因此，打开脱一氧化碳床和脱氧床之前，用控制方法氧化床层。为了完成氧化，用N_2和空气的混合物氧化床层。控制催化剂再生时要特别小心，先用含2%和5%空气的N_2来氧化床层，然后用100%的空气手动氧化床层。

21 乙烯为何先脱炔？

因为乙烯脱一氧化碳床中装有含铜的催化剂，乙炔与含铜催化剂反应生成乙炔铜，当遇到火花，过热以及强烈的机械碰撞时，即使在没有空气的情况下，也会发生爆炸，所以乙烯要先脱炔，以避免乙炔铜生成。

22 乙烯干燥床原理是什么？

乙烯干燥即利用分子筛对水的吸附作用，达到脱水的目的。早期投产装置，乙烯干燥床通常使用13XPG分子筛，主要用于脱水，可同时具备其它杂质的脱除功能。近期新建装置干燥床分为上下两层，上层为3A分子筛材料用于脱H_2O，在下层使用Selexsorb CD分子筛，被主要用于脱除其它极性杂质，像丙酮、甲醇、羟基络合物等。

3A分子筛有3A孔径，在脱H_2O中是最有效的，但因为它的孔径小，不会脱除像甲醇这样的杂质，因此使用Selexsorb CD分子筛用于脱除乙烯中的极性杂质。由于CD对水的选择性大，所以被装在干燥床下部，含有水和其它极性杂质的乙烯从上部进入干燥床，水先被3A分子筛吸附，其它极性杂质被CD吸附，这样就能够有效地脱除水、丙酮、甲醇、羟络合物等杂质。

23 乙烯干燥床的再生原理是什么？

干燥床再生是利用物理吸附为放热反应，当温度越高，分子筛的吸附能力越差，所以当干燥的热氮气通过含有水或极性物质的分子筛13XPG、3A和CD时，水分子和极性物质分子在分子筛中解析，分子筛得到再生。

由于乙烯的吸附热比较大，在干燥床再生后重新投入使用前，必须进行严格的预负荷操作，带走大量吸附热，避免干燥床吸附乙烯时产生高温，对设备和催化剂的损害。

24 乙烯干燥床的再生操作步骤有哪些？

（1）将备用干燥床切入系统，然后将准备再生的干燥床切除系统。

（2）打开床层降压孔板将床内压力泄至0.3MPa以下，切换至再生孔板。

（3）引再生氮气对床层进行100～140℃升温。

（4）100～140℃恒温吹扫20～25h，排放气去火炬。

（5）床层进行260～300℃升温。

（6）恒温吹扫35～45h，排放气去火炬。

（7）冷氮吹扫将床层降至40℃以下。

（8）打通预负荷流程，对床层进行预负荷。第一步预负荷时间15～21h，完毕后打通第二步预负荷线，继续预负荷8～13h，预负荷过程中床温不得超过报警值。

（9）预负荷完成后，慢慢减少再生氮气量，观察床层温度变化，直到氮气完全停用，关闭再生孔板，使用预负荷线给干燥床升压，使之达到工作压力，备用。

25 乙烯干燥床卸床前如何处理？

（1）将备用乙烯干燥床切入系统，然后将准备卸床的干燥床切除系统。

（2）打开床层降压孔板将床内压力泄至 0.3MPa 以下，切换至再生孔板。

（3）引再生氮气对床层进行 100～140℃升温。

（4）床层温度全部到达到要求值后，恒温吹扫 7～12h。

（5）分析采样检测排放气可燃气浓度，达到安全标准后对床层进行冷却。

（6）床温降至 40℃以下，处理步骤完毕，可进行卸床操作。

26 乙烯脱除二氧化碳及再生原理是什么？

乙烯脱二氧化碳床是利用选择性吸附剂 Selexsorb COS 物理吸附二氧化碳，同干燥床吸附作用类似。再生也是用干燥的热氮气通过含有二氧化碳的 COS，二氧化碳在分子筛中解析，COS 得到再生。其再生操作方法与干燥床基本相同。

27 为什么乙烯干燥床再生完成后，吹扫冷却时间不宜过长？

因为氮气中含有微量的水，如果干燥再生完成后，吹扫冷却的时间过长，分子筛就会吸附氮气中的水分，影响再生效果。

28 干燥床开始预负荷时，为何要将氮气流量增至最大？

预负荷孔板是按最大的氮气流量设计的，如果氮气流量偏低，则氮气中乙烯浓度相应超高，超出设计值，预负荷过程中易造成高温，所以，开始时，应将氮气流量调至最大，温峰过后再将氮气量逐渐降低。

29 为什么精制的催化剂床要上下加筛网，并加盖瓷球？

下部的筛网和瓷球起支撑和气体分布的作用，防止催化剂落出，并有效把气体分散。上部的筛网和瓷球起压盖作用，防止催化剂从顶部带出，并使气体分布均匀。

30 为什么干燥床再生时要在120℃下恒温？

需要再生的分子筛含水量较高，水由液态变成气态时，体积急剧增加，在分子筛的微孔中产生较强的膨胀力，如不在120℃下恒温就直接升温，大量的水分发生膨胀，可能使分子筛破裂，所以要经过恒温阶段，以除去大部分水分。

31 备用干燥床为什么要将出口略开？

这是因为：

（1）出口略开可维持床层压力，有利于平稳切换；

（2）略开出口阀精制过的物料可以补充泄漏，以便保护好再生后的分子筛。

32 再生时床温升不上去怎么办？

（1）提高氮气加热器出口温度；

（2）增大氮气流量，必要时从干燥器出口导淋排放；

（3）检查管线和容器的保温；

（4）与电气联系，确认再生氮气加热器E-2114的电流是否正常；

（5）提高E-2114的入口氮气的温度。

33 床层催化剂如何装填？有什么安全注意事项？

床层催化剂的装填方法及安全注意事项如下：

（1）确认床层底部筛网无破损。

（2）打压气密下部人孔确认无泄漏。

（3）底部先铺装一定高度的大瓷球，再铺装一定高度的小瓷球。

（4）装填催化剂。此过程必须通过布袋将催化剂平缓放入床层，防止落差大损伤催化剂。

（5）加装筛网。

（6）顶部先铺装一定高度的小瓷球，再铺装一定高度的大瓷球。

(7) 气密所有拆装过的法兰口确认合格。

(8) 各法兰口在床层预处理过程中进行热紧。

34 乙烯系统各床层泄压时为何要先开泄压孔板?

如果泄压速度太快，乙烯会将床层带动，将催化剂带到火炬以至翻床损坏床层。

35 短期停车乙烯精制系统如何处置?

(1) 确认单元聚合系统已停车；

(2) 关闭界区双阀组及入反应系统双阀组，并开双阀组间排火炬线导淋；

(3) 停止所有换热器的加热蒸汽，排尽冷凝液；

(4) 系统向火炬泄压，系统压力降至 0.1MPa;

(5) 系统保持微正压等待开车。

36 短期停车后乙烯精制系统开车基本操作步骤是什么?

(1) 缓慢打开界区跨线手阀，将乙烯引至系统压控阀前。

(2) 手动小幅打开压控阀，将乙烯平稳引入系统，并将系统升至操作压力。

(3) 在干燥床或脱二氧化碳床后将乙烯少量排火炬。

(4) 投用加热器，将床温升至操作温度后关闭排火炬。

37 检修停车乙烯系统基本停车步骤是什么?

(1) 确认单元聚合系统已停车；

(2) 关闭界区双阀组及入反应双阀组；

(3) 停止所有换热器的加热蒸汽，排尽冷凝液；

(4) 系统向火炬泄压，系统压力降至 0;

(5) 界区及入反应前加盲板进行隔离；

(6) 引氮气对系统进行彻底置换后，关闭各床层所有阀门，氮气保压，并打开双阀组导淋。

38 检修后乙烯系统基本开车步骤有哪些?

(1) 确认乙烯系统氮气置换合格。

（2）缓慢打开界区跨线手阀，将乙烯引至系统压控阀前。

（3）手动小幅打开压控阀，将乙烯平稳引入系统，引至干燥床入口，并将系统升至操作压力。

（4）预计投用的干燥床进行预负荷。

（5）干燥床预负荷完毕后对其用乙烯进行升压。

（6）打通乙烯精制系统流程，在干燥床后或脱二氧化碳床后将乙烯少量排火炬，投用加热器，将床温升至操作温度后关闭排火炬。

39 乙烯中杂质对反应、产品质量的影响有哪些？如何处理？

乙烯主要是 CO、CO_2、H_2O、乙炔。CO、CO_2 对反应的影响是会使催化剂活性的降低，从 DCS 中反映出反应活性的持续偏低，通过调节各参数变化不明显。在乙烯中乙炔超标时，会在造粒工序中，产生恶臭气味，产品质量外观偏蓝。H_2O 引发反应器静电升高。

在出现此情况时，应及时分析原料中的杂质含量，可与上游工序进行协调，在精制工序中，可切换精制床进行再生，提高吸附能力。

40 共聚单体精制系统基本流程是什么？

共聚单体（1-丁烯，1-己烯）由管线送至界区内的共聚单体贮罐内，然后由共聚单体输送泵送至共聚单体加热器内进行预热，加热后的共聚单体进入共聚单体精馏塔内，经过精馏脱除轻组分。精馏后的共聚单体进入共聚单体缓冲罐内，再进入共聚单体冷却器冷却，经过共聚单体加料泵打入共聚单体干燥器进行脱水，最后进入反应系统。

41 丁烯干燥床的再生如何操作？

丁烯干燥床的再生操作步骤如下：

（1）将备用干燥床切入系统，然后将准备再生的干燥床切除系统。

（2）打通降压孔，及去精馏塔退液线手阀，待床层压力降至 0.6MPa 后，缓慢引入再生氮气，通过压力作用将干燥床内的丁烯或己烯退至精馏塔内。

(3) 退液完毕后关退液线手阀，开干燥床再生排火炬手阀，切换至再生孔板。

(4) 引再生氮气对床层进行升温至100～140℃。

(5) 恒温吹扫24h，排放气去火炬。

(6) 床层进行升温至250～300℃。

(7) 恒温吹扫48h，排放气去火炬。

(8) 冷氮吹扫将床层降至40℃以下。

(9) 打通预负荷流程，对床层进行预负荷。预负荷过程中床温不得超过100℃。

(10) 预负荷完成后，慢慢减少再生量，观察床层温度变化，直到氮气完全停用，关闭再生孔板，使用预负荷线给干燥床升压，使之达到工作压力0.6MPa，使床层内分子筛对乙烯充分吸附。

(11) 将干燥床泄压，微开入口阀进行充液，充满后保压备用。

42 丁烯干燥床卸床前处理如何操作?

丁烯干燥床卸床前处理步骤如下：

(1) 将备用干燥床切入系统，然后将准备卸床的干燥床切除系统。

(2) 打开降压孔及去精馏塔退液线手阀，待床层压力降至0.6MPa后，缓慢引入再生氮气，通过压力作用将干燥床内的丁烯或己烯退至精馏塔内。

(3) 退液完毕后关退液线手阀，开干燥床再生排火炬手阀，切换至再生孔板。

(4) 引再生氮气对床层进行升温至100～140℃。

(5) 床层温度全部到达100～140℃后恒温吹扫10h。

(6) 分析采样检测排放气可燃气浓度，达到安全标准后对床层进行冷却。

(7) 床温降至40℃以下，处理步骤完毕，可进行卸床操作。

43 丁烯/己烯干燥床退液过程的再生氮气如何控制?

退液过程中，再生氮气调节阀打手动控制，且阀门开度不能过大，观察精馏塔液位出现上涨趋势，且速度适中，在可控范围内即可。如果开度过大，退液速度过快，将导致精馏塔液位迅速上涨，使精馏塔各参数失控。

44 丁烯/己烯干燥床退液如何判断是否完成？

通过观察精馏塔压力和液位进行判断，如果精馏塔压力快速上升，但液位不上涨，说明干燥床内液体已退完毕，气体进入精馏塔内导致压力上升，而液位不再上涨。

45 丁烯/己烯干燥床再生完毕为什么需要预负荷？

由于1-丁烯/1-己烯的吸附热大，在干燥床再生后重新投入使用前，必须使用严格控制乙烯浓度的氮气进行预负荷，用乙烯代替1-丁烯/1-己烯，带走大量的吸附热，避免干燥床吸附1-丁烯/1-己烯时产生高温，造成对设备和催化剂的损害。

46 丁烯/己烯干燥床预负荷不完全会产生何种后果？如何处理？

丁烯/己烯干燥床预负荷不完全，会导致充液过程中床层温度快速上涨，超过100℃，严重情况下床层温度失控，超过300℃，极有可能发生火灾爆炸事故。

丁烯/己烯干燥床再生完毕后预负荷不完全处理方法：立即停止充液，快速将再生氮气引入系统，用氮气吹扫，待床层温度降至正常后重新预负荷。

47 丁烯/己烯精馏的原理是什么？

精馏原理是由再沸器产生的蒸汽从塔底向上升，回流液从塔顶流向塔底，原料液自加料板进入，在每层塔板上气液两相彼此接触，气相部分冷凝，液相部分汽化，这样，气相中易挥发组分的浓度越来越大，液相中难挥发组分的浓度越来越大。最后，将塔顶蒸汽冷凝，便得到符合要求的馏出组分，将塔底的液相引出，便得到相当纯净的残液。

而1-丁烯/1-己烯精制是利用精馏操作的原理，利用不同物质在同一温度下饱和蒸气压不同的原理，将1-丁烯/1-己烯中的轻组分（如CO_2、O_2、CO、甲基叔丁基醚等）由塔顶脱出，塔釜为精制后的丁烯/己烯，经干燥后再送入反应。

48 丁烯/己烯精馏塔温度及压力如何控制？

由精馏塔塔底再沸器蒸汽流量控制塔釜温度，由丁烯/己烯预热器控制精馏塔进料温度，由精馏塔塔顶排放控制控制系统压力。

49 丁烯/己烯精馏塔温度变化对脱除杂质效果有何影响？

温度升高有利于轻组分脱除，但同时增加丁烯/己烯的损耗，同时提高储罐温度导致压力上升。实际操作中，调整温度应同时考虑进料温度及储罐压力。只有当原料中轻组分显著增加，才应考虑适当升高储罐温度。

50 丁烯/己烯精馏塔塔压过高原因有哪些？如何处理？

塔压升高的原因：

(1) 精馏塔塔釜再沸器蒸汽进料量过大，塔温升高，压力升高；

(2) 精馏塔内气相不能及时排放，导致塔压升高。

处理措施：

(1) 降低塔底再沸器加热蒸汽流量，降低精馏塔温度，从而降低精馏塔压力；

(2) 适当增加塔顶排放调节阀开度，增加排放量，维持塔压在正常范围内。

51 丁烯/己烯精馏塔塔压过低原因有哪些？如何处理？

塔压低的原因：

(1) 精馏塔塔釜再沸器蒸汽进料量过小，塔温降低，压力降低；

(2) 精馏塔内气相排放量过大，导致塔压降低。

处理措施：

(1) 提高塔底再沸器加热蒸汽流量，适当提高精馏塔温度，从而提高精馏塔压力；

(2) 适当降低塔顶排放调节阀开度，降低排放量，维持塔压在正常范围内。

52 丁烯/己烯精馏塔缓冲罐液位如何控制？

丁烯/己烯精馏塔缓冲罐液位通过调节共聚单体进料量、共聚单体出料量。在共聚单体精馏塔操作中，液位波动会造成精馏塔操作波动，影响脱气效果，同时会使共聚单体向反应器的进料波动，影响反应单元的正常操作。正常操作情况下液位控制在45%～55%。

53 反应单元短期停车丁烯/己烯系统如何处理？

反应单元短期停车丁烯/己烯系统按下面步骤处理：

（1）反应单元停车后，关闭丁烯/己烯入反应双阀组，并开双阀组间排火炬线手阀。

（2）丁烯/己烯精馏塔及高速泵回流打小循环，调整高速泵回流量，控制精馏塔温度及液位在正常范围内，等待开车。

54 丁烯/己烯系统检修停车基本步骤是什么？

（1）确认反应单元停止进料；

（2）停精馏塔进料泵，精馏塔停止进料；

（3）停止精馏塔再沸器加热蒸汽，并降温；

（4）将分子筛中的共聚单体用氮气压回精馏塔缓冲罐；

（5）用高速泵将精馏塔缓冲罐中的物料打至丁烯/己烯储罐内，当缓冲罐液位低于10%时停高速泵；

（6）打通丁烯/己烯储罐外送流程，启动精馏塔进料泵，将储罐内的物料送至界区外，储罐液位低于10%后停泵；

（7）关闭界区阀，界区及入反应前加盲板隔离，用精制氮气吹扫置换系统；

（8）系统泄压，用微正压氮气保压隔离。

55 丁烯/己烯系统检修后开车基本步骤是什么？

（1）检修后丁烯/己烯系统氮气置换合格，开车前各项确认完毕，具备投用条件。

（2）准备投用的干燥床进行预负荷。

（3）丁烯/己烯储罐收界区外丁烯/己烯，至液位70%。

（4）投用精馏塔顶部冷凝器底部冷却器冷却水。

（5）启动精馏塔进料泵，精馏塔充液至正常操作液位。

（6）投用精馏塔塔底再沸器蒸汽系统，将精馏塔温度升至正常操作温度。

（7）启动丁烯/己烯高速泵，建立精馏塔与高速泵循环。

（8）丁烯/己烯预负荷完毕的干燥床进行充液。

（9）建立精馏塔、储罐、干燥床间的大循环，控制系统操作压力、操作温度、液位在正常范围内，对丁烯/己烯进行精制。

（10）需要向反应器注入丁烯/己烯时，关闭返回线流程，打通至反应器流程，并向火炬排放20min。

56 开车时为何精馏塔先充液再投再沸器蒸汽？

一方面是丁烯/己烯沸点较低，如果先投用再沸器加热蒸汽，丁烯/己烯遇热后迅速气化，增大物料损失；另一方面，设备加热后突然进入冷物料，极易导致设备损伤。

57 丁烯/己烯进料泵（高速泵）启动条件有哪些？

（1）高速泵密封压力不高报；

（2）油位不报警；

（3）丁烯缓冲罐液位不报警；

（4）丁烯缓冲罐出料切断阀在开位；

（5）控制室二位开关投“自动”位；

（6）现场三位开关投“启动”位。

58 丁烯/己烯高速泵不上量的原因有哪些？如何处理？

泵不上量的原因：

（1）泵在启动时未充满液体（重新灌泵）；

（2）泵内有气体（停泵排气）；

（3）入口过滤器堵塞（停泵清过滤器）；

（4）抽空（提高吸入罐液位）；

（5）吸入压力过低（提高吸入罐压力）；

（6）机械故障（停泵检修）。

处理措施：

（1）停泵重新灌泵，使液体充满泵体后再启动；

（2）停泵，将气体排除后重新启动；

（3）切换至备用泵，停运转泵清理泵入口过滤器，置换合格后重新启动；

（4）增加脱气塔进料量，提高脱气塔液位至正常操作液位；

（5）提高脱气塔塔压，增加泵入口压力；

（6）切换备用泵，检修故障泵。

59 丁烯/己烯高速泵启动前应检查哪些工作？

（1）检查润滑油系统是否有问题，确保油质油位正常；

（2）检查电机是否送电；

（3）带有冷却装置或密封液系统的，检查是否好用，并保持畅通；

（4）检查出口压力表是否好用；

（5）检查盘车情况，是否有卡阻现象；

（6）检查出入口阀所处状态，入口阀全开，出口阀全关，最小回流线的泵应打开最小回流阀。

60 丁烯/己烯高速泵的性能参数有哪些？

丁烯/己烯高速泵的性能参数有流量、扬程、转速、功率和效率、允许吸上真空度、允许气蚀余量。

61 从操作角度谈一谈什么原因会使泵抽空？

以下几方面可导致泵抽空：

（1）入口过滤器堵，没有介质通过；

（2）泵的吸入管线有泄漏；

（3）操作介质、参数改变；

（4）泵入口的压力等于或小于操作温度下被吸入液体的饱和蒸气压；

（5）贮罐液位低；

（6）泵启动前没有灌泵或灌泵后气体没有排净。

62 丁烯/己烯高速泵启动时为什么要灌泵？

如果没有灌泵，泵体内肯定有气体，启动后肯定会发生“气缚”现象，这样吸液室内不能形成足够的真空，离心泵便没有抽吸液体的能力，也就达不到我们所需要的要求，根本输送不了介质，如果长时间这样运转，就会损坏设备。所以离心泵启动时一定要灌泵。

63 高速泵的工作原理是什么？

等泵内充满液体时，由于叶轮的高速旋转，液体在叶片的作用下，一起旋转产生离心力，增大了动能和压力能，从泵出口甩出，同时在叶轮入口处形成真空，使得液体源源不断的吸入泵内，连续运转下去，达到增压和输送液体的目的。

64 丁烯/己烯高速泵的“气缚”指的是什么？怎样防止“气缚”现象发生？

“气缚”现象是指空气漏入泵内或泵内气体没有排出，泵旋转后，由于空气比液体密度小得多，叶轮旋转时产生的离心力作用很小，不能将空气抛到压液室中去，使吸液室不能形成足够的真空，离心泵便没有抽吸液体的能力，这种现象就是“气缚”现象。

防范措施：

(1) 防止吸入管线或泵体有漏气现象；

(2) 灌泵时应将泵体内的气体全部排出去，使介质充满整个泵体。

65 高速泵有何特点？

(1) 在相同的叶轮直径和转速下，高速泵产生的扬程比普通离心泵高，相当普通离心泵的3～4倍。

(2) 高速泵在低比转速范围内，效率比一般离心泵要高，高比转速时，效率低。

(3) 高速泵除扩散管的管嘴外，几乎没有易损的地方，叶轮和壳体的间隙很大，所以可输送颗粒和黏性的液体。

(4) 对于有不等节距的诱导轮的叶轮，具有良好的气蚀性能。

(5) 由于泵转速高，因此体积小，重量轻，结构紧凑，但制造困难，造价高。

66 因气温高高速泵不上量应如何处理？

（1）停泵，关泵出口阀。

（2）由泵出口排火炬，用丁烯节流冷却泵体，必要时可采用临时水冷。

（3）在适当范围内给丁烯精馏塔缓冲罐升压。

（4）打开最小回流线，重新启动泵，快开出口阀。

67 氮气（N_2）精制系统基本流程是什么？

来自界区外的氮气经过预热器进行预热后，进入氮气脱一氧化碳床脱除一氧化碳，再进入脱氧器进行脱氧。脱氧后的氮气经冷却器冷却，再进入干燥器内进行脱水。干燥后的氮气一部分进入低压精制氮气管网；另一部分进入氮气压缩机增压，供反应系统使用。

68 氮气脱一氧化碳床工作原理是什么？

氮气脱一氧化碳同样是利用氧化还原反应原理，通过一氧化碳对催化剂进行还原反应，达到脱除一氧化碳的目的。通常使用含有氧化铜的催化剂，反应式如下：

$$CO+CuO \longrightarrow CO_2+Cu$$

$$Cu_2O+CO \longrightarrow 2Cu+CO_2$$

69 氮气脱一氧化碳催化剂再生原理是什么？

乙烯脱一氧化催化剂在使用一定时间后，被一氧化碳还原导致脱除能力逐步降低，可通过通入氧气对催化剂进行氧化，使其恢复活性，其反应如下：

$$2Cu+O_2 \longrightarrow 2CuO$$

70 氮气脱一氧化碳床再生操作基本步骤是什么？

（1）将准备再生的脱一氧化碳床切除系统。

（2）打开床层降压孔板将床内压力泄至0.3MPa以下，切换至再生孔板。

（3）引再生氮气对床层进行升温至100～140℃。

（4）恒温吹扫4～7h。

(5) 床层升温30℃。

(6) 恒温吹扫4～7h。

(7) 使仪表风流经孔板进入床层，对床层进行氧化。

(8) 当床温曲线的温峰过后，继续增加仪表风的浓度，床温不再变化时，可以认为再生过程完成，时间通常不少于48h。

(9) 再生完成后，关闭仪表风线手阀，继续用热氮吹扫床层2h。

(10) 用冷氮吹扫床层，使床温降到100℃以下，将再生氮系统关闭。

(11) 床层升压至操作压力，保压备用。

71 氮气脱一氧化碳床卸床前处理步骤是什么？

(1) 将准备再生的脱一氧化碳床切除系统。

(2) 打开床层降压孔板将床内压力泄至0.3MPa以下，切换至再生孔板。

(3) 使仪表风流经孔板进入床层，对床层进行氧化。

(4) 当床温曲线的温峰过后，降低再生氮气流量，继续增加仪表风的浓度，直至全部通入仪表风后床温不再变化时，处理过程完毕。

72 氮气脱氧床原理是什么？

氮气脱氧即利用氧化还原反应原理，通过氧和催化剂进行氧化反应，生产氧化物达到脱氧的目的。UCC专利催化剂为氧化铜，反应式如下：

$$4Cu + O_2 \longrightarrow 2Cu_2O$$

$$2Cu_2O + O_2 \longrightarrow 4CuO$$

目前国内开发出锰系催化剂，已经在多套装置进行使用，其原理相同，其反应式如下：

$$2MnO + O_2 \longrightarrow 2MnO_2$$

$$2MnO_2 + O_2 \longrightarrow 2Mn_2O_3$$

73 氮气脱氧催化剂再生原理是什么？

氮气脱氧催化剂经过一定时间氧化后，会失去脱氧效果，可通过氢气对催化剂进行还原，使其恢复活性，其反应式如下：

$$2CuO + H_2 \longrightarrow 2Cu + H_2O$$

$$MnO_2 + H_2 \longrightarrow MnO + H_2O$$

74 氮气脱氧床再生操作基本步骤有哪些？

（1）将备用脱氧床并入系统，待床层温度正常后将准备再生的脱氧床切除系统。

（2）打开床层降压孔板将床内压力泄至0.3MPa以下，切换至再生孔板。

（3）引再生氮气对床层进行升温至100～140℃。

（4）恒温吹扫4～7h。

（5）床层升温30℃。

（6）恒温吹扫4～7h。

（7）使氢气经孔板进入床层，对床层进行还原。

（8）当床温曲线的温峰过后，继续增加氢气的浓度，床温不再变化时，可以认为再生过程完成，时间通常不少于48h。

（9）再生完成后，关闭氢气线手阀，继续用热氮吹扫床层2h。

（10）用冷氮吹扫床层，使床温降到100℃以下，将再生氮系统关闭。

（11）床层升压至操作压力，保压备用。

75 氮气脱氧床卸床前处理步骤是什么？

（1）将备用脱氧床并入系统，待床层温度正常后将准备卸床的脱氧床切除系统。

（2）打开床层降压孔板将床内压力泄至0.3MPa以下，切换至再生孔板。

（3）使仪表风经孔板进入床层，对床层进行氧化。

（4）床层温峰过后逐步提高氧气含量，直至全部通入仪表风床层再无温峰变换，证明脱氧床卸床前处理步骤完成。

76 氮气脱氧床为什么需要氧化？

由于无论铜系氮气脱氧剂还是锰系脱氧剂，暴露于高氧气浓度中，例如空气，它将自燃，引起催化剂的氧化放热反应。

因此，打开氮气脱氧床之前，用控制方法氧化床层。为了完成氧化，用 N_2 和空气的混合物氧化床层。控制催化剂再生时要特别小心，先用含2%和5%空气的 N_2 来氧化床层，然后用100%的空气手动氧化床层。

77 氮气干燥床原理是什么?

氮气干燥床采用13XPG型分子筛，利用分子筛的吸附作用脱除氮气中微量水。

78 氮气干燥床的再生步骤有哪些?

(1) 将氮气干燥床切除系统。

(2) 经泄压孔将床层压力降至0.25MPa后，将泄压孔板切至再生孔板。

(3) 打通再生的流程，引再生氮气对床层进行升温至100～140℃。

(4) 恒温吹扫4～7h，排放气去火炬。

(5) 床层进行升温至260～300℃。

(6) 恒温吹扫20～28h，排放气去火炬。

(7) 冷氮吹扫将床层降至40℃以下。

(8) 停再生氮气，床层升压至操作压力，备用。

79 氮气压缩机为何种形式的压缩机？工作原理是什么?

氮气压缩机为往复式压缩机，采用二级压缩，将0.6～0.8MPa的低压氮气升压至3.2MPa。

往复式压缩机是靠往复运动的活塞，使汽缸的工作容积增大或缩小而进行吸气和排气的，当汽缸工作容积增大时，汽缸中压强降低，低压气体从汽缸外经吸气阀被吸入汽缸；当汽缸工作容积减小时，汽缸中的压强逐渐升高，汽缸内气体变为高压气从排气阀排出缸外。活塞不断的往复运动，汽缸交替的吸入低压气体，排出高压气体。

80 氮气压缩机切换操作基本步骤是什么?

(1) 确认备机冷却水进出口手阀开，入口、出口导淋排水正常。机体润滑油油位正常（2/3 以上），皮带是否松动，安全阀是否投用，具备启动条件。

（2）控制室备机开关在自动位，现场开关在停位。

（3）确认备机进出口双阀组均为开状态。

（4）现场启动备机。

（5）备用氮气压缩机二段出口压力至正常操作压力，机组运行正常后，将主机手动停止。

81 氮气压缩机出口压力如何控制？

氮气压缩机入口压力由氮气压缩机出口返回氮气预热器入口氮气流量控制，调节阀开度大小及反应单元用氮气量大小对氮气压缩机出口压力均有影响。

82 什么原因导致氮气压缩机出口压力高？如何处理？

出口压力高的原因：

（1）氮气压缩机出口返回氮气预热器入口氮气流量偏低；

（2）氮气压缩机出口过滤器有堵塞现象。

处理措施：

（1）调节氮气回流阀开度，提高氮气压缩机出口返回氮气预热器入口氮气流量，最终降低压缩机出口压力至正常范围；

（2）将过滤器切出系统进行清理。

83 什么原因导致氮气压缩机出口压力低？如何处理？

出口压力低原因：

（1）氮气压缩机出口返回氮气预热器入口氮气流量过大；

（2）反应单元使用氮气量过大；

（3）压缩机入口过滤器堵。

处理措施：

（1）调节氮气回流阀开度，降低氮气压缩机出口返回氮气预热器入口氮气流量，最终提高压缩机出口压力至正常范围；

（2）启动备用压缩机；

（3）切换备用压缩机，清理主机入口过滤器。

84 氮气压缩机冷却水流量低报应如何处理？

氮气压缩机冷却水流量低报应按下面步骤处理：

（1）切换至备机，停主机；

（2）关回水阀，引水逐渐从导淋排出；

（3）开旁通阀冲洗；

（4）冷却水入口导淋接氮气或工厂风带水强吹。

85 氢气（H_2）精制系统的基本流程是什么？

来自界区外的氢气首先经加热器进行加热，然后进入甲烷化反应器，脱除一氧化碳、二氧化碳后，进入冷却器冷却，然后进入干燥器进行脱水。干燥后的氢气一小部分供床层再生及乙烯脱炔使用；绝大部分由压缩机进行增压，最后进入反应系统。

86 氢气甲烷化反应器原理是什么？

氢气甲烷化反应器装有含镍的催化剂，在该催化剂作用下，氢气中的微量一氧化碳、二氧化碳发生甲烷化反应，生成甲烷和水，达到脱除杂质的目的。反应式如下：

$$CO+3H_2 \longrightarrow CH_4+H_2O$$

$$CO_2+4H_2 \longrightarrow CH_4+2H_2O$$

87 氢气干燥原理是什么？

氢气干燥床采用 13XPG 型分子筛，利用分子筛的物理吸附作用脱除氢气中微量水。

88 氢气干燥床的再生步骤是什么？

（1）将氢气干燥床、甲烷化反应器切除系统。

（2）经泄压孔将床层压力降至 0.25MPa 后，将泄压孔板切至再生孔板。

（3）打通再生的流程，引再生氮气对床层进行升温至100～140℃。

（4）恒温吹扫 4～7h，排放气去火炬。

（5）床层进行升温至 260～300℃。

(6) 恒温吹扫 20～28h，排放气去火炬。

(7) 冷氮吹扫将床层降至 40℃以下。

(8) 停再氮气，引氢气置换干燥床及甲烷化反应器。

(9) 将干燥床和甲烷化反应器投入系统运行。

89 为何氢气干燥床再生期间，甲烷化反应器也同时停用？

氢气干燥床没有备用床，甲烷化反应生成微量水，如果继续投用甲烷化反应器，水无法脱除，对反应状态将造成一定影响。

90 氢气甲烷化反应器更换催化剂后如何投用？

氢气甲烷化反应器更换催化剂后投用步骤如下：

(1) 引氮气对甲烷化反应器进行彻底置换；

(2) 引氮气经入口加热器进入甲烷化反应器，控制氮气流量，氮气向火炬排放；

(3) 启动入口加热器，并将出口温度设定逐渐提到 230℃（甲烷化反应器升温速度在 50～80℃/h）；

(4) 当甲烷化反应器床温达到 240℃后，用氮气恒温吹扫 1h；

(5) 关闭氮气线上所有手阀，引氢气经入口加热器进入甲烷化反应器，排放气去火炬；

(6) 甲烷化反应器温度达到 300℃后恒温吹扫 4～7h，由甲烷化反应器底部排放去火炬；

(7) 关闭火炬排放，将甲烷化反应器投入系统使用。

91 甲烷化反应器为何投用前要快速升温？

甲烷化反应催化剂在 230℃以下长时间操作，将与氢气反应生成对人体有害的物质，在卸催化剂过程中可能导致人身伤害。

92 氢气系统停车置换基本步骤是什么？

(1) 反应停车后，关闭界区阀门及去反应阀门，界区加盲板；

(2) 系统泄压至 0.1MPa；

(3) 由甲烷化反应预热器前通入氮气置换整个系统进行压力置换至可燃气合格；

(4) 系统保压 0.5MPa，切断各容器出入口阀门，使其相互独立。

93 冷凝剂（异戊烷）精制的基本流程是什么？

冷凝剂（异戊烷）由管线送至界区内的冷凝剂储罐内，然后经过加热器进行预热，进入干燥器脱水，再进入戊烷油精馏塔内，经过精馏作用脱除轻组分。精馏后的异戊烷进入异戊烷缓冲罐内，经冷却器后冷却，经过异戊烷加料泵打入反应系统。

94 异戊烷干燥床原理是什么？

异戊烷干燥床采用 13XPG 型或 3A 型分子筛，利用分子筛的物理吸附作用脱除氢气中微量水。

95 异戊烷干燥床再生步骤是什么？

（1）将备用干燥床切入系统，然后将准备再生的干燥床切除系统。

（2）打通去精馏塔退液线手阀，待床层压力降至 0.3MPa 后，缓慢引入再生氮气，通过压力作用将干燥床内的异戊烷退至精馏塔内。

（3）退液完毕后关退液线手阀，开干燥床再生排火炬手阀，切换至再生孔板。

（4）引再生氮气对床层进行升温至 100～140℃。

（5）恒温吹扫 24h，排放气去火炬。

（6）床层进行升温至 280℃。

（7）恒温吹扫 48h，排放气去火炬。

（8）冷氮吹扫将床层降至 40℃以下。

（9）微开入口阀进行充液，充满后保压备用。

96 异戊烷干燥床卸床前如何处理？

异戊烷干燥床卸床前的处理步骤如下：

（1）将备用干燥床切入系统，然后将准备卸床的干燥床切除系统。

（2）打通去精馏塔退液线手阀，待床层压力降至 0.3MPa 后，缓慢引入再生氮气，通过压力作用将干燥床内的异戊烷退至精馏塔内。

（3）退液完毕后关退液线手阀，开干燥床再生排火炬手阀，切换至再生孔板。

（4）引再生氮气对床层进行升温至100～140℃。

（5）床层温度全部到达目标值后恒温吹扫10h左右。

（6）分析采样检测排放气可燃气浓度，达到安全标准后对床层进行冷却。

（7）床温降至40℃以下，处理步骤完毕，可进行卸床操作。

97 异戊烷精制的原理是什么？

与丁烯/己烯精馏原理相同，利用不同物质在同一温度下饱和蒸气压不同的原理，将异戊烷中的轻组分（如CO_2、O_2、CO等）由精馏塔顶部脱除，塔釜为精制后的异戊烷。

98 异戊烷精馏塔液位如何控制？

异戊烷精馏塔的液位主要通过调节异戊烷进料量、异戊烷出料量来控制。

在异戊烷精馏塔操作中，塔液位波动会造成精馏塔操作波动，影响脱气效果，同时会使异戊烷向反应器的供料波动，影响反应单元的正常操作。

正常生产过程中精馏塔液位应控制在40%～60%。

99 异戊烷精馏塔液位低的原因是什么？如何处理？

液位低的原因：

（1）精馏塔异戊烷进料量过小，导致液位降低；

（2）异戊烷储罐压力低，与精馏塔压差小；

（3）反应单元异戊烷用量过大。

处理措施：

（1）调节精馏塔进料阀位开度，提高精馏塔原料进料，从而提高精馏塔液位；

（2）提高异戊烷储罐压力，或适当降低精馏塔塔压，增加储罐与精馏塔压差，提高进料量维持液位；

（3）适当降低反应单元异戊烷进料量，必要时可适当降低反应产率。

100 精馏塔液位高的原因是什么？如何处理？

液位高的原因：

（1）精馏塔异戊烷进料量过大，导致液位升高；

（2）精馏塔异戊烷出口流量过小。

处理措施：

（1）调节异戊烷进料阀开度，降低精馏塔原料进料，从而降低精馏塔液位；

（2）适当提高反应异戊烷进料量，将精馏塔液位降至正常范围内。

101 异戊烷精制系统开车基本操作步骤是什么？

异戊烷精制系统开车基本操作步骤有：

（1）检修后系统氮气置换合格，开车前各项确认完毕，具备投用条件；

（2）异戊烷储罐收界区外异戊烷，至液位70%；

（3）投用精馏塔顶部冷凝器底部冷却器冷却水；

（4）对干燥床充液，并将精馏塔充液至正常操作液位；

（5）投用精馏塔塔底再沸器蒸汽系统，将精馏塔温度升至正常操作温度；

（6）启动反应异戊烷进料泵，建立异戊烷精馏塔、异戊烷储罐、异戊烷干燥床间的循环；

（7）控制系统操作压力、操作温度、液位在正常范围内，对异戊烷进行精制；

（8）需要向反应器注入异戊烷时，关闭返回线流程，打通至反应器流程，并向火炬排放20h。

102 为什么丁烯高速泵启动前关出口阀，而戊烷油泵必须开出口阀？

因为丁烯高速泵为离心泵，而戊烷油泵为往复泵，两种泵工作原理不同。

离心泵是速率式泵，流量越大所消耗的功率越大，关出口阀，离心泵的流量为0，可以减少电机启动时的负荷，防止电机超负荷，烧坏电机。

往复泵是容积泵，关出口阀，液体打出后，无路可走，由于液体不可压缩，会使泵体压力突然增大，损坏泵缸、出口管线或活塞杆。

103 生产中反应器出现静电，精制单元应如何配合处理？

如果出现正静电：

(1) 观察氮气脱氧床、乙烯脱氧床床温变化趋势，通过温升初步判断何种原料出现杂质超标；

(2) 提高氧气脱氧床的温度或切换备用脱氧床；

(3) 提高乙烯脱氧床温度或切换备用脱氧床；

(4) 增大丁烯（异戊烷）脱气塔的排放量（除 H_2O、甲醇、醚）；

(5) 立即采样进行分析，判断何种原料杂质超标，协调上游处理。

如果出现负静电：

(1) 观察乙烯、丁烯/己烯、异戊烷、氮气干燥床床温变化，通过温升初步判断何种原料出现杂质；

(2) 切换备用干燥床进入系统；

(3) 立即采样进行分析，判断何种原料杂质超标，协调上游处理。

104 T_2（三乙基铝）的供给系统的基本流程是什么？

液态的 T_2 在氮气压力下从钢瓶内送至 T_2 缓冲罐，然后再由 T_2 进料泵打入反应系统。本系统内的所有排放气都排到密封罐内。本系统设置由冲洗罐和油泵组成的矿物油冲洗系统，用于冲洗 T_2 系统。废 T_2 经矿物油稀释后，罐装移出界区处理。

105 T_2 泵是什么类型泵，不上量可能是什么原因导致？

T_2 泵是往复泵。其不上量的原因有：

(1) T_2 泵故障；

(2) T_2 泵缺液压油；

(3) T_2 泵入口压力低（T_2 钢瓶压力低）；

(4) T_2 低报切钢瓶不及时或泵前阀门故障关闭，导致 T_2 断量；

(5) T_2 入口管线过滤器堵；

(6) T_2 泵冲程过低；

(7) 泵入口流程未打通；

(8) 泵进出口单向阀不动作。

106 T_2 系统停车如何操作？

T_2 系统停车基本操作步骤有：

(1) 确认反应系统已不需要注入，T_2 系统需要停车；

(2) 停 T_2 泵，确认入反应前自动阀关闭；

(3) 用去反应系统注入管线上的高压精制 N_2 去吹扫注入管线；

(4) 引氮气对 T_2 系统进行彻底吹扫，并关闭 T_2 系统所有手阀，系统氮气保压；

(5) T_2 钢瓶进出口法兰断开，钢瓶进出口用丝堵封好。

107 操作 T_2 系统时，应注意哪些问题？

(1) 操作前系统要进行严格的吹扫，气密试验；

(2) 操作系统时要穿戴专用的防护设施；

(3) 操作系统时至少两人同时操作；

(4) 装卸料时要接地保护；

(5) 对长期不用的容器和管接头要盲死并充氮保护；

(6) 一旦人体接触到烷基铝，立即用大量水冲洗，严重时送医院治疗；

(7) 吹扫、清洗时注意不留死角。

第四章 聚合反应

第一节 浆液法

1 乙烯齐格勒-纳塔催化剂聚合反应的机理是什么？

聚合反应机理是以乙烯为聚合单体，以1-丁烯为共聚单体，在Ti-Al活性键位上配位引发逐步完成的，链终止主要是通过H_2实现的。

2 淤浆法生产工艺中的“相比”指什么？

淤浆法生产工艺中相比指吨乙烯与立方米己烷的比值。

3 批量控制器如何操作？

批量控制器的操作步骤如下：

(1) 按“3”键，快速连续按三次屏幕显示“0.0”、“kg”等字样；

(2) 按“CL”键，图4-1中“0.0”闪动；

(3) 按数字键给定数值（最大为10000kg）；

(4) 按“EN”键确认；

(5) 按“∧”键，启动加料；

(6) 卸料途中按“∨”键停止加料。

具体按键见图4-1。

4 淤浆法生产工艺中THT、THE、THB催化剂制备所用的主要原料、聚合反应所用的主要原料有哪些？

THT、THZ、THB催化剂制备所用的主要原料均是：乙氧基镁、四氯化钛和三乙基铝。聚合反应所用的主要原料是：乙烯、氢

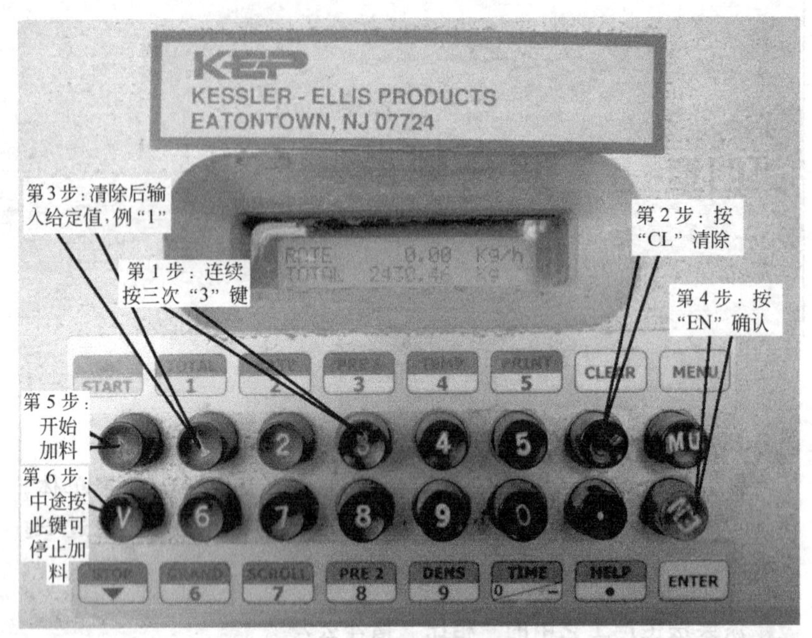

图 4-1　批量控制器示意图

气和丁烯。

5　淤浆泵的性能通过什么表示?

淤浆泵的性能通过流量、扬程、功率、效率等参数表示。

6　离心泵叶轮有几种型式，淤浆泵属于哪种型式?

离心泵叶轮有封闭、半封闭、全开式三种，其中淤浆泵属于半封闭式。

7　在催化剂制备阶段，对催化剂的影响因素有哪些?

在催化剂制备阶段，对催化剂的影响因素有：恰当的钛镁比例、选择尽可能低的搅拌速度、反应温度、不同阶段四氯化钛的进料量、对滗析液的处理。

8　催化剂制备时污染物有哪些?

空气、二氧化碳、氧化剂、水、醇等都会对催化剂的制备构成污染。

9 淤浆法生产工艺中反应器搅拌有什么作用?

搅拌可以使参加反应的物料混合均匀，使气体在液相中很好地分散，使固体粒子在液相中均匀的悬浮，使液-液相保持悬浮或乳化，强化相间的传热、传质。而且搅拌使聚乙烯粒子保持在运动状态，阻止了聚乙烯固体粒子的沉降，提高了容器壁向半蛇管冷却器的传热。

10 淤浆法生产工艺中闪蒸罐有什么作用?

在BM工艺中，在聚合物悬浮液进入第二反应器之前，在闪蒸罐中通过对聚合物悬浮液减压除去过量的氢气。

11 催化剂悬浮液为什么不能同母液同时注入反应器?

如果催化剂悬浮液同母液同时注入，可能会导致乙烯预聚合并堵塞母液管线。

12 聚合反应中，如何控制熔融指数值?

在反应器其它条件不变的情况下，熔融指数主要通过反应器中的氢气量来控制。更确切地说就是在气相中乙烯分压给定的情况下氢气、乙烯分压的比率。氢气和乙烯的分压是通过分析反应器中气相的浓度测定的。

13 聚合反应中，如何控制密度值?

在反应器其它条件不变的情况下，密度主要通过反应器中的丁烯量来控制。更确切地说就是在气相中乙烯分压给定的情况下丁烯、乙烯分压的比率。

14 反应器中活化剂浓度的高低对催化剂活性有什么影响?

反应器中活化剂浓度应比配方给出的值略高。活化剂浓度低，将使催化剂活性迅速降低，并且不能通过增加催化剂的量和氢气浓度来调整。当活化剂过量时也会造成催化活性迅速降低。最佳的活化剂浓度是由聚合系统的洁净程度决定的。

15 淤浆法生产工艺中活化剂有什么作用？

淤浆法生产工艺中活化剂的作用一是作助催化剂，二是除去杂质。

16 为什么反应器温度要控制在75～85℃之间？

反应器温度是许多工艺变量之一。通常保持在75～85℃之间的一个常数。低于75℃，聚合速率变得非常低。高于85℃，将达到聚乙烯在已烷中溶解的临界温度。

17 淤浆法生产工艺中哪些措施可以提高反应系统生产能力？

淤浆法生产工艺中下列措施可以提高反应系统生产能力：

（1）降低夹套水供水温度；

（2）提高淤浆外循环量。

18 淤浆法生产工艺中后反应器淤浆泵为何设回流线？

设回流线是为了保证管线内物料有一定的流速，防止浆料沉积，堵塞管道。

19 淤浆法生产工艺中为什么反应开车之前不注入母液？

当反应器开车时决不要向反应器内注入母液（应该用纯己烷）。因为母液中含有的蜡会在反应器壁上结层，当你想给反应降温时会由此产生许多问题。要清除这一蜡层要花费几个小时的时间。

20 淤浆法生产工艺中反应单元通过哪两种方法来控制温度？

一是直接对聚合工艺进行干预；二是通过外部冷却器和夹套水。

21 淤浆法生产工艺中聚合步骤有哪些？

第一阶段：催化剂位于聚合物链的端部，一个乙烯分子正向链靠近。

第二阶段：催化剂捕获了乙烯分子并将其活化。

第三阶段：催化剂将这一乙烯分子加入到链中。

第四阶段：现在这一乙烯分子的加成已经完成，现在可以进一步加入乙烯分子进行链终止或结束反应（有氢气的条件下）。

22 淤浆法生产工艺中如何判断反应器挂壁，有何影响？

在一段时间之后（依据生产的产品）反应器和外循环冷却器必须进行清理，除去在内壁上黏附的聚乙烯层。

污物挂壁可以通过下述现象判断：

（1）为了固定聚乙烯的生产能力，以及为了固定夹套水的供应温度，夹套水的流量有大量的增长。

（2）浆液冷却循环的压降增加，导致浆液质量流量减少（这可以被外循环流量计检测到）。

（1）和（2）都会导致聚乙烯生产装置能力的下降，从长远来看将会引起聚合单元的停车。

23 淤浆法生产工艺中反应器搅拌器突然停转应如何处理？

搅拌器突然停转，会造成反应放热不能及时撤出，易造成飞温，甚至爆聚。应立即：

（1）切断乙烯进料、催化剂进料；

（2）冷却水系统全部打开，尽量降低反应器温度；

（3）反应器泄压；

（4）打开底部中压氮气进行鼓泡，防止悬浮的聚乙烯颗粒沉降；

（5）查明原因，及时处理。

24 淤浆法生产工艺中原料乙烯中断事故现象如何？反应单元如何处理？

现象为界区乙烯压力急速下降。反应单元做停车处理，现场手动关闭反应器根部乙烯进料阀，避免浆液回流入乙烯管线，关闭乙烯线手阀，启动冲洗泵用己烷冲洗一、二反乙烯进料管线，关闭反应器根部乙烯进料阀。关闭反应器根部催化剂、母液进料手阀，内操关闭母液控制阀。保持淤浆泵正常运转，搅拌桨正常运转。启动冲洗泵用己烷冲洗一、二反排料线。启动反应器加热系统，控制反应器温度在76～80℃，待原料乙烯恢复后，重新开车。

25 淤浆法生产膜产品时第一反应器和第二反应器各主要进料组成（名称）有哪些？

第一反应器进料组成：乙烯、氢气、催化剂、三乙基铝、母液、新鲜己烷。

第二反应器进料组成：乙烯、丁烯、回收丁烯、母液。

26 淤浆法生产管材产品时第一反应器和第二反应器各主要进料组成（名称）有哪些？

第一反应器进料组成：乙烯、氢气、催化剂、三乙基铝、新鲜己烷。

第二反应器进料组成：乙烯、丁烯、回收丁烯、母液。

27 淤浆法生产高密度聚乙烯的工艺流程是怎样的？

催化剂和乙烯等原料通过底部进入反应器，聚合反应产生的淤浆液通过离心机将固相粉料和母液进行初步分离，大部分分离出的母液经母液收集罐循环回反应器，湿粉料经螺旋输送器进入干燥床用氮气进行干燥，粉料通过风机送至粉料处理仓进一步处理后，进入粉料储存仓或造粒中间仓，粉料加入添加剂后进行造粒，合格的粒料送至粒料储存仓再送至包装单元。部分母液进入己烷精制单元将蜡脱除并将己烷进行精制，合格的己烷送入精制己烷罐再通过加压打入反应器供聚合反应使用。

28 淤浆法工艺中催化剂字母缩写所代表的含义是什么？

字母 T 代表有支撑的催化剂。字母 H 表示这种催化剂体系是用氢气来调节分子量的。字母 E 表示的是能够生产窄分子量分布的产品的催化剂。THT 中第二个 T 表示的是能够生产中等分子量分布宽度产品的催化体系。THB 中的 B 表示能够生产宽分子量分布产品的催化体系。

29 催化剂能否长期保存？

在消除一切系统中的催化剂毒物（湿气、氧气、一氧化碳、二氧化碳等）的前提下，所有的催化剂均可长期保存一年或更长时间，其活性和其它性能无明显的变化。

30 什么是分压？

分压是指混合气体中一种组分单独在一个容器内所施加的压力。

31 淤浆法生产工艺中后反应器的作用是什么？

后反应器作用是将残余的乙烯、丁烯进一步反应，降低总单体单耗。

32 如何控制产品的熔融指数？如何控制产品的密度？

熔融指数由氢气和乙烯比值控制。

密度由丁烯和乙烯比值控制。

33 烷基铝在催化剂体系中起什么作用？

烷基铝是助催化剂，在催化剂配制后期，将钛化合物由四价还原为三价并与 Ti^{4+} 络合形成活性中心，在之后的再混合过程中，起到保护催化剂的作用，用于除去了存在于乙烯和己烷中μg/g 级的所有杂质（水、氧、CO_2、CO 等），防止主催化剂失活。

34 为什么催化剂配制过程中要选择尽可能低的搅拌速度？

因为增加搅拌速度会使催化剂粒子粒径减小，从而导致所制得的 HDPE 粉料粒径也较小，任何对给定速度的偏离都会产生不合适的催化剂粒子尺寸分布，影响整个装置的运行。因此在催化剂的制备中，我们选择尽可能低的搅拌速度。

35 淤浆法生产工艺中有几种模式，有什么区别？

淤浆法生产工艺中有两种模式，一是并联 K1，二是 K2 或 BM。在 K1 工艺中，两个反应器在平行连续的模式下连续运行，不投用闪蒸罐。K2 或 BM 工艺是两个反应器串联在一起连续运行，并投用闪蒸罐。

36 淤浆法反应器属于哪类反应器，主要有哪几部分组成，其换热装置有哪些？

淤浆法反应器属于釜式反应器，主要有釜体、搅拌器和换热器三部分组成。釜式反应器反应釜的换热装置最常用的有夹套、蛇管和回流冷凝器三种。

37 淤浆法串联生产工艺每台反应器是否都加催化剂？

淤浆法串联生产工艺只有第一反应器中加入催化剂，而在第一反应器流入第二反应器的淤浆中仍会有活性的粒子能够保证第二反应器中的聚合反应。

38 淤浆法生产工艺中活化剂是否直接注入反应器？

淤浆法生产工艺中活化剂不直接注入反应器，而是经过精确的计量和母液一起输送至反应器。

39 淤浆法生产工艺中反应器压力如何控制？

对于淤浆法生产工艺的反应器，反应器压力正常控制在 0.2～1.0MPa。其限制因素是反应器的设计压力，以及单体、共聚单体、氢气的界区压力。反应器压力是由催化剂活性控制的。实际上反应器压力是根据每一聚合配方反应器气相中氢气/乙烯比率来控制排放到后反应器气体的流量来实现的。

40 淤浆法生产工艺中反应器温度控制范围大约是多少，为什么？

依据不同产品的聚合配方，反应器的温度大约在 70～85℃。温度波动大约在±0.5℃，温度会严重影响产品的熔融指数和聚合速率。反应允许的温度范围是受限制的，较低温度导致降低聚合速率控制，温度过高则增加蜡的产生量。无论如何，反应器的温度不能超过 90℃，因为在这一温度下，高密度聚乙烯粉料将开始变软、黏结，反应温度将不能控制。

41 淤浆法生产工艺中反应器液位如何控制？

两台反应器的液位均由准确可靠放射性传感器控制，通过控制反应器采出量来保证反应器液位恒定。

42 高密度聚乙烯均聚物的密度主要由什么决定?

高密度聚乙烯均聚物的密度主要由分子量分布以及共聚单体的含量和材料的结晶度。

43 为什么反应器液位要安装放射性感应器来进行控制?

淤浆法生产工艺中反应器液位非常重要，如果液位高则导致淤浆物料溢流到排放气系统，非常危险和麻烦，所以安装放射性感应器来准确进行液位控制，而其它形式的液位指示受浆液影响较大、准确性较差。

44 淤浆法生产工艺中为什么反应器出料控制调节阀要安装至输送管线的最高点?

淤浆法生产工艺中第一反应器和第二反应器出料控制调节阀必须安装在悬浮液输送管线中的最高点，目的是防止沉积的粉料堵塞阀门，影响出料。

45 催化剂制备系统压力如何控制?

催化剂制备系统压力以分程控制的模式进行自动控制，正常压力低调节时通过中压氮气线补氮，压力高调节时向废气管线排放气体，同时有联锁保护废气不能反串入氮气管网。

46 催化剂制备系统温度如何控制?

催化剂制备罐外蛇管水温由安装在控制室的控制器来控制，温控器从制备罐温度点获得设定值，以分程控制的模式进行控制。正常调整时通过调节蒸气线上去换热器的蒸汽供应阀的开度调整制备罐升温的幅度，反之，通过调节冷却水供给阀开度调整制备罐降温的幅度。

47 催化剂储存系统压力如何控制?

催化剂储存系统压力以分程控制的模式进行自动控制，正常压力低调节时通过低压氮气线补氮，压力高调节时向废气管线排放气体。

48 催化剂稀释系统压力如何控制？

催化剂稀释系统压力以分程控制的模式进行自动控制，正常压力低调节时通过低压氮气线补氮，压力高调节时向废气管线排放气体。

49 反应气相系统主要由哪些组分组成？

$p_{反应器}=p_{己烷}+p_{乙烯}+p_{氢气}+p_{丁烯}+p_{惰性气体}$（忽略不计）。组成聚合反应器内压力的气体主要有两种：氢气和乙烯。

50 淤浆法生产工艺中如何控制产品熔流比？

（1）在应用THE催化剂时不必考虑FRR的控制：基于THE催化剂/K1模式的聚乙烯配方的特点是可以生产窄分子量分布的聚合物，FRR值是由催化剂预先确定的而不能通过工艺控制改变。

（2）在应用THT催化剂时则可以控制FRR值：反应参数与FRR是紧密相连的。一般说来，在下列情形FRR值随之增大：预活化，比如，催化剂中Ti^{3+}离子的百分数降低，反应温度下降，反应器中活化剂（烷基铝）浓度下降，两个反应器中聚合物的MFR值升高（K2操作模式），反之亦然。

51 淤浆法生产工艺中增加丁烯量对产品有何影响？

淤浆法生产工艺中增加或降低丁烯量能影响产品的密度。聚乙烯的密度是固态中结晶聚合物与非结晶聚合物的比值。增加共聚单体丁烯后，由于支链的形成聚合物的密度降低，降低密度将使耐环境应力开裂性升高，而使聚乙烯的硬度降低。

52 淤浆法生产工艺中增加丁烯量是否只对产品密度有影响？

淤浆法生产工艺中增加丁烯量除影响产品密度外，增大丁烯量从某种程度上能提高催化剂活性（但没有温度对催化剂影响那么大）。所以增加丁烯供应量不仅会降低密度，而且作为副作用，也会减少聚合物分子链的长度，导致更高的熔流比值，反应器压力也下降。

53 淤浆法生产工艺中母液大量循环有何好处？

淤浆法生产工艺中母液100%再循环最大的好处是：使活化剂和丁烯消耗降到最低。此外，蜡有可能全部沉积在粉料上。

54 淤浆法生产工艺中催化剂量变化将会影响反应的哪些参数？

淤浆法生产工艺中乙烯进料一定时催化剂进料量变化可以控制乙烯分压。催化剂进料增加，乙烯分压降低，反之亦然。催化剂加速聚合反应。聚合物分子链增长是由于催化剂将新的单体加入到其自身与聚合物分子链之间。如果增加催化剂加入量，更多分子链形成，但它们会变短。由于乙烯浓度降低，氢气与乙烯的比值会增加，熔融指数随之上升，与此同时反应器压力下降，如果减少催化剂加入量，则相反的反应就会发生。

55 淤浆法生产工艺中催化剂和活化剂输送为什么选用往复泵？

催化剂和活化剂是反应器是否具备反应条件的灵魂，催化剂和活化剂泵对乙烯装置来说非常关键，无论泵的运行稳定性和安全性都至关重要，选用往复泵能够保证催化剂和活化剂的连续注入，同时能够准确计量，通过对泵的调节型式和监控手段进行明确的规定，使泵的运行更加稳定及可靠。

56 赫斯特低压淤浆工艺技术有哪几种助催化剂，分别在什么情况下使用？

赫斯特低压淤浆工艺技术有两种助催化剂，分别是三乙基铝和异戊二烯基铝。在使用THE、THT、Z501催化剂时用三乙基铝作助催化剂；在使用THB催化剂时用异戊二烯基铝作助催化剂。

57 催化剂制备后的滗析液体送入后部哪个单元做何处理？

催化剂制备后的滗析液体送入后部废水单元做酸碱中和处理。

58 赫斯特低压淤浆工艺技术生产各种产品分别用哪种催化剂、助催化剂，反应器的操作模式是什么？

赫斯特低压淤浆工艺技术生产管材产品，催化剂用THT或

Z501，助催化剂用 TEAL，操作模式为 BM。

赫斯特低压淤浆工艺技术生产注塑产品，催化剂用 THE，助催化剂用 TEAL，操作模式为 K1。

赫斯特低压淤浆工艺技术生产单丝产品，催化剂用 THE，助催化剂用 TEAL，操作模式为 K1。

赫斯特低压淤浆工艺技术生产膜产品，催化剂用 THT，助催化剂用 TEAL，操作模式为 BM。

赫斯特低压淤浆工艺技术生产大型吹塑产品，催化剂用 THB，助催化剂用 IPRA，操作模式为 K2。

59 赫斯特低压淤浆工艺中反应活性的最直接的体现是什么？

赫斯特低压淤浆工艺中反应活性的最直接的体现是催化剂使用量和负荷的关系。

60 写出赫斯特低压淤浆工艺的高密度聚乙烯装置几种催化剂名称？

赫斯特低压淤浆工艺催化剂有：THE、THT、THB、Z501 等。

61 赫斯特低压淤浆工艺生产的产品发蓝是什么原因？

赫斯特低压淤浆工艺生产的产品发蓝可能是因为原料中乙炔含量过多。

62 赫斯特低压淤浆工艺反应器内微量水主要靠什么脱除？

赫斯特低压淤浆工艺反应器内微量水主要靠三乙基铝脱除。

63 说出催化剂制备罐与储存罐气相系统有什么不同？

（1）制备罐气相系统所用氮气为中压氮气，而储存罐为低压氮气。

（2）制备罐气相系统设置一联锁防止催化剂回流入中压氮气系统，而储存罐无联锁。

64 淤浆工艺技术各种反应条件的改变对反应有何影响？

影响见表 4-1。

表 4-1　反应条件的改变对反应的影响

调节	分子链长	熔流比 MFR	压力	分压比(Q)	密度
增加催化剂供应量	－	＋	－	＋	○
减少催化剂供应量	＋	－	＋	－	○
增加氢气供应量	－	＋	＋	＋	○
减少氢气供应量	＋	－	－	－	○
增加温度	－	＋	－	＋	○
减少温度	＋	－	＋	－	○
增加 1-丁烯供应量	－	＋	－	＋	－
减少 1-丁烯供应量	＋	－	＋	－	＋

注：调节对工艺参数的影响不适用于无丁烯产品。“＋”指调节加大了这一参数，“－”指调节减少了这一参数，“○”指调节没有改变这一参数。

65 使用同种催化剂生产分子量高的产品时，氢气的消耗量较低，对不对？为什么？

对。因为分子量高，熔融指数低，而氢气和乙烯比控制熔融指数，熔融指数降低了，氢气加入量减少。

66 淤浆工艺用到的质量流量计的测量范围及优点是什么？

质量流量计可用来同时测量质量流量、密度，甚至温度。此种质量流量计相比其它质量流量计有很多优点，如对流体的阻力非常小、可测量的流量范围非常广、可以测量具有磨损性的悬浮液等。

67 HDPE 密度变化范围是多少？其均聚物的密度主要由什么因素决定？

HDPE 密度变化范围是 0.94～0.965g/cm³，密度主要由分子量分布以及共聚单体的含量和材料的结晶度决定。

68 淤浆工艺中反应器温度控制有哪两个作用？

(1) 加热（在反应器开车时加热或在蒸煮过程中加热去除污物）。

(2) 冷却（冷却移走反应放出的热量）。

69 淤浆工艺中为什么在停止乙烯进料后，需要用己烷冲洗管线？

淤浆工艺中乙烯管线为插入式设计，停止乙烯后，反应器内部乙烯管口处存有乙烯、催化剂和粉料，在一定温度下可能聚合导致管线堵塞。所以在停止乙烯进料后，需要用己烷冲洗管线，以防止管线堵塞。

70 淤浆工艺中影响聚合反应的因素有哪些？

淤浆工艺中影响聚合反应的因素有：原料杂质含量；催化剂活性；聚合温度、压力；乙烯浓度；气相组成；浆液循环量。

71 反应器按操作方法分哪几类，其中淤浆法工艺中反应器属于哪种？

反应器按操作方法可分为间歇操作和连续操作反应器，淤浆法工艺中反应器属于连续操作。

72 熔融指数与产品性能有什么关系？

熔融指数越低，树脂的熔融黏度越高，分子量越高，流动性差。

熔融指数越高，产品的冲击强度和耐应力裂变性能降低，流动性好。

73 正常生产中如何控制好产品质量？

控制好产品质量需要以下条件：

（1）在线分析仪表准确；

（2）催化剂注入量平稳；

（3）提降负荷要缓慢，尽量保证产率平稳；

（4）控制反应器温度平稳，波动尽可能小；

（5）原料质量要合格稳定。

74 正常生产时催化剂泵流量不足的原因及处理方法有哪些？

正常生产时催化剂泵流量不足的原因及对应的处理方法分别是：

（1）膜片损坏、弹簧损坏；进行修理或更新；

(2) 往复次数少；调整现场冲程或控制室输出；

(3) 入口过滤器堵；进行清理；

(4) 缸内有气体；进行排气。

75 淤浆泵振动、噪声大的原因及处理？

淤浆泵振动、噪声大的原因及对应的处理方法分别是：

(1) 轴弯曲变形或联轴节膜片损坏；换轴或更换联轴节膜片；

(2) 叶轮磨损失去平衡；更换新叶轮；

(3) 叶轮与泵壳发生摩擦；拆开调整；

(4) 轴承间隙过大；调整检修；

(5) 泵壳内有气体；检查漏气并处理；

(6) 泵叶轮卡块料；拆开清除。

76 如何切换后反淤浆泵？

后反淤浆泵的切换步骤如下：

(1) 做好开备用泵的准备工作，如盘车，送电，开入口阀灌泵；

(2) 启动备用泵，等压力、电流、流量等参数正常后缓慢打开出口手阀，同时，缓慢关闭被切换泵的出口阀，直到被切换泵的出口阀完全关闭；

(3) 尽量减少因切换泵而引起的流量等参数的波动。

77 赫斯特低压淤浆工艺技术稀释剂是什么？在反应系统中起什么作用？

赫斯特低压淤浆工艺技术稀释剂是己烷，起到分散、传热、输送的作用。

78 催化剂制备过程中若温度超高，可能的原因有哪些？该如何处理？

温度升高的原因和处理步骤如下：

(1) 滴加四氯化钛的速度太快，反应激烈造成的，应该减慢滴加四氯化钛的速度。

(2) 温度仪表失灵，立即检查仪表是否控制正常。

（3）加热系统程序故障，立即检查串级程序是否正常。

79 赫斯特低压淤浆工艺技术影响负荷高低的因素有哪些？

为了保证熔融指数稳定和产品质量，赫斯特低压淤浆工艺技术要求反应必须依照反应配方中的乙烯供应速率进行。从技术上讲，每个反应器可以在很低的产率下运行，大约6～11t/h，在这种低的生产速率范围下，仪器控制回路的精确度将是唯一的制约因素。在高生产率下，乙烯的进料速率受反应系统冷却能力的制约，其它制约因素是增加催化剂的消耗和排放气流量，这是由于在高进料量的条件下，反应物的停留时间减小的结果。

80 赫斯特低压淤浆工艺技术反应器中催化剂浓度对反应器压力有何影响？

反应器中催化剂浓度的增加，将加速聚合反应速率，使反应器压力降低。催化剂浓度降低，将减小聚合速率，使反应器压力升高。

81 赫斯特低压淤浆工艺技术聚合反应放出的热量如何撤走？

淤浆工艺技术聚合反应剧烈放热，需要较强的冷却系统。反应器外壁设有盘绕夹套管，并且每台反应器都设有两个外循环冷却器。外循环冷却器可以带走80%的反应热。

82 赫斯特低压淤浆工艺技术反应器串联BM和K2模式有何不同？

K2或者BM工艺均是两台反应器串联运行。如果要获得宽分子量分布的产品，可以采用这两种聚合工艺，而BM工艺能生产分子量分布更宽的产品。在BM工艺中，在聚合物悬浮液进入第二反应器之前，在闪蒸罐中通过对聚合物悬浮液减压，除去过量的氢气。这一步非常必要，因为在BM工艺中第二反应器必须要生产出极高分子量的HDPE，所以必须避免过量氢气的存在。

83 赫斯特低压淤浆工艺技术乙烯进料限制因素有哪些？

淤浆工艺技术中乙烯进料是最重要的工艺变量，在生产运转当中应尽可能保持不变。乙烯进料的最大流速主要取决于反应系统的冷却能力，另一个限制因素是“时空产率”：单位反应体积内由于已烷稀释剂的扩散不能无限地提高乙烯流量，另外废气比率也是一个限制因素。

84 反应单元发生停电故障后，反应器温度将有何变化？

淤浆工艺技术中，在整个电力系统发生故障后，冷却水供应将中断，尽管乙烯流量控制阀自动关闭，但仍有反应而造成反应器温度的上升：溶解在已烷稀释剂中的几百千克的乙烯继续进行反应。根据经验和计算，温度将不会超过95℃，如果电力在30min内不恢复，在反应器内部，由于搅拌器故障将导致一个温度梯度，在反应器内部温度将超过反应器壁的温度。

85 赫斯特低压淤浆工艺技术在何种情况下会临时停车？

淤浆工艺技术中有很多因素可能导致装置几个小时的临时停车：

（1）发生管线堵塞；

（2）蒸汽供应短时间中断；

（3）粉料处理单元短时间停工；

（4）反应受大量杂质干扰而不可控；

（5）原料短时间中断等。

86 淤浆工艺技术并联（K1）操作时临时停车应如何操作？

并联（K1）操作时临时停车步骤如下：

（1）先关氢气和丁烯截止阀，再慢慢关闭乙烯阀门。

（2）立即用高压已烷冲洗乙烯管线。

（3）15min后，停催化剂进料。

（4）关闭以下阀门高压已烷、母液手阀，关闭高压已烷、母液控制阀，从丁烯回收塔经过泵去反应器母液线的富含丁烯的母液线手动截止阀关闭，去粗已烷罐的阀门打开。用已烷冲洗催化剂管线后关闭催化剂进料根部阀。

（5）关闭阀门后，马上启动冲洗已烷，冲洗反应器排料线防止堵塞。

（6）维持反应器温度在恒定数值，将夹套水冷却转至加热。

（7）保持后反应器压力在设定点。

87 淤浆工艺技术串联（K2）操作时临时停车应如何操作？

串联（K2）操作时临时停车步骤如下：

（1）先关氢气和丁烯截止阀，再慢慢关闭乙烯阀门。

（2）立即用高压己烷冲洗乙烯管线。

（3）15min后，停催化剂进料。

（4）关闭以下阀门高压己烷、母液手阀，关闭高压己烷、母液控制阀。用己烷冲洗催化剂管线后关闭催化剂进料根部阀。

（5）关闭阀门后，马上启动冲洗己烷，冲洗反应器排料线防止堵塞。

（6）冲洗闪蒸罐及其出料和回流管线，防止堵塞。

（7）维持反应器温度在恒定数值，将夹套水冷却转至加热。

（8）保持后反应器压力在设定点。

88 淤浆工艺技术K1和K2模式之间的切换有何注意事项？

当聚合反应正在进行时候，不能进行K1和K2模式之间的切换。K1和K2操作模式的流程有很大的不同，另外催化剂形式、氢气加入、母液加入和反应器的操作参数均有不同。因此，装置进行K1和K2模式之间的切换的时候需要停车，反之亦然。在开车之前，需要用精制己烷净化系统。需要注意的是，K2模式下生产的残留的高分子量的粉末与注塑牌号粉末进行混合时候容易出现质量问题，所以需要用己烷蒸煮反应器。

89 淤浆工艺技术聚乙烯牌号之间的聚合操作有何规律？

聚乙烯牌号之间的聚合一般遵循以下规律：低分子量牌号开车（对应高熔流指数），高分子量牌号停车（对应低熔流指数）；高密度牌号开车（不加或少加丁烯），低密度牌号停车（多加丁烯）。

90 淤浆工艺如何安全清除外循环淤浆泵中的堵塞物？

如果外循环淤浆泵堵塞，按以下步骤处理：

（1）聚合临时停车，在停反应器的进料后，将悬浮液冷却至约30℃。

（2）停循环泵。

（3）系统泄压。

（4）关闭在泵两端的球阀。

（5）将泵从系统中切除。

（6）修理泵，清除堵塞。

（7）在清理完毕后，系统恢复，用氮气吹扫和气密打开部分管线和设备。

（8）加热悬浮液至配方温度。

（9）重新启动聚合单元。

91 淤浆工艺中长周期连续运行后反应器内壁和外循环会产生沉积层，其主要成分是什么？

淤浆工艺中长周期连续运行后反应器内壁和外循环内壁上的沉积层主要由聚合物组成，首先，低分子量组分（“蜡”）沉积。由于进一步的化学反应（链增长，交联），平均分子量增加，产生的聚合物熔融指数可能会很低。另外，沉积层包括无机残留物，如铝和钛化合物（来自催化剂/助催化剂）。

92 淤浆工艺中长周期连续运行后，反应器内壁和外循环会产生沉积层，其增长速度与何种因素有关？

沉积层增长速度与以下因素有关：

（1）聚合反应产生的热量，如空时产率；

（2）使用的催化剂/助催化剂种类；

（3）共聚单体供应速率；

（4）内壁粗糙度（干净的表面结垢较少）；

（5）己烷/聚合物悬浮液的流动速度，低速度使得沉积的产生可能性大。

93 淤浆工艺中若冷却水供应故障，应做何紧急处理？

若冷却水供应故障，应按以下步骤处理：

（1）切断反应进料，但不能停止淤浆液循环，搅拌器、泵、己烷和母液保持正常状态。

（2）催化剂再进 10min，反应器乙烯浓度因为聚合而下降，观察反应器温度和压力变化。

(3) 冷却和稀释淤浆液，启动冲洗己烷。

94 淤浆工艺中若出现乙烯中杂质含量多时，其现象是什么？

若出现乙烯中杂质含量多时，其现象有：

(1) 催化剂产率低；

(2) 温度下降、压力上升；

(3) 需要更多的氢气进行 MFR 控制；

(4) 需要更高的活化剂消耗。

95 淤浆工艺中若出现乙烯中杂质含量多时应如何处理？

乙烯中杂质含量多时，应按以下步骤处理：

(1) 检查乙烯进料线；

(2) 与配方比较工艺参数（氢气乙烯比、催化剂/活化剂、母液中烷基铝浓度、排放气排放量）；

(3) 增加活化剂和催化剂的进料量；

(4) 如果聚合物规格达不到预期值，降低乙烯进料或停车。

96 赫斯特低压淤浆工艺技术在何种情况下会紧急停车？

在以下情况下会紧急停车：

(1) 公用工程供应中断；

(2) 原料供应中断；

(3) 大量危险物料泄漏；

(4) 火灾、爆炸以及其它一些不可预知的因素。

97 赫斯特低压淤浆工艺按下紧急停车按钮后将切断反应器聚合哪些原料的供应？

按下紧急停车按钮后将立即切断反应器聚合的以下供应原料：乙烯，氢气，丁烯，己烷（母液和纯己烷），催化剂、活化剂。

98 赫斯特低压淤浆工艺按下紧急停车按钮后除切断反应器聚合的原料供应外，还有哪几方面的动作？

(1) 系统所有喷淋阀门打开。

（2）各个单元电源切断。

（3）所有冷却控制阀门打开。整个聚合装置处于一种安全状态。

99 什么是催化剂中毒？

由于反应物中的某些杂质可以使催化剂的活性急剧降低，甚至完全丧失的现象称作催化剂中毒。

100 催化剂毒物的毒化机理是什么？

毒化机理有两类：一是毒物强烈地吸附在催化剂的活性中心上造成覆盖，减少了活性中心的浓度；二是毒物与活性中心发生反应转变为无活性的物质。它们作用的程度分为暂时中毒和永久性中毒。

101 淤浆工艺中原料乙烯发生泄漏后，为保证安全应采取哪些处理措施？

乙烯发生泄漏后，应采取以下处理措施：

（1）迅速关闭界区电磁阀，同时关闭手阀，系统停车；

（2）切断物料来源，减少泄漏量，避免环境污染扩大化；

（3）由于泄漏后成气态扩散，可以用氮气或蒸汽稀释，减少环境污染；

（4）迅速疏散污染区人员至上风处，并隔离直至气体散尽；

（5）应急人员戴空气呼吸器，穿防护服，处理泄漏点，通风对流，稀释扩散。

102 淤浆法反应单元生产工艺过程是怎样的？

乙烯、氢气、丁烯、催化剂、活化剂和循环的己烷组成的混合物连续送至反应器。聚合反应在两台反应器内发生，两台反应器可以是串联或者是并联，反应温度为70～85℃，反应压力在0.2～1.0MPa之间，乙烯聚合反应为强烈放热反应。热量由反应器外蛇管和外循环夹套水取走。聚合悬浮液或淤浆从反应器通过淤浆泵送至后反应器。在后反应器中完成最后的聚合反应，使共聚单体转化率达99%。悬浮液流至悬浮液接收罐再送去离心分离单元。

103 淤浆生产工艺反应温度高低有何影响？

淤浆生产工艺反应允许的温度范围是受限制的，较低温度导致聚合速率降低，温度过高则增加蜡的产生量。反应器的温度不能超过90℃，因为在这一温度下，HDPE粉料将开始变软、黏结，反应温度将不能控制。

104 淤浆生产工艺聚合速率主要有哪些影响因素？

淤浆生产工艺聚合速率的主要影响因素是催化剂浓度和聚合温度。

105 赫斯特低压淤浆工艺生产的产品分子量分布如何表示？

熔体的流动速率作为表示聚合物分子量的指标，对于赫斯特装置，在通常情况下，测定MFR21.6/MFR5.0比值来计算流动速率比（FRR），作为分子量分布的表示方法。

106 赫斯特低压淤浆工艺生产的产品分子量分布有哪些影响因素？

赫斯特低压淤浆工艺生产的产品分子量分布受催化剂/活化剂体系和所选工艺的影响。首先，在催化剂制备的最后一步中，三价钛的还原程度对分子量分布有影响，其次调节进第一反应器和第二反应器的乙烯进料量也能影响产品分子量分布。

107 赫斯特低压淤浆工艺后反应器的排放气组成有哪些？

赫斯特低压淤浆工艺后反应器排放气的组成与生产的产品牌号有关。其主要含有氮气、氢气、乙烷、乙烯。

108 赫斯特低压淤浆工艺输送丁烯设备为何选用屏蔽泵？

丁烯为易燃易爆危险介质，同时其连续供应具有重要性，工艺要求泵的运行安全可靠。屏蔽泵整机共有两套轴承，与其它型式泵相比减少磨损件；屏蔽泵无密封无泄漏，运行可靠安全；屏蔽泵无联轴器，不需找正等特点输送丁烯最为合适。

109 赫斯特低压淤浆工艺中如何启动淤浆泵？

赫斯特低压淤浆工艺中启动淤浆泵的步骤如下：

（1）确认盘车灵活、联轴器、防护罩安装好；

（2）灌泵，打开泵入口阀，打开泵出口阀 1/3，关闭泵出口阀；

（3）启泵；

（4）确认机泵运转无异常，出口压力稳定在额定值以上时，缓慢打开泵出口阀直至全开；

（5）确认泵出口压力稳定，电机电流稳定，外循环流量稳定。

110 赫斯特低压淤浆工艺停工前需做哪些工艺处理？

赫斯特低压淤浆工艺若 K1 模式停工前需做降负荷处理。若 K2 或 BM 模式停工前需先做调指数处理，再做降负荷处理。

111 赫斯特低压淤浆工艺停工后如何冲洗乙烯管线？

关闭乙烯管线入反应器根部手阀，关闭乙烯调节阀和自动阀，关闭乙烯线手阀，启动冲洗泵，打开冲洗阀，打开乙烯管线入反应器根部手阀，冲洗完毕后关闭乙烯管线入反应器根部阀，关闭冲洗阀，停冲洗泵。

112 淤浆法生产工艺中相比高低对生产有什么影响？

比例过高即较高的聚合物浓度，可能导致热传递问题，也可能导致管线或泵堵塞。相反，聚乙烯与己烷的比例较低相当于稀释因数较高，从而，精制部分的效率变差，将要与聚合物分离的己烷的规定量增多，增加了离心机负荷。另外，聚合物颗粒在反应器中的停留时间减少。

113 按下紧急停车按钮后，装置动作有哪些？

按下紧急停车按钮后，装置动作有：

（1）启动第一反应器 R1201 紧急停车；

（2）启动第二反应器 R1202 紧急停车；

（3）启动后反应器 R1204 紧急停车；

（4）除 UPS 电源外，聚合单元所有电机、照明系统电源断电；

（5）关闭界区乙烯阀；

（6）关闭界区氢气阀；

(7) 关闭界区丁烯阀；
(8) 关闭界区丙烯阀；
(9) 关闭母液阀；
(10) 关闭三乙基铝供应阀；
(11) 关闭四氯化钛供应阀；
(12) 关闭界区己烷阀；
(13) 关闭异戊二烯基铝供应阀；
(14) 停三乙基铝泵；
(15) 停新鲜己烷供应泵；
(16) 停粗己烷泵；
(17) 停反应己烷进料泵；
(18) 停反应间断己烷冲洗泵；
(19) 切断丁烯进料线；
(20) 停异戊二烯基铝泵；
(21) 停四氯化钛泵；
(22) 停丁烯泵。

114 丁烯泵的保护联锁有哪些？

丁烯泵的保护联锁有：泵吸入端抽空；电机温度高。

115 催化剂制备罐温度高的联锁动作有哪些？

催化剂制备罐温度高的联锁有如下动作：关闭蒸汽加热调节阀；打开冷却水供应阀。

116 导致第一反应器紧急联锁停车的原因有哪些？

(1) 第一反应器高压。
(2) 第一反应器高温。
(3) 第一反应器两台淤浆泵停运。
(4) 第一反应器搅拌桨。
(5) 第一反应器搅拌桨转速低。
(6) 界区乙烯与第一反应器压差低。
(7) 闪蒸罐高压/高液位超过 2min。
(8) 第二反应器紧急停车超过 5min（串联模式）。

（9）后反应器停车超过 5min。
（10）第一反应器高液位。
（11）母液供应泵出口压力低超过 1min。
（12）紧急停车按钮被按下。

117 第一反应器紧急联锁停车后动作有哪些？

（1）关闭第一反应器单体进料阀。
（2）关闭第一反应器乙烯进料调节阀。
（3）停催化剂泵。
（4）停活化剂泵。
（5）关闭氢气进料调节。
（6）关闭丁烯进料调节阀。
（7）关闭母液进料阀。
（8）关闭第一反应器新鲜己烷进料阀。
（9）关闭第一反应器去催化剂进料的新鲜己烷。

118 导致第二反应器紧急联锁停车的原因有哪些？

（1）第二反应器高压。
（2）第二反应器高温。
（3）第二反应器两台淤浆泵停运。
（4）第二反应器搅拌桨。
（5）第二反应器搅拌桨转速低。
（6）界区乙烯与第二反应器压差低。
（7）后反应器停车超过 5min。
（8）第二反应器高液位。
（9）母液供应泵出口压力低超过 1min。
（10）紧急停车按钮被按下。

119 第二反应器紧急联锁停车后动作有哪些？

（1）关闭第二反应器单体进料阀。
（2）关闭第二反应器乙烯进料调节阀。
（3）停催化剂泵。
（4）停活化剂泵。

（5）5min 后启动第二反应器紧急停车。

（6）关闭氢气进料调节。

（7）关闭丁烯进料调节阀。

（8）关闭母液进料阀。

（9）关闭第二反应器新鲜己烷进料阀。

（10）关闭第二反应器去催化剂进料的新鲜己烷。

（11）关闭闪蒸罐出料调节阀。

（12）关闭第一反应器出料调节阀。

120 导致后反应器紧急联锁停车的原因有哪些？

导致后反应器紧急联锁停车的原因有：

（1）后反应器高液位；

（2）后反应器高压；

（3）后反应器搅拌桨低转速。

121 后反应器紧急联锁停车后动作有哪些？

后反应器紧急联锁停车后动作有：

（1）关闭第二反应器出料调节阀；

（2）第一反应器出料调节阀（并联模式下）；

（3）关闭闪蒸罐排气阀。

122 后反应器淤浆泵在启动前应做好哪些工作？

后反应器淤浆泵在启动前应做好以下工作：

（1）进行机泵盘车，确认是否灵活；

（2）进行泵体冲液、排气；

（3）检查联轴器罩是否松动；

（4）检查油杯、油箱视镜是否油位正常；

（5）检查机泵地角螺栓是否松动；

（6）检查机泵冷却水是否畅通；

（7）压力表及仪表安装调试完毕并且投用；

（8）确认电机送电，并且点试检查机泵旋转方向是否正常；

（9）检查确认阀门开、关是否正常，并且通知相关单位。

123 淤浆泵抽空原因有哪些？

淤浆泵抽空原因有：吸入管线漏气；入口管线或入口过滤器堵；介质温度高，汽化；介质温度低黏度过大；下游用户调量过大；叶轮堵塞电机反转；储罐的液位过低。

124 后反淤浆泵操作时应注意的事项有哪些？

后反淤浆泵操作时应注意的事项有：

（1）启动前必须使泵内灌满被输送的液体，防止气缚；

（2）启动前将出口阀全关，使其在流量为零的情况下启动，使泵所需功率最小，避免电机因启动过载而烧坏；

（3）启动后逐渐调节出口阀来调节流量；

（4）运转时要经常检查轴承是否过热，润滑及填料的密封情况是否良好；

（5）停车时先关闭出口阀，防止液体倒流，使叶轮倒转，导致叶轮与泵轴松脱。

125 淤浆工艺聚合反应单元搅拌器巡检应注意哪些内容，搅拌器变速箱和机封均应添加哪种油？

淤浆工艺聚合反应单元搅拌器巡检应注意：白油罐油位、油压差、油质；变速箱油位；底轴承冲洗液流量；搅拌器有无杂音。

搅拌器变速箱应加220号油，机封应加32号白油。

126 催化剂和活化剂泵启动前的主要注意事项是什么？

催化剂和活化剂泵必须全开入口阀和出口阀，打通流程后启动。

第二节　气　相　法

1 Unipol气相流化床工艺装置的工艺过程是怎样的？

该工艺过程包括原料的供应和精制、乙烯精制、催化剂的制备和储存工段、反应系统、树脂脱气和排放气回收、添加剂的加入系统、造粒系统、粒料掺混、粒料/粉料储存和包装等。

2 Unipol 气相流化床工艺聚合反应原理是什么？

乙烯单体、共聚单体 1-丁烯（或 1-己烯）呈气相状态进入流化床反应器，连续注入一定量的催化剂和辅助催化剂，在一定反应压力和反应温度条件下，在反应器中完成共聚过程，生成粉状聚乙烯树脂。树脂的密度是通过控制共聚单体和乙烯单体的摩尔比来实现的；熔融指数是通过控制链转移剂氢气和乙烯的摩尔比来实现。

聚乙烯的反应可以认为是按配位阴离子机理进行的，即在过渡金属催化剂的活性中心上有过渡金属—碳键（M—R)、而且在其上进行增长反应、烯烃配位、插入 M—R 键，如此重复，整个过程也可以表述为引发、增长、终止等基元反应。

3 Unipol 气相法流化床冷凝技术原理是什么？

所谓气相法低密度聚乙烯流化床反应器冷凝工艺指在一般的气相法低密度聚乙烯流化床反应器工艺的基础上，使反应的聚合热由循环气的温升（显热）和冷凝液体的蒸发（潜热）共同带出反应器，从而提高反应器时空产率和循环气的热焓的技术。冷凝液体来自于循环气体的部分冷凝，或外来的液体，冷凝介质一般为用于共聚的烯烃或惰性饱和烃类物质，如：正戊烷、异戊烷、己烷、正丁烷等。

在气相流化床内，乙烯聚合放出大量的热，循环气体起到流化床层和带走反应热的作用。未参加反应的循环气由反应器顶部出来，经过压缩、冷却，再进入反应器循环反应。实际生产过程中，随着反应产率的增加，循环气冷却器需要移走更多的热量才能保持反应器的热平衡状态，最直观的表现在循环气冷却器出口（反应器入口）的温度逐渐下降。当出口温度低于循环气露点时，在循环气冷却器中将会产生部分重组分冷凝液，此时在循环气冷却器中进行的是对流有相变换热，此时的聚合反应操作称为冷凝操作模式。

由于循环气冷却器从无相变换热转化为有相变换热，大大增强了换热器换热能力，根据实践发现循环气冷却器在冷凝模式比非冷凝模式提高了 20％～70％。冷凝液随循环气进入反应器，汽化时的相变潜热吸收大量的反应热，从而提高了反应器的生产能力。在正常非冷凝反应操作时，反应器的入口温度高于循环气的露点，循环气冷却器进行无相变对流传热，其总传热系数基本恒定。当进行冷凝操作时，冷却器的出口温度低于循环气的露点，冷却器的下游将会产生冷凝液，进行有相变的对流传热，这时的循环气总传热系数相应提高，即冷却能力提高。

4 Unipol气相法流化床工艺反应单元流程是怎样的？

聚合反应单元主要任务是完成乙烯和共聚单体的聚合过程，从而生产出合格的聚乙烯粉粒树脂，通过产品排放系统分离。

来自精制单元的乙烯、共聚单体、H_2进入反应器、循环气压缩机、循环气冷却器组成的闭路循环系统。乙烯、H_2从循环气压缩机入口注入，共聚单体、戊烷油从循环气压缩机出口注入。经循环气冷却器从反应器底部进入反应器，使流化床流化，一定组成的物料在催化剂加料器提供的催化剂作用下，在一定温度、压力条件下发生聚合，单程转化率3%～4%，未反应的原料进行循环，聚合所放出的热由循环气冷却器带走。粉状的聚乙烯在反应器中积累到一定床层高度，由产品排料系统（PDS）自动排料，进入产品脱气仓，两套产品排放系统可以单独排料、交叉排料、手动和自动排料多种操作方式。绝缘体的聚乙烯粉末在反应器中流化经摩擦产生静电，但一般正负静电保持平衡。如果在原料中带入极性静电诱导剂（如水、氧、醇等）则破坏了平衡，产生几千伏甚至更高的静电，容易形成结块，故设置了RSC系统来用水控制正电，用甲醇控制负电。

为使反应器安全运行，设置了Kill（终止）系统，即向反应器内注入可逆的催化剂毒物使聚合反应部分地或完全停止。将反应床内的毒物吹扫排入火炬，催化剂将会重新恢复活性，反应又可以引发。

5 催化剂加料系统功能是如何实现的？

反应所需催化剂通过两台特殊的加料器送入反应器，催化剂是反应顺利进行的最重要条件，它的加入量对反应的平稳有着很大影响，因此，操作中要保证适量、平稳加入。两台加料器上部分别设置两台储罐，收料时利用氮气携带将催化剂收入储罐，后将催化剂放入加料器，催化剂通过注入管利用氮气携带通过固定管口注入反应器。加料器内设置计量盘，通过一定转数控制下料量，加料器的控制状态主要有MAN、AUTO，选择MAN控制模式时，转数容易波动，故一般只使用AUTO模式来保证精确加入。在一定的活性下，催化剂加入量与反应产率成正比，由此，在反应负荷的提升与降低时，改变催化剂加料器转数设定需及时适量。

6 催化剂加料器的基本结构有哪些?

催化剂加料器主要由储罐、筛网、下部容器、底部法兰、计量段组件、驱动轴组件、驱动系统、催化剂携带段、液压缸和加料管组成。

7 催化剂加料器收催化剂主要步骤有哪些?

（1）操作前确认现场收催化剂软管与加料器位号相对应；

（2）确认已打开催化剂储罐放空线自动阀，将其压力已泄至0.30MPa以下，收催化剂管线自动阀已打开，确认可以收催化剂；

（3）打开氮气输送线上的截止阀，吹扫输送管线。并通过压力表观察加料器无憋压现象；

（4）确认收催化剂管线流程正常；

（5）打开催化剂钢瓶顶部手阀。对其升压至0.24MPa，打开催化剂钢瓶底部手阀向储罐输送催化剂，通过视镜观察输送正常；

（6）输送结束后，依次关催化剂钢瓶顶部、底部手阀，继续用氮气软管吹扫输送管线2min，由视镜观察无催化剂流动时，关氮气输送阀；

（7）打开氮气截止阀反吹过滤器3～5次，然后关闭此阀。

8 催化剂加料器退出催化剂主要步骤有哪些?

（1）确认加料器已停用，注入管已拔出，并确认加料器及钢瓶压力；

（2）打通净化卸料线；

（3）打开计量盘上部卸料阀，由视镜观察催化剂流动情况；

（4）压力下降时可关卸料阀，扑压后继续卸料；

（5）无催化剂流动时，打开计量盘下部排放阀；同时关上部卸料阀，直至无催化剂为止；

(6) 现场启动加料器电机，控制室设定转数，至少转两圈以上，确认无催化剂后关卸料阀及 N_2 截止阀拆软管。

9 催化剂加料器检修前，加料器氧化主要步骤有哪些?

退氧化催化剂加料器的主要步骤如下：

(1) 确认催化剂已卸掉；

(2) 置换氧化用 N_2 管线；

(3) 连接IA（仪表风）和 N_2 线；

(4) 打开 N_2 截止阀及加料器顶部排放阀，建立 N_2 流量；

(5) 打开IA截止阀；

(6) 流动氧化直至不再发热；

(7) 用 N_2/IA混合气进行数次置换。

10 向反应器插入催化剂注入管的主要步骤有哪些?

注入管插入的主要步骤如下：

(1) 首先检查套管反吹流量正常；

(2) 检查注入管长度，口径及管口光滑程度是否符合要求；

(3) 慢慢拧松密封堵头，将注入管通入少量的氮气，然后将注入管插入套管中；

(4) 拧紧密封堵头，利用排放阀置换套管；

(5) 慢慢打开三通阀，稍拧紧密封堵头，小心将注入管插入反应器规定的长度；

(6) 拧紧密封堵头，注入管输送氮气截止阀全开，将涨环拧紧。

11 从反应器中拔出催化剂注入管的主要步骤有哪些?

(1) 拧紧涨环，拧松密封堵头；

(2) 慢慢向外拔出注入管，当经过测量确认注入管已拔至三通阀以外时，关闭三通阀；

(3) 拧紧密封堵头，利用输送氮气和排放阀进行置换；

(4) 关闭输送氮气截止阀，拧松密封堵头，拔出注入管；

(5) 将密封堵头稍拧紧，涨环拧紧，并检查套管反吹流量正常。

12 催化剂加料器各自动阀的功能是什么?

C、D 阀：平衡携料管和贮罐压力。

E、H 阀：少量氮气吹扫气供给。

G、K 阀：隔离携料管和加料器排放部件。

13 操作过程中发现催化剂加料器强制加料，如何处理?

操作过程中发现催化剂加料器强制加料，按以下步骤处理：

(1) 检查平衡阀的两截止阀是否打开，应保持在开位；

(2) 对加料器各阀及注入管插入反应器处检漏消漏；

(3) 检查加料器内压力是否高，如果压力高泄压至正常范围；

(4) 检查加料器转速是否波动大；

(5) 检查处理期间，室内人员注意温度，稳定生产。

14 催化剂加料停止的原因及处理方法是什么?

原因：

(1) 加料器停止；

(2) 注入管或卸料段堵塞；

(3) 加料器泄漏；

(4) 加料器内催化剂用完。

处理方法：

(1) 检查加料器电源系统；

(2) 拔出注入管吹通或更换；

(3) 检查并处理泄漏；

(4) 切换加料器准备收催化剂。

15 催化剂加料器泄压如何才能防止堵塞过滤器?

加料器卸压为防止堵塞过滤器首先应关闭的旁通阀，并将泄压孔板前截止阀打开 30%，当压力降至 1.0MPa 时全开泄压孔板前截止阀，当压力降至 0.3MPa 时，可打开泄压孔板的旁通阀，加快泄压速度。

16 在催化剂输送过程中，堵塞输送管线的主要原因有哪些?

催化剂输送时，堵塞的原因有以下几方面：

（1）输送 N_2 流量太低或气源压力太低；

（2）输送罐下料阀开启太早或开度太大；

（3）催化剂储罐的过滤器堵塞。

17 催化剂加料器剪切销断裂的原因有哪些？

（1）轴承断裂；

（2）反向转动；

（3）电刷应安装在叶刷轮的前边缘；

（4）弹簧从浮动盖板上脱落；

（5）浮动盖板翘起；

（6）密封螺母上得太紧；

（7）催化剂堆积；

（8）储存器过载；

（9）乙烯反向进入加料器；

（10）加料器电机启动转速过高。

18 反应排料系统（PDS）的是如何运行的？

反应器有两套产品排出系统，正常时交叉操作，但也可以独立操作，每一个系统都由一个产品罐和一个产品吹出罐，粉料产品依次从产品罐降落到吹出罐，然后直接送至脱气系统脱气仓，当反应器料位达到预定料位时，排料系统就自动排料。每套排料系统有11台自动阀和两套系统间共用2台自动阀。排料系统可以投自动方式，也可以投手动方式。示意图见图4-2。

19 H、G两阀在PDS中的作用是什么？

H阀是平衡线，PC（产品罐）、PBT（产品吹出罐）两罐气体平衡后，有利于粉料自PC罐下落至PBT罐，减少气体损失。

G阀是气体返回阀，有利于出料多，减少出料次数，节约原料，降低单耗。

20 PDS中投用X、W阀有何优缺点？

优点：投用X、W阀能使部分气体返回反应器，降低单耗。

缺点：出料时间延长。

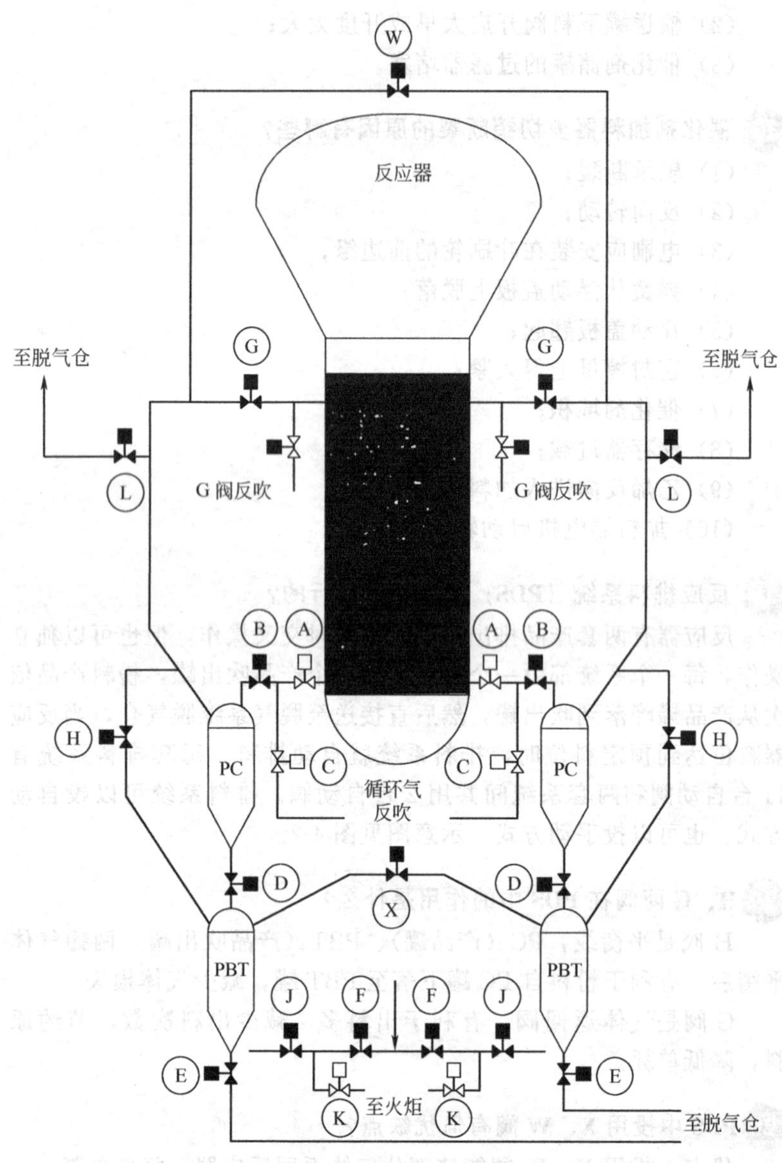
W
反应器
至脱气仓
G
G
至脱气仓
L
G 阀反吹
G 阀反吹
L
B
A
A
B
H
PC
C
C
PC
H
循环气
反吹
D
D
X
PBT
PBT
J
F
F
J
E
E
至火炬
K
K
至脱气仓

图 4-2 PDS 示意图

21 PDS中C、G阀气体吹扫的作用是什么？为何要控制一定的流量？

C、G阀气体吹扫的作用是防止死区管段结块堵塞。控制一定流量是因为流量低则树脂在此管内不能得到较好的吹扫，将形成凝胶，且流量太低容易堵塞，如果流量太高，将使部分气体不能通过循环气冷却器而影响产率。

22 PDS中控制室开关的作用是什么？

HS4101-1Q：PDS锁定开关。设置在“自动”位置时，允许PDS的自动手动操作，当设置在“关闭”状态时，阻止PDS运行。

HS4101-1R：选择开关用于选择程序运行的方式（1＃PDS/2＃PDS/交替排料/停止）。

HS4101-1S：逻辑启动或停止开关。将开关切至“停止”时，排料立即停止。

HS4101-1T：模式开关。主要用于选择是“手动”或是“自动”操作PDS，当由“自动”切至“手动”时，逻辑将完成现行的循环。

23 PDS中E阀开的联锁条件是什么？

E阀门开的联锁条件有：

(1) D、G、H阀和X阀关；

(2) B或A、C阀开；

(3) 产品脱气仓逻辑允许PDS出料；

(4) PBT压力小于1.2MPa；

(5) 另一系统E阀关。

24 PDS中大小头发生堵塞主要处理步骤有哪些？

(1) 关E阀；

(2) 打开阀D和H，打开L阀，系统泄压；

(3) 打开F、J、关K阀，利用N_2吹扫、置换冷却罐内树脂；

(4) 将大小头下游截止阀关闭，利用胶管接N_2置换大小头；

(5) 在无压状态下拆下大小头；

(6) 处理大小头上游，下游存料。

25 反应终止系统（Kill）的作用是什么，可分为哪几种？

反应终止系统的主要作用是将终止剂（CO）注入流化床中，使催化剂中毒，从而使事故状态的反应床层停止反应，以防止热源的产生，避免高温结块暴聚及其它事故产生，根据不同的反应异常情况，终止系统的操作可分为以下几种：Ⅰ型终止（循环气流量仍旧维持时的终止操作）；Ⅱ型终止（循环气流量中断的终止操作）；Ⅲ型终止（循环气流量中断的终止操作，但循环气回路中设有透平，短时间内可维持床层流化）；小型自动终止；小型终止；微型终止。控制方式主要有自动控制、手动控制及现场手动控制。终止系统的示意图见图 4-3。

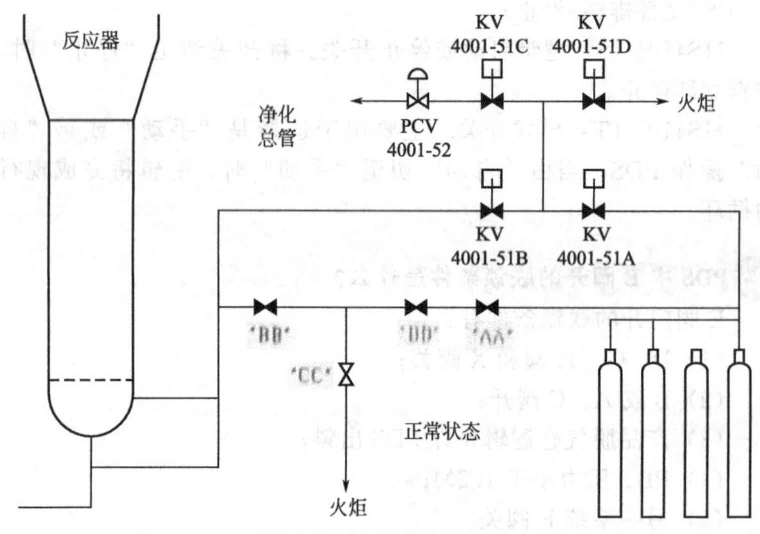

图 4-3 终止系统示意图

26 反应终止系统处于自动控制状态的情况下，哪些事故状态可自动触发终止系统？

以下几种事故状态下，可触发反应终止：

（1）反应器高温报警触发Ⅰ型终止；

（2）循环气压缩机停止将触发Ⅱ型终止；

（3）当反应器压力高于其设定值后，下列条件①或②将触发Ⅱ

型终止。

① 反应器床重小于低报设定值和循环气流量小于低报设定值；

② 反应器床层下部密度小于低报设定值和循环气流量小于低报设定值。

27 Ⅰ型、Ⅱ型终止 CO 注入程序是什么？

反应终止时，CO 注入程序如下：

（1）关闭火炬排放阀；

（2）打开 CO 钢瓶进气阀；

（3）打开去净化管阀；

（4）延时 4 秒，使管段增压；

（5）关闭净化总管阀；

（6）打开 CO 注入阀；

（7）延时 100s；

（8）关闭 CO 钢瓶进气阀和打开 CO 注入阀；

（9）延时 10s 后，打开火炬排放阀。

28 当执行Ⅱ型终止时，哪些设备、系统停或阀门关？

执行Ⅱ型终止时，以下设备、系统停或阀门关：

（1）停循环气压缩机；

（2）关闭循环气阀；

（3）关闭产品排放阀；

（4）关闭催化剂注入管的支撑管乙烯反吹阀；

（5）打开去火炬排放阀；

（6）CO 注入程序同Ⅰ型终止；

（7）停止催化剂加料器；

（8）关闭乙烯进料阀；

（9）关闭乙烯、丁烯进料阀；

（10）关闭 H_2 进料阀；

（11）关闭 N_2 进料阀；

（12）关闭产品排放阀；

（13）停 T_2 注入泵；

（14）关闭 T_2 进料阀；

（15）关闭改性剂 RO 加料阀；

（16）关闭回收液阀，停回收泵；

（17）关闭去产品脱气仓排放气阀；

（18）停排放气回收压缩机。

29 终止系统如何进行手动控制？

当控制室开关切至“解除/重调”的位置上，当某种故障产生需进行终止时，可直接将开关切至“Ⅰ型终止”或“Ⅱ型终止”位置上，触发逻辑启动，其过程和与自动控制相同。

30 小型自动终止程序是什么？

小型自动终止执行以下程序：

（1）关闭终止系统火炬排放阀。

（2）打开 CO 钢瓶进气阀，将四个自动阀间的管线充压到钢瓶压力。

（3）2s 后，关闭 CO 钢瓶进气阀。

（4）打开 CO 注入阀 5s，使 CO 流入反应器。

（5）打开终止系统火炬排放阀。

（6）2s 后关 CO 注入阀。

31 现场手动小型终止操作步骤有哪些？

现场手动小型终止操作步骤如下（阀门见图 4-3）：

（1）检查 CO 钢瓶压力及终止系统各阀位正确性；

（2）关 CC 阀；

（3）开 AA、DD 阀；

（4）关 AA 阀；

（5）开 BB 阀；

（6）关 BB 阀；

（7）开 CC 阀；

（8）关 DD 阀。

32 现场手动微型终止操作步骤有哪些？

现场手动微型终止操作步骤如下（阀门参见图 4-3）：

（1）检查 CO 钢瓶压力及终止系统各阀位正确性；

（2）关 CC 阀；

（3）开 AA、DD 阀；

（4）开 DD、AA 阀；

（5）开 BB 阀；

（6）关 BB 阀；

（7）开 CC 阀。

33 反应器静电控制（RSC）系统主要作用是什么？

绝缘体的聚乙烯粉末在反应器中流化经摩擦产生静电，但一般正负静电保持平衡，如果在原料中带入极性静电诱导剂如水、氧、醇等则破坏了平衡，产生几千甚至更高的静电，容易形成结块，故设置了 RSC 系统，用水控制正静电，用甲醇控制负静电。系统分别设置两台水罐、两台醇罐，当静电高时，利用乙烯携带水或醇注入反应器。

34 反应器内正常允许静电的波动范围是多少？

在正常的反应条件下控制静电范围在±500V 之间，实际生产一般将其控制在±100V 之间。

35 静电是如何产生的？有哪些危害？

若有杂质与 T_2 作用产生静电引发剂，导致产生静电。有较强静电产生时，将会使细粉和催化剂颗粒流动到气泡牵引力较低的壁面，催化剂将继续反应，因壁面限制了传热，产生融熔树脂，产生片状物。

36 如何降低或消除静电？

以下措施可以消除或降低静电：

（1）保证原料质量合格；

（2）反应器首次开车前要经过化学处理；

(3) 停车打开反应器之前要经过水解;

(4) 反应开车前，床层必须钝化;

(5) 种子床必须水解;

(6) 要保证树脂的性质在合格范围内;

(7) 采取必要的注醇及注水措施控制静电。

37 生产中出现高温停车，K4003 循环气压缩机未停，为何用至脱气仓的排放控制阀泄压，而不用火炬的紧急排放阀泄压?

用火炬的紧急排放阀泄压，泄压速度太快，易造成 K4003 循环气压缩机轴位移大，损伤设备，且循环气压缩机的密封易透入反应系统。

38 紧急排放压力控制回路的作用是什么?

紧急排放压力控制回路用于Ⅱ型终止，当紧急排放阀自动打开泄压时，由控制回路控制排放压力，一方面减少反应器与火炬管线压差，另一方面防止细粉进入火炬管线。

39 打开反应器前床层为什么要进行水解?

T_2 是助催化剂，反应器内树脂表面会粘有一些 T_2，打开反应器接触空气时 T_2 与氧反应会生成醇盐，下次开车时，醇盐会分解成醇、醛和其它烃类氧化物，这些物质是静电引发剂，静电容易导致结片，因此打开容器接触空气前 T_2 首先应该与水反应，防止 T_2 与氧反应生成醇盐，另外，水解 T_2 也可避免 T_2 自燃，发生火灾。

40 低密度聚乙烯装置的抗静电剂有哪几种?

有两种，分别是水和甲醇。水用于中和系统产生的正静电，甲醇用于中和系统产生的负静电。

41 反应器内树脂流化密度偏低有什么危害?

流化密度低有下面的危害:

(1) 出料频次高，阀门负担重，不利于提高产率;

(2) 物料单耗大;

(3) 造粒下料少;

（4）床层流化状态不好。

42 反应器为何要控制乙烯分压？

乙烯分压对催化剂活性影响很大，高分压导致催化剂活性增大，造成温度波动及产率波动；分压太低，又会促使催化剂活性下降，导致产率下降，灰分增多，细粉含量增多，严重危害生产的稳定运行。

43 什么是鱼眼？

鱼眼即凝胶，是一种比基础树脂分子量高且硬的特殊粒子，它在树脂中离散分布，一般是硬度高的无机物或是强度较高的大分子颗粒。

44 M-1 催化剂的主要毒物有哪些？哪些是可逆的？哪些是不可逆的？哪种毒性是最强的？

对于 M-1 催化剂，其主要毒物有：CO_2、C_2H_2、O_2、丙酮、CO、H_2O。其中可逆的有：CO。不可逆的有：CO_2、C_2H_2、O_2、H_2O、丙酮。毒性最强的是：CO。

45 RO 的作用是什么？

RO 是氮气和氧气的混合物，生产 S-2 树脂时用于增加树脂的流动指数，降低分子量分布，正常氧浓度为 7.5%（体积分数），最大氧浓度不能超过 8%（体积分数）。

46 反应开车时 T_2 钝化的目的是什么？

消除系统中存在的水及其它杂质，一方面消除了催化剂的毒物，有利于开车投催化剂，尽快建立反应；另一方面减少开车时反应器内静电。

47 反应器的结构特点是什么？

反应器为裙座支承的圆筒形容器，顶部设有扩大段以降低气体速率，分离夹带的固体颗粒，分离的固体颗粒又落回到反应床。

48 种子床的高度如何确定，一般为多少？

种子床的高度可由计算和实际测量得出，首先通过计算可知床高所需种子床的量，然后根据最终的测量，即通过顶部人孔测量。

一般床层高度在种子树脂入口以下 1.7m。

49 灰分含量的定义及其意义是什么？

树脂的灰分含量是聚乙烯被溶解萃取，焚烧后测量无机残余物（即灰分）而得，它是树脂中总残余催化剂的测量，是催化剂活性的测量。

50 反应温度急剧下降主要原因及处理方法是什么？

反应温度急剧下降的主要原因及处理方法如下：

（1）原料杂质增加　查找原因，切换备用精制床，温度下调设定值，稳定后缓慢调整；

（2）催化剂注入量减少或中断　查找原因，看是否是注入管堵塞、架桥、电机停等，迅速处理，注意温度的回升，防止反应器压力急剧升高；

（3）高压精制氮气不足　将导致注入效果降低；快速恢复，启动备用 N_2 压缩机；

（4）回收系统未置换干净或泄漏，导致水氧带入反应器　迅速切断回收入反应进料，查明原因，毒物消除后催化剂活性恢复，温度缓慢回升；

（5）终止剂泄漏　查看现场流程是否正确无异常开关，保证各阀位处于正常状态中；

（6）外部环境温度急剧下降，如下大雨　控制温度，降低设定值，逐渐回升，观察外部环境变化；

（7）高压精制氮气加入速度过快　调整降低加入量；

（8）乙烯压力急剧降低，导致压差降低，乙烯加入量的急剧减少　报告调度，降低温度设定值，恢复时必须平缓。

51 反应开车调组分时各种进料间隔一定的时间引入反应器有什么好处？

开车调组分各进料间隔一定的时间引入反应器有以下好处：

（1）给操作员一个排放切换的时间；

（2）有利于调组分的准确性；

（3）有利于观察各种进料在反应器内引起时静电变化情况。

52 何为停留时间，与什么有关？

停留时间即：（床层体积×流化松密度）/产率

因床层体积一定，停留时间与流化松密度成正比，与产率成反比。

53 反应因静电原因导致壁温高而终止，终止后如何操作？

反应因静电原因导致壁温高而终止，终止后按以下步骤操作：

（1）保持反应温度，立即投用加热MS；

（2）升降表观气速，冲刷死片，结片；

（3）迅速出料5～6次，带出片状物；

（4）查找静电原因，准备再开车。

54 反应器高料位的原因及处理方法有哪些？

原因有：

（1）出料系统堵塞；

（2）程序定时器的机械或电器出故障；

（3）料位设定有误差；

（4）仪表探头堵塞。

处理方法：

（1）检查堵塞的原因，并进行维修；

（2）校正设定点；

（3）吹扫或钻通取压孔。

55 反应器扩大段表皮温度低于正常值如何处理？

扩大段表皮温度低于正常值，按以下步骤处理：

（1）将床层提高到扩大段下颈，然后迅速出料，恢复正常料位；

（2）若需要，重复上述步骤，直到表皮温度恢复正常。

56 反应器分布板是否堵塞如何进行判断？

分布板是否堵塞可以根据分布板的压差进行判断，若压差高则说明分布板堵塞，当然也可能是仪表问题所致，这就需要观察导向叶片开度，若循环气流量设置在自动位置上，循环气流量不变而阀门开度渐增，则说明分布板已堵塞，否则是仪表故障所致。

57 怎样判断反应器中有结片现象发生？

普通结片通过反应器器壁及扩大段各点温度进行判断：如果某点温度明显低于同层其它各点，说明测温点已被挡住，产生了结片；如果某点温度异常升高，证明测温点附近发生了剧烈反应，也会产生结片。泡沫料的多少也可以判断反应器器内结片情况。

分布板上部四个测温点用来判断分布板上部结片情况：如果某点温度快速下降后又迅速恢复正常，说明有较大片料落至分布板后挡住测温点，但排料进行中可能被排出反应器或转移至分布板其它部位，需要对四个测温点进行密切观察；如果某点温度快速下降，且无恢复趋势或反复大幅波动，可能有较大结块产生，密切观察该点对应上方壁温变化及上下床密度变化，如果对应点壁温也呈相同变化趋势，且发生了分床，说明已发生了暴聚，要立即执行终止操作。

58 反应器乙烯分压高的原因是什么？

造成乙烯分压高的原因有：系统有泄漏；各浓度组分不平衡；N_2 量不足；出料未投交叉。

59 反应温度下降应从哪几方面查找原因？

反应温度下降应从以下几方面查找原因：

(1) 检查催化剂加料情况，看催化剂是否用完，剪切销是否断等；

(2) 检查温度回路情况，各仪表阀门是否正常；

(3) 检查 H_2、C_4H_8、T_2、C_2H_4 等进料情况；

(4) 检查各原料中杂质含量情况。

60 调温水泵突然停止，如何处理？

循环水泵突然停止，按以下步骤处理：

(1) 确认泵停运；

（2）外操立即在现场启动一次，若是泵故障，立即启动备用泵；

（3）内操可手动关小乙烯进料，多出几次料，缓解温度上升；

（4）如果水泵启动不起来，或床温度超过设定值5℃，则立即小型终止，终止反应。

61 冷却水突然中断如何处理？

密切监视反应温度及循环气压缩机油温，自动或手动Ⅰ型终止。

62 如何判断反应器内部床层流化状态？

对于气-固流化床而言，床层的高度与流化密度影响压力降，而气速的大小基本上不影响床层的压降，因而我们可以通过测量床层压降的变化来监视流化床的状态，正常状态下，上部床层松密度较下部略小一些；其偏差是有限的。任何时候流化密度的波动都必须引起重视。

63 反应器床层料位过高或过低有何危害？

床层料位过高有以下危害：

（1）夹带树脂量大，易堵塞冷却器、压缩机入口筛网及分布板；

（2）有可能使粉料和催化剂附着在管壁上，导致片的形成；

（3）高料位操作使处理故障余量大大减小，当系统有故障时只能终止反应。

床层料位过低有以下危害：

（1）易使夹带的树脂沉积在扩大段上面得不到冲刷形成结块，落于分布板上，易造成流化不均结块而停车；

（2）时空收率增加，需要有更好的传热效应，容易造成局部热点，形成块。

64 生产过程中控制好产品质量的条件是什么？

生产中控制好产品质量的条件有以下几方面：

（1）在线分析表准确；

(2) 催化剂加料平稳，尽量保证产率平稳；

(3) 提升产率缓慢，尽量保证产率平稳；

(4) 稳定乙烯分压，不要波动大；

(5) T_2、C_4H_8、H_2 进料不要大幅度波动。

65 M-1型催化剂生产树脂时影响熔融指数的因素有哪些？

熔融指数受以下因素影响：

(1) 催化剂本身；

(2) H_2/C_2H_4 比　H_2/C_2H_4 增加，MI增加；

(3) C_4H_8/C_2H_4 比　C_4H_8/C_2H_4 增加，MI增加；

(4) 反应温度　温度升高，MI增加。

66 M-1型催化剂生产树脂时影响密度的因素有哪些？

密度受以下因素影响：

(1) 催化剂本身；

(2) C_4H_8/C_2H_4 比　C_4H/C_2H_4 增加，密度降低；

(3) H_2/C_2H_4 比　H_2/C_2H_4 增加，密度增加；

(4) 反应温度　温度升高，密度降低。

67 反应器下床密度的正常值及低报值是多少？

反应器下床密度的正常值及低报值分别是：正常值 236.1kg/m³，低报值 128kg/m³。

68 正常操作时，如何控制反应器乙烯分压？

按以下方法控制反应器乙烯分压：

(1) 要求较高乙烯分压时，可以通过适当的排放来控制；

(2) 要求较低的乙烯分压时，可以加入较多的惰性气体，如高压氮气等。

69 为什么输送种子床时循环气切断阀必须关闭，并且输送气体必须排净？

当树脂填充时，落入分布板并开始形成树脂的静止床，输送气体必须排净以免在反应器内压力积累，分布板的每个小孔都有金属篷覆盖，以免树脂进入，如果在添装过程中反应器形成压力，则树脂被压入分布板孔内，因金属篷只是以一个固定的静止角支撑树脂，容器内无压时无驱动力，树脂的静止角可防止树脂移动。

70 反应器内戊烷油浓度降低、消耗量增大应从哪几方面进行检查？

反应器内戊烷油浓度降低、消耗量增大应从以下几方面进行检查：

(1) 新老回收量是否正常；

(2) 回收泵是否有排火炬；

(3) 系统是否有异常排放；

(4) 前后部分别检查是否有漏点；

(5) 检查膜回收运行是否正常；

(6) 新老回收压缩机及冰机运行是否正常等。

71 怎样反冲洗调温水换热器？

按以下步骤反冲洗调温水换热器：

(1) 反应将量至25～26t/h；

(2) 将E-4007调温水出口阀按50%、25%、10%、5%的顺序进行关闭，阀每关小一次观察反应变化10min，如状态正常继续关闭，直至调温水出口阀完全关闭；

(3) 与调度沟通后，关闭冷却水入口阀；

(4) 开入口管线上反冲洗手阀，进行反冲洗操作，直至出水变清澈，关闭该阀，然后再重复操作一次，确认已冲洗彻底；

(5) 开冷却水入口阀；

(6) 将将E-4007调温水出口阀按5%、10%、25%、50%、100%的顺序打开，阀每开大一次观察反应变化10min，如状态正常继续打开，直至调温水出口阀完全打开。

72 干火炬罐和湿火炬内部液体分别来自于哪里？怎样处理？

干火炬罐内的液体可能来自回收系统排火炬、反应系统排火炬、其它装置共用火炬排放等，由于罐体有伴热，可通过自身加热将液体蒸发。

湿火炬罐内的液体来自丁烯精制单元和戊烷油精制单元，可能由于安全阀内漏或精馏塔顶部排火炬阀开度较大等原因导致，罐内液体可通过底部导淋接氮气吹扫至火炬管网。

73 停车过程中如何保证循环气压缩机干气密封压差？

停车过程中，将反吹总管由乙烯切为高压净化氮前，先启动氮气压缩机备机，两台氮压机同时运转，再将各支撑管反吹流量降至最低水平（40kg/h），并关闭 F4001-75/97 反吹，然后将反吹切为高压净化氮气，确保干气密封压差维持在 50kPa 以上。

74 如何控制反应器温度？

整个反应器温度检测由 TI4001-26 进行监控，其信号在 DCS 上面有记录和高限报警，并且将信号送入 TICA4002-1. TIR400126 与 TV4001-26A1/A2/B 组成调温水控制回路。正常操作过程中反应温度必须保持在系统树脂的黏结温度以下，同时要保证温度的平稳，主调器为 TI4001-26，以 TICA4002-1 为副调节器组成的多级串级控制，一般每级均可独立完成 AUTO、MAN 方式的调整。当选定温度使用的 PV 值后，TI4001-26 根据偏差输出给 TICA4002-1，经过计算后输出一个值给 TTY4001-26B，来调整冷却水的流量，随着热量的增大，CW 调节阀 TI4001-26 逐渐开大，这样就完成了对 TI4001-26 的控制，完成了温度控制的整个过程。

75 反应器压力是如何控制的？

反应器的压力是通过乙烯进料流量来控制。主调器为 PC4001-94，它只是提供反应器压力的一个设定点，它的输出值赋给 FC4001-1 作为设定值，FC4001-1 将来自 FC4001-1 的经过校正后的压力和设定点进行比较，得出的偏差结果输出给 FC4001-1 作为设定值，FC4001-1 还作为气相中各组分的分压计算的总值，通过气相在线分析仪表得出气相中各组分的体积浓度，然后就可计算得出气相组分的各个分压值，通过各个组分的分压控制，就达到了控制反应器压力的目的。其中 N_2 的作用主要起到调节反应器分压的作用。

76 乙烯流量是如何控制的？

FC4001-1 为流量控制仪表，可以进行 MAN、AUTO、CAS 的控制模式，并有相应的程序联锁机构限制，作为主要的控制参数，要求相关参数必须是稳定准确的，对于压力和温度补偿的监控也是必要的，流量指示不正确对实际流量造成较大的偏差，对反应造成不利的影响。FC4001-1 具有独立的操作性，MAN 方式允许操作员改动 OP 值，PV 和 SP 值只作为显示值，AUTO 方式允许操作员设定目标值 SP 值，然后根据测量的 PV 值进行自动调节，其流量的大小在细目中可以修改其限定值，此时必须保证 PV 值的准确性，CAS 串级方式允许 FC4001-1 与上级调节器 PC4001-94 进行串级控制，其 SP 值不再受操作员控制，而是来自上级调节器的 OP 值，无论哪种方式，其最终结果都是调节调节阀 FC4001-1 的开度来达到控制目的的。另外反吹总管及压缩机缓冲气流量也计算在 FC4001-1 之中。

77 反应温度高主要原因及处理方法是什么？

反应温度高主要原因及处理方法如下：

（1）催化剂注入量偏多，生产负荷过高，超出换热能力　减少催化剂注入量，使温度下降；

（2）循环冷却水中断　反应器注入终止剂、泄压至 500kPa，待冷却水恢复；

（3）循环冷却水温度急剧升高　报告调度，查明原因，如不能快速恢复，减少催化剂注入，降低负荷；

（4）循环冷却水泵停　反应器注入终止剂，迅速降低反应负荷，注意下调温度的设定值，调整反应温度及其它参数使其稳定；

（5）冷却水泵入口过滤器严重堵塞　视情况降低反应负荷，现场及时清理；

（6）冷却水泵发生气蚀　现场排气；

（7）温度探头故障　查明原因，首先自动控制冷却水流量至正常值，重新选择监控温度点；

（8）活性急剧变化　查明原因，减少催化剂注入量，下调温度设定点；

(9) 床层过分升高　出料系统阀位指示正确，反应器料位逐渐升高，出料系统堵塞，程序定时器的机械或电器出故障，料位设定有误差，仪表探头堵塞；

(10) H_2 中断　查明原因，及时恢复，适当降低反应负荷；

(11) 回收冷凝液中断或戊烷油未能及时加入　查明原因迅速恢复，适当降低反应负荷；

(12) 高压 N_2 中断　控制乙烯进料量，迅速恢复供应。

第五章 干燥脱气

第一节 浆 液 法

1 赫斯特工艺装置干燥岗位包括哪几个单元？

干燥岗位包括以下几个单元：

（1）公用工程和冷凝液回收系统　包括蒸汽系统、冷凝液回收系统、氮气分配系统、工业水系统、脱盐水供给、夹套冷却水系统；

（2）离心机进料罐系统；

（3）粉料处理单元　包括浆液的离心分离、母液系统、粉料的流化干燥；

（4）催化剂罐区和催化剂卸载。

2 简述离心机进料罐系统的流程。

离心机进料罐由氮气保护，并且由氮气分程控制压力。当离心机以后设备出现问题时，离心机进料罐起到缓冲罐作用。因此，通常其液位控制较低，它能缓解一定的时间。在离心机进料罐中，在聚合工艺中形成的部分蜡沉积在粉料上，为了使蜡的凝聚最佳，要求一定的停留时间。并且在罐中悬浮液控制一定的温度。

3 浆液离心分离的流程是怎样的？

聚乙烯浆料被送入离心机中，并联连续操作，在离心机中大部分己烷从固体聚乙烯中通过离心力分离出来。

由氮气分程控制控制离心机压力，以避免积聚压力过高。离心机的悬浮液进料管线上设流量控制阀及快速切断阀。无论什么时候粉料分离、粉料干燥和粉料传输部分出现故障它们都会关闭。

离心机对母液的分离效果，主要取决于所使用的催化体系以及由这种催化剂生产的粉料形态。当粉料离开离心机时，每100kg干燥粉料大约含35kg母液。

通过离心机从母液分离出来的HDPE粉料由螺旋传送器送到流化床干燥器。分离出的己烷靠重力流动流向母液收集罐，用母液泵按配方循环回反应器。过量的母液循环回母液收集罐去己烷净化。另外也可以将这些过量的母液回到母液罐（己烷罐区）作为缓冲。

4 简述母液系统的流程。

由离心机分离出的母液收集在母液收集罐中，从洗涤洗塔引出的己烷管线也连在母液收集罐上。母液收集罐液位低时，由来自新鲜己烷罐（己烷罐区）的低压己烷来保持液位的恒定。母液通过母液泵来实现从母液收集罐到反应器的循环。当由于技术上的或者产品质量上的原因而不能将所有母液循环回反应器时，多余的母液被送入到母液罐（己烷罐区）或送至己烷精制单元。

5 流化床干燥器的特点是什么？

流化床干燥器通常是长方形的底部带有金属筛的容器。这个金属筛起到分散热氮气的作用。干燥器通常是双仓型的，以便于能量的充分利用。

HDPE粉料由上部加入干燥器，通常第一室采用后混合模式，第二阶段采用悬塞流模式。干燥粉料通过旁边的旋转加料器离开干燥器。

6 氮气干燥系统流程是怎样的？

在干燥的一级风机的作用下，控制一定温度的干燥氮气离开氮气洗涤塔，循环至氮气加热器。在加热器中氮气流由来自蒸发器（己烷蒸馏部分）的己烷蒸汽加热。高温度的氮气流进入到流化床干燥器底部。湿的高密度聚乙烯粉料由蒸汽热交换器和热的氮气流流化和加热。所附着的己烷蒸汽由氮气带走。氮气通过旋风分离器分离出细小的 HDPE 粉料。这些 HDPE 细粉料由一、二级加料器回收至干燥器内。含有己烷蒸汽的氮气，经旋风分离器至氮气洗涤塔，从氮气洗涤塔再干燥、循环回流化床。

离开干燥器的第二阶段，氮气流通过二级旋风分离器，并且通过二级风机到干燥器第一室。如果需要，可由氮气排放阀释放少部分的氮气。也可以通过氮气加压阀在低压时加入氮气来调整压力。

7 氮气洗涤塔流程是怎样的?

含有氮气的己烷蒸汽在氮气洗涤塔冷却至一定的温度。大部分的己烷蒸汽被冷凝，与氮气分离。塔底液位保持在一定的范围内，大部分的液相己烷通过冲洗塔卸料泵在氮气洗涤塔中保持循环。这些己烷在返回到氮气洗涤塔顶之前先在己烷冷却器冷却至一定的温度，夹套水作为冷却介质。连续冷凝的己烷通过氮气洗涤塔出料泵排出至母液收集罐或母液罐（己烷罐区）。如果冷凝的己烷中含有少量的 HDPE 粉料则己烷可能进入母液收集罐。

8 烷基铝储罐的储存是怎样的?

有两个压力罐分别用于储存用于稀释三乙基铝（TEAL）和异戊二烯基铝（IPRA）的己烷。烷基铝储罐安装有搅拌器。它们只在烷基铝稀释过程中使用。烷基化剂由离心泵送至聚合单元。烷基铝的稀释非常重要。烷基铝卸料线由来自蒸馏己烷罐的己烷冲洗。和进行漏液检查。烷基铝运输器由氮气加压，烷基铝被测量后送入储罐。在烷基铝运输器减压后，烷基铝卸料线由己烷冲洗，以弥补己烷中标准的烷基铝浓度。

催化剂组分 TEAL 和 IPRA 的储罐由氮气保护并且压力由氮气分程控制保持在一定的压力。储罐的液位变化由控制室的液位计及现场的催化剂卸料控制面板监控。考虑到安全操作的原因，运送来的 100%浓度的 TEAL 被稀释到一定的浓度。

9 四氯化钛（TIC）储罐储存流程是怎样的?

四氯化钛储罐设计与 TEAL/IPRA 相同，但没有搅拌器。因为四氯化钛的储存不需要稀释。四氯化钛由屏蔽泵送至聚合区。储罐由氮气保护，并且由氮气分程控制将压力控制在一定压力。储罐液位由控制室的液位计和催化剂卸料现场的控制面板来监控。四氯化钛运输罐被送至卸料架，并且与四氯化钛和己烷和氮气可通用的金属软管卸料臂相连。卸料过程同烷基铝相同，但并不那样重要。因为四氯化钛露置在空气中时不能燃烧。但同潮湿的空气接触会产生氯化氢。因此，卸料过程也必须足够小心。

10 对于 TEAL/IPRA/TIC，如何卸料？

由卸料臂从可移动的烷基铝运输器中卸料。催化剂通过两个单独的氮压集合管送至烷基铝储罐。由流量计控制流量。己烷也用来稀释烷基铝，己烷用于冲洗烷基铝管线。当催化剂达到指定的量时，进料阀即关闭。离开烷基铝储罐的己烷蒸汽在填充阶段由一个气体平衡管送至己烷罐（己烷罐区）。四氯化钛由卸料臂从运输罐上卸载。催化剂由氮气压力输送。含有四氯化钛蒸汽的废气将在卸料过程中被送到废水单元的蒸馏罐。卸料过程可在危险区域外由紧急关闭开关停止。所有主要控制设备、监视器和开关都在催化剂卸料控制面板上。

11 蒸汽系统的流程是怎样的？

装置界区共设三条不同压力等级蒸汽管线。一条压力为 3.3MPa 的高压蒸汽管线、一条压力为 1.3MPa 的中压蒸汽管线和一条压力为 0.4MPa 的低压蒸汽管线。每条蒸汽管线上均设有压力控制阀，

向过热的各压力等级的蒸汽注入来自于冷凝液收集罐的蒸汽凝液以控制蒸汽温度。

来自高压蒸汽罐的冷凝液被送至中压蒸汽罐。并且，中压蒸汽罐的冷凝液被送至低压蒸汽罐。低低压蒸汽从冷凝液收集罐送至粉料干燥床，并且产生压力为 0.05MPa 的低低压蒸汽。脱气后的凝液被送至凝液罐储存。多余凝液由凝液罐送出界回收。

12 冷凝液回收系统的流程是怎样的？

在凝液罐中储存的低压冷凝液可作为低压冷凝液用户的供应源。这些冷凝物由凝液泵加压并送至工厂 LPC 总管或者进一步由高压凝液泵加压，作为高、中、低压蒸汽生产的过热物质。由自动

调节阀控制冷凝储罐的液位。过多的冷凝液在通过液位控制阀后被送至界区。

13 简述氮气分配系统是怎样的？

HDPE 装置有三种压力等级的氮气。界区氮气分别为 1.3MPa 的高压氮气和 0.8MPa 的中压氮气，其中一部分中压氮气由压力控制阀减至 0.35MPa，主要用于压力等级较低的储罐及粉料输送系统。高压氮气主要用于装置的软管站，并没有实际意义上的用户。

14 在工艺管道及仪表流程图中，下列英文字母代表哪些物料？

下列英文字母代表的物料是：TEAL 代表三乙基铝；CAT 代表催化剂；ETY 代表乙烯；HX 代表已烷；PES 代表聚乙烯悬浮液。

15 装置使用的换热器中用于加热和冷却的介质有哪些？

加热介质有中压蒸汽、低压蒸汽、电加热、工艺物料。

冷却介质有丙烯、冷已烷、夹套水、冷却水、工艺物料。

16 蜡的沉淀不足对系统有什么影响？

会导致母液系统中蜡的含量高。这就使供给到聚合部分的母液量减少，这就会使活化剂和蜡损失。

17 列出干燥岗位带自启的设备有哪些？

干燥岗位带自启的设备有：母液泵、已烷循环泵、凝液泵、高压凝液泵。

18 凝液泵盘车的目的是什么？每次规定的盘车角度？盘车的标志是什么？

目的：防止轴弯曲、防冻凝，确保机泵处于良好的备用状态。

角度：每次盘车旋转 180°，如遇到月末 31 日，则盘车 360°。

标志：单日红色标志朝上，双日白色标志朝上。

19 母液收集罐作用是什么？

该罐用来收集从离心机分离出来的母液，然后送回反应器和已烷精制系统。

20 冷却水系统流程是怎样的？

界区外来的冷却水（0.45MPa，30℃）通过 8 台板式热交换器，与一个密闭的夹套水系统换热后，水温达到大约 40℃，再返回界区外的供排水装置。

21 夹套冷却水系统流程是怎样的？

密闭的夹套水系统用来给界区内的换热器进行换热，系统由界区外来的除盐水充满。夹套水系统通过 8 台板式换热器，与来自供排水装置的冷却水换热，被冷却至 32℃以满足装置内的用户使用。夹套水的回水温度约为 42℃。

22 高密度聚乙烯装置的氮气用途有哪些？

（1）给储罐等设备补压，使储罐处于氮气氛围下，使之与空气隔离；

（2）用于输送粉料；

（3）用于吸附塔再生；

（4）用于粉料干燥床的流化、干燥；

（5）用于粉料处理仓的脱挥发分。

23 在离心机启动期间由于过大的功率消耗而联锁停机产生的原因和排除方法是什么？

原因是轴向路径上有附着固体。排除方法为彻底清洗固体排出轴向路经。

24 经过离心机后，聚乙烯湿度大约为多少？经过流化床干燥器后粉料中己烷含量是多少？

经过离心机后，聚乙烯湿度大约为 35%（质量分数）；经过流化床干燥器后粉料中己烷含量约为 1%（质量分数）。

25 如何对沉降离心机进行盘车？

对沉降离心机进行盘车的步骤如下：

（1）准备专用盘车杆；

（2）拉开盘车挡门；

（3）将盘车杆杆头固定，压入楔口；

（4）按顺时针方向盘车180度。

26 离心机进料罐的作用是什么？

离心机进料罐的作用是液相中部分蜡析出，降低总单体单耗；它也可作为一个缓冲的下游设备。

27 流化干燥床的氮气回路流程是怎样的？

一级风机→循环氮气加热器→干燥床二腔→二腔旋风分离器→二级风机→干燥床一腔→一腔旋风分离器→氮气洗涤塔→一级风机。

28 装置内设有排水系统有哪些？

具体包括：生活污水（9号线）、雨水排水（10号线）、含油雨排水（11a号线）、生产污水排水（11号线）系统。

29 排放气冷凝器与离心机进料罐之间的鹅颈的作用是什么？

鹅颈的作用是防止排放气冷凝器与离心机进料罐之间连通，保证离心机进料罐内有一定的压力。

30 高密度聚乙烯装置公用工程有哪些？

工艺所需的公用工程有：冷却水、脱盐水、消防水、工厂风、仪表风、氮气、各压力等级的蒸汽、饮用水和电。

31 高密度聚乙烯装置内蒸汽的用途各是什么？

3.30MPa蒸汽：挤出加热过低时充压。

1.20MPa蒸汽：己烷蒸馏和聚合反应部分。

0.40MPa蒸汽：用于丁烯回收部分和其它伴热。

0.01MPa蒸汽：用于干燥器内干燥聚合物。

32 固体流态化的特点有哪些？

（1）气体和固体细粒混合湍动激烈、相互之间接触充分，有利于传热和传质速率地进行。

（2）流化床内温度比较均匀，减少局部过热现象。

（3）流态化床内装有换热器时，其传热系数较大。

（4）生产可实现连续化、大型化和自动化。

（5）固体颗粒易破碎，增加了粉尘的带出量和回收系统的负担。

33 夹套水系统换热器的优缺点有哪些？

夹套水系统换热器是一种结构紧凑、高效新型的板式换热器。

优点：传热效率高、轻巧紧凑、单位体积传热面积大、操作温度及压力范围广。

缺点：流道狭小、阻力损失较大、易堵塞、要求物料清洁不易成垢、加工制漏后难修复。

34 氮气加热器的传热过程是怎样的？

氮气加热器中冷热两股流体被管壁分开，热量首先以对流传热方式将热量传给管壁一侧，在以传导方式将热量传给管壁另一侧，最后热量被以传导方式传给冷流体。

35 怎样防止凝液泵的气蚀和气缚？

消除气蚀：选择正确的安装高度，是泵的叶片入口附近的最低压强必须大于输送温度下液体的饱和蒸气压。

消除气缚：离心泵启动前必须灌满泵并排气，吸入管端应装上止逆阀。

36 凝液泵气蚀是怎样造成的？有何危害？

当泵的入口处压强小于液体饱和蒸气压时液体就会在泵入口处沸腾，产生大量气泡冲击叶轮、泵壳。泵体发生震动和不正常噪声，甚至使叶轮脱落、开裂而损坏。这就是气蚀现象。此时泵的流量、扬程、效率都会急剧下降。

37 离心机进料罐进行空气吹扫应具备的条件是什么？

（1）保证提供合格的压缩空气（无油、无尘）；

（2）系统配管安装完毕，并经核对正确；

（3）吹扫用的盲板，临时短管按要求准备完毕；

（4）吹扫工具和安全用品准备完毕；

（5）建立吹扫组织机构。

38 如何对离心机进料罐进行气密？

离心机进料罐进行气密的步骤如下：

（1）用工厂风或低压氮气将离心机进料罐充压至 0.2MPa。

（2）对离心机进料罐进行初步气密。

（3）把离心机进料罐升压至 0.35MPa。观察压降值，并利用肥皂水对反应器所属管线、人孔、法兰进行检查，21h 后，压降如小于 0.06MPa，可视为正常。

（4）合格后经排大气阀放空。

39 在用安全阀起跳后如何处理？

（1）根据工艺情况及时调整各参数；

（2）正常后将安全阀隔离；

（3）打盲板后拆除，做好安全工作；

（4）重新校验、定压、打铅封、出具合格报告；

（5）装上后重新投用。

40 流化床中不正常的现象有哪两种？

一是腾涌现象，二是沟流现象。

41 如何正确使用夹套水泵？

使用夹套水泵应注意以下几点：

（1）开泵前注润滑油，关出口阀、灌泵排汽、盘车检查；

（2）启动泵后，压力变化是否达到规定值，缓慢开大出口阀，使压力平稳；

（3）经常检查填料函和轴承温度，防止磨损和轴承烧坏；

（4）泵内无液体切不可运转，更不能反转；

（5）出口阀关闭后，泵运转不能太长；

（6）在冬季停泵后，应放净液体，或打开出口单向阀跨线，防止将泵体冻裂或冻结。

42 夹套水泵振动、噪声大的原因及处理方法是什么？

夹套水泵振动、噪声大的原因及处理方法如下：

(1) 轴弯曲变形或联轴器错口　调直或更换轴；

(2) 叶轮磨损失去平衡　更换新叶轮；

(3) 叶轮与泵壳发生摩擦　拆开调整；

(4) 轴承间隙过大　检修调整；

(5) 泵壳内有气体　检查漏气并处理。

43 凝液泵流量不足的原因及处理方法是什么？

凝液泵流量不足的原因及处理方法如下：

(1) 罐内液面低　提高罐液位到正常值；

(2) 密封漏气　压紧填料；

(3) 进出口管线或阀门堵　检查清理；

(4) 叶轮磨或腐蚀　换叶轮；

(5) 泵转速低　调转速；

(6) 口环密封磨损　更换密封；

(7) 凝液温度高　给凝液降温。

44 氮气加热器换热效果差的原因及处理方法是什么？

氮气加热器换热效果差的原因及处理方法如下：

(1) 列管结疤和堵塞　清管子；

(2) 壳体内不凝气体或凝液增多　排放不凝气或冷凝液；

(3) 管路内或阀门有堵塞　检查清理管路或阀门。

45 干燥岗位防冻的基本方法有哪些？

(1) 流动法：保持管线或设备内的介质不停地流动，防止介质结冰或凝固。

(2) 加热法：利用热源给管线或设备内介质加热，使其保持一定温度。

(3) 排空法：把管线或设备内介质排空。

46 氮气加热器内管破裂的原因有哪些？

氮气加热器内管破裂的原因如下：

（1）腐蚀减薄造成管子强度降低；

（2）己烷及氮气的冲刷；

（3）操作失误，超温超压运行；

（4）过热、鼓泡变形直至破裂；

（5）管材内部存在缺陷。

47 干燥床使用氮气应注意什么问题？

使用 N_2 时，必须加强连接设备的 N_2 管理，防止 N_2 窜入正在进入检修的设备内，发生氮气窒息事故。一般情况下，不允许氮气管线与物料管线固定相连，多采用胶管临时连接，用完即卸下。

48 简述离心机启动主要操作及确认步骤有哪些？

（1）盘车；

（2）检查油位等是否正常；

（3）送电；

（4）打开己烷冲洗阀门，氮气阀门并调整流量在较在于中间值；

（5）打开液相、固相出口阀门；

（6）手动启动油泵，确认正常后停油泵；

（7）自动启动离心机；

（8）确认离心机运行正常后打开入口阀门进料。

49 干燥岗位防触电的措施有哪些？

（1）提高电气设备的完好状态，加强绝缘；

（2）提高电气工程质量；

（3）建立健全的规章制度；

（4）全面应用漏电保护装置；

（5）树立“安全第一”的自我保护意识，工作严肃认真；

（6）保护接地和接零。

50 冬季操作时，干燥岗位设备的防护规则是什么？

（1）设法放净设备内不需要的死水；

（2）不能放净的水要保证在设备内成流动状态；

(3) 对易冻、易凝介质要采取加伴热或加防冻线等措施。

51 如何切换母液泵?

切换母液泵的主要步骤如下:

(1) 做好开备用泵的准备工作，如盘车，送电，开入口阀灌泵;

(2) 启动备用泵，等压力、电流、流量等参数正常后缓慢打开出口手阀，同时，缓慢关闭被切换泵的出口阀，直到被切换泵的出口阀完全关死;

(3) 尽量减少因切换泵而引起的流量等参数的波动。

52 正常生产时，简述离心机进料罐泵出口压力低应如何处理?

离心机进料罐泵出口压力低应按以下步骤处理:

(1) 关闭离心机进料泵的出口阀门;

(2) 停离心机进料泵;

(3) 微开离心机进料泵的出口阀门，使电机倒转;

(4) 关闭离心机进料泵的出口阀门;

(5) 启动离心机进料泵;

(6) 恢复离心机进料。

53 离心机轴温高的原因及处理方法有哪些?

离心机轴温高的原因及处理方法如下:

(1) 轴承缺油或磨损严重　加油或换轴;

(2) 轴的中心线偏移　调整轴承。

54 离心机进料泵电流高的原因及处理方法有哪些?

离心机进料泵电流高的原因及处理方法如下:

(1) 浆液的组成变化大　检查反应器各种原料进料是否正常，如果有异常，进行调整;

(2) 轴向窜动大，叶轮与泵壳和密封摩擦　轴向窜动大，叶轮与泵壳和密封摩擦;调整轴的窜动;

(3) 填料压盖过紧　松螺母;

(4) 处理量过高　降低物料流量。

55 排放气换热器管束渗漏的原因及处理方法有哪些?

排放气换热器管束渗漏的原因及处理方法如下：

(1) 管子被折流板磨破　堵管或换管；

(2) 壳体和管束温差大　补胀或焊接；

(3) 管口腐蚀或胀接质量差　补胀或换管。

56 母液泵出口阀填料函泄漏的原因及处理方法有哪些?

母液泵出口阀填料函泄漏的原因及处理方法如下：

(1) 填料装的不严密　重新装填；

(2) 填料老化或规格不对　更换填料；

(3) 压盖未压紧　均匀压紧；

(4) 阀杆磨损或腐蚀　更换阀杆。

57 稀释剂在反应系统中起什么作用? 它的沸程为多少? 聚合后的悬浮液中稀释剂是如何脱去的?

稀释剂在反应系统中作为溶剂，起到分散、传热、输送的作用，沸程 66～76℃，聚合后的悬浮液先经离心机和干燥床，除去大部分己烷。

58 夹套水泵冬季备用时如何防冻?

由于其进出口水阀很难完全关闭，故常采用微开小循环，打开单向阀旁路手阀形成循环，循环量以泵叶轮不转动为宜，外操巡检时，按时检查泵体及平衡管的温度，发现异常，及时处理，并经常盘车。

59 循环水泵突然停止，如何处理?

循环水泵突然停止，按如下步骤处理：

(1) 确认泵停运；

(2) 外操立即在现场启动一次，若是泵故障，立即启动备用泵；

(3) 内操可手动关小乙烯进料，增加出料量，增加己烷量，缓解温度上升；

(4) 如果水泵启动不起来，终止反应，装置全线停车。

60 何为停留时间？与什么有关？

因床层体积一定，故停留时间与流化松密度成正比，与产率成反比。

$$停留时间=\frac{床层体积\times流化松密度}{产率}$$

61 影响干燥的因素有哪些？

影响干燥的因素有：湿物料的性质和形状；物料本身的温度；物料的湿含量；干燥介质的温度和湿度；干燥介质的流速以及与湿物料接触方式；干燥器的结构。

62 干燥器出口联锁停车条件是什么？

干燥器出口联锁停车条件是：输送 N_2 压力高高报、输送 N_2 压力低低报、风送-1 下料器低转速、氮气循环风机停、氮气压缩机停。

63 流化床干燥器加热管堵，如何处理？

调整干燥床底部氮气腔阀门的开度，即减少同一腔下方其它腔阀门的开度，增加氮气流量。

64 流化床床层压差过高或过低有何危害？

流化床床层压差过高，粉末夹带增多，堵塞旋风分离器和洗涤塔的危险程度增加；流化床床层压差过低，粉料在干燥床内停留时间缩短，出口挥发分增高，易造成产品质量不合格。

65 对流化床干燥器进行清理前准备工作有哪些？

（1）停车后确定粉料多少，洗涤塔退己烷，系统泄压，停风机。

（2）确定干燥器无压力后，操作人员对工艺管线进行打盲板，隔离氮气等。

（3）安全人员测试烃含量及氧量，合格后，据规章开出作业证。

（4）启动一腔旋风分离器下料器、二腔旋风分离器下料器、一级风机、一级风机进行流动置换，置换合格后，拆除加热板，进行空气置换合格后。

（5）在监护人监护下，检修人员劳保穿戴整齐，进入干燥床内作业。

66 流化干燥器特点有哪些？

在流化床内由于颗粒分散作不规则运动，造成了气固两相的良好接触，加速了传热传质的速度，床内温度均匀，便于准确控制，能避免局部过热。

67 离心机进料罐的高压、高液位联锁动作有哪些？

搅伴器电机停、搅拌器低转速会使离心机进料罐顶两个高液位探头触发联锁，也会使离心机进料罐两个压力变送器触发联锁。

68 离心机进料罐搅拌电机停有什么动作？

离心机进料罐搅拌电机停会有以下动作：关闭离心机进料罐物料入口切断阀；关闭后反出口调节阀；关闭反应器退料线切断阀；关闭后反压力调节阀；关闭排放气冷凝器入口切断阀。

69 离心机停车联锁条件是什么？

离心机停车联锁条件是：油泵停、低润滑油流量、低润滑油流量、轴承温度高、轴承温度高、高扭矩、传动装置过载、高振动、低转速、高电流、润滑油油压低、联轴节检测温度高。

70 离心机停进料联锁条件是什么？

离心机停进料联锁条件是：离心机停、螺旋输送器低转速、母液罐高液位、流化干燥器紧急停车。

71 干燥器紧急停车条件是什么？

干燥器紧急停车条件是：干燥 N_2 一级风机停、干燥 N_2 二风机停、干燥 N_2 流量低、干燥器旋风分离器旋转加料器（第一级）低转速、干燥器旋风分离器旋转加料器（第二级）低转速、干燥器出口旋转加料器低转速、振动筛停、氮气洗涤塔压力低低报、氮气洗涤塔温度高高报、干燥器两个仓之间压差高高报、去氮气洗涤塔冷已烷流量低报、氮气洗涤塔压差高报、干燥器温度高高报。

72 风送-1停车，干燥床停哪些设备？

停干燥床出口下料器；停振动筛。

73 凝液泵不上量的原因及处理方法有哪些？

凝液泵不上量的原因及处理方法如下：

（1）泵在启动时未充满液体　重新灌泵；

（2）泵内有气体　停泵排气；

（3）入口过滤器堵塞　停泵、清过滤器；

（4）抽空　提高吸入罐液位；

（5）吸入压力过低　提高吸入罐压力；

（6）机械故障　停泵、检修。

74 离心泵有哪些部件？

离心泵包括转子、泵壳、密封装置、冷却装置、平衡装置（轴向力平衡装置）、轴承、机架（电机、联轴器）。

75 离心机启动前应检查的工作有哪些？

（1）检查润滑油系统是否有问题，确保油质油位正常。

（2）检查电机是否送电。

（3）带有冷却装置或密封液系统，检查是否好用并保持畅通。

（4）检查出口压力表是否好用。

（5）检查盘车情况是否有卡阻现象（灌泵是否充分、排气是否合格）。

（6）检查出入口阀所处状态，入口阀全开，出口阀全关。

76 干燥床温度高高报动作是什么？

干燥床温度高高报动作是：停离心机进料；停干燥床出口阀及氮气密封压力控制阀；关干燥床内加热器蒸汽切断阀；停风送-1下料器及氮气密封压力控制阀。

77 进入离心机前后的物料组成如何？

进入离心机前物料是含有22%～28%（质量分数）HDPE粉料的粉料悬浮液，离开离心机后物料是每100kg干燥粉料大约含35kg母液。

78 流化床干燥器粉料的掺混方式是什么？

通常第一室采用返混模式，第二阶段采用柱塞流模式。

79 什么原因造成干燥床循环氮气停？

氮气洗涤塔压力低低报、干燥器循环风机电机停会造成干燥床循环氮气停。

80 流化床干燥器主要功能是什么？

流化床干燥器用于干燥HDPE粉料。这个过程是通过热N_2与湿粉料产品相接，使已烷从产品中蒸发出来的过程，由嵌入式蒸汽加热板绕组提供热量。容器有两部分组成，每部分都有一个低气增压室，多层孔板（格栅）来均匀分布气体，一个上部发泡区域，热气体和粉料充分接触。第一部分以后混式运作，即所有的粉料都作为一个单区混合；在这里大部分的已烷被除掉了。第二部分在发泡区域有槽状板可以把固体流导成活塞流；来减少后部混合，这样干燥效率能更好。热N_2及嵌入发泡区域的蒸汽加热板绕细来提供热源。湿粉从螺旋输送器的排放处进入第一室，从第一室流过一个阀门进入第二室，然后从第二室流过溢流堰进入干燥床旋转加料器，它是用作气体锁定的。从第二级出来的粉料，其残留已烷的质量分数为1%。

81 循环氮气加热器作用是什么？

循环氮气加热器的作用是加热从氮气洗涤塔顶出来的冷N_2至一定温度，便于干燥器二腔中使用，从蒸馏工段出来的热已烷提供了热介质。

82 氮气洗涤塔已烷冷却器作用是什么？

氮气洗涤塔已烷冷却器的作用是将氮气洗涤塔回流已烷冷却至

一定值，以便除去循环 N_2 中的己烷。这是一个板式换热器。

83 干燥器旋风分离器旋转加料器（第一级）作用是什么？

干燥器旋风分离器旋转加料器（第一级）为一级旋风分离器，其作用是提供必要的气密封，把收集的细粉送回到干燥器干燥床二腔内，其 HDPE 粉料的处理能力是 4000kg/h。

84 干燥器旋风分离器旋转加料器（第二级）作用是什么？

干燥器旋风分离器旋转加料器（第二级）为二级旋风分离器，其作用是提供必要的气密封，把收集的细粉送回到干燥器二腔出料口。

85 一级、二级旋风分离器的作用是什么？

一级旋风分离器的作用是分离干燥床一腔出来的循环氮气中夹带的细粉。

二级旋风分离器的作用是分离干燥床二腔出来的循环氮气中夹带的细粉。

86 氮气洗涤塔作用是什么？

氮气洗涤塔的作用是冷凝并除去来自干燥器的 N_2 夹带的己烷。并除去通过旋风分离器细粉中的 N_2。从干燥器来的 N_2 进入塔底向上流过塔盘，与穿过塔盘的冷却的己烷液体相对流，使气体冷却，让己烷气冷凝，除去己烷中细粉，冷却下来的含有少量己烷的气体从塔顶出来，又被加热循环到干燥气。液体相从塔底出来，经冷却器泵到塔顶循环；有一股液流用来除去粉料及过量的己烷。

87 己烷循环泵作用是什么？

己烷循环泵的作用是把己烷从氮气洗涤塔底经换热器到洗涤塔循环，提供洗涤/冷凝液体。

88 催化剂罐区储存什么物料？它们的浓度是多少？

催化剂罐区有三乙基铝储罐、四氯化钛储罐和异戊二烯基铝储罐。三乙基铝（TEAL）浓度为 10%，四氯化钛（$TiCl_4$）浓度为

100%，异戊二烯基铝（IPRA）浓度为20%。

89 三乙基铝储罐高液位有什么动作？

三乙基铝储罐高液位会关闭批量控制器阀门、补己烷切断阀、三乙基铝卸料阀、中压氮气调节阀。

90 四氯化钛储罐高液位有什么动作？

四氯化钛储罐高液位会关闭四氯化钛卸料阀和中压氮气调节阀。

91 三乙基铝泵有什么保护？

三乙基铝泵的保护有：吸入端抽空、电机温度高。

92 催化剂罐区有几个紧急停车按钮？按紧急停车按钮后的动作是什么？

催化剂罐区有2个紧急停车按钮，按紧急停车按钮后会关闭以下阀门：三乙基铝和四氯化钛的卸料阀；补己烷切断阀；中压氮气调节阀；三乙基铝和四氯化钛的卸压阀。

93 低低压蒸汽罐温度高高报联锁值及动作是什么？

温度高高报联锁值是118℃。温度高高报动作是：关闭凝液阀、关闭蒸汽阀。

94 母液收集罐采样点的分析项目及频次如何？

分析项目是母液罐中的母液活化剂和蜡的浓度；频次为每12h 1次。

95 振动筛采样点的分析项目及频次如何？

分析项目是熔融指数、密度、堆积密度、粒子尺寸和挥发分；分析间隔时间分别是4h、12h、8h、12h和8h。

96 怎样进行振动筛软开关的操作？

干燥器出口旋转加料器联锁停车后，操作如下：

（1）干燥器出口旋转加料器软开头打到ON位；PV=1；

(2) 现场启动干燥器出口旋转加料器；

(3) 干燥器出口旋转加料器运转正常，IS20301 投用后；

(4) 干燥器出口旋转加料器软开头打到 OFF 位；PV=0。

97 怎样进行氮气洗涤塔补液操作？

氮气洗涤塔补液操作可分为自动和手动操作。

(1) 自动填充：高、低液位开关均打到“OFF”位，系统根据液位情况自动填充，液位低报，开阀填充；液位高报，关填充阀；

(2) 手动填充：高液位开关打到“ON”位，低液位开关打到“OFF”位，开阀填充。低液位开关打到“ON”位，则关填充阀。

98 粉料振动筛作用是什么？

粉料振动筛的作用是除去从干燥器出来的产品中大粒的物质及絮状物料，粉料通过振动筛到风送-1 系统，大粒径的物料由 10 目振动筛分离到缓冲罐。

99 粉料振动筛下游的缓冲罐作用是什么？

储存振动筛分离出来的大粒径粉料及絮状物料，罐的容积为 0.25m^3、120℃设计值，0.5bar (0.05MPa)。

100 粉料干燥及输送、储藏系统共有几个氮气循环回路？

有 5 个回路，分别是：流化床氮气干燥回路、粉料处理仓氮气回路、膜回收氮气回路、氮气去粉料粉料输送回路、C-2402 氮气输送风机回路。

101 如何冲洗离心机？

冲洗离心机的步骤如下：

(1) 调整其它离心机的进料；

(2) 干燥床二腔的温度调整；

(3) 缓慢关闭其它离心机的进料；

(4) 缓慢打开离心机的冲洗己烷阀门，冲洗时间为 7～8min；

(5) 缓慢关闭离心机的冲洗己烷阀门；

(6) 缓慢恢复离心机的进料；

（7）缓慢其它离心机的进料；

（8）调整干燥床二腔的温度至正常；

（9）调整缓冲罐液位。

102 催化剂卸料及罐区岗位在生产过程所处的地位和作用如何？

该岗位将活化剂及四氯化钛卸入罐区并将活化剂配制成合格的溶液，保证聚合反应岗位连续性的使用、催化剂配制岗位使用。

103 正常生产时，若发现干燥床一腔温度降低速度较快，其原因可能有哪些？

原因可能有以下几点：进料量过大；蒸汽切断阀突然关闭；疏水器坏，加热板内有液，蒸汽不加热；仪表故障；低低蒸汽罐压力低。

104 如何进行氮气洗涤塔排液？

氮气洗涤塔排液步骤如下：

（1）通知回收岗位将蒸馏罐内的压力降至10kPa以下；

（2）打开蒸馏罐的氮气洗涤塔管线的入口阀；

（3）打开氮气洗涤塔底部排液阀，从视镜观察，把白色浆液放净；

（4）关闭氮气洗涤塔底部排液阀；

（5）在排料管线的倒淋接低压氮气管线；

（6）打开倒淋阀门；

（7）打开低压氮气阀门，吹扫管线内的浆液排入蒸馏罐内；

（8）低压氮气阀门，吹扫管线内的浆液排入蒸馏罐内；

（9）关闭倒淋阀门；

（10）关闭低压氮气阀门；

（11）将低压氮气胶管卸下。

105 振动筛缓冲罐排料多如何处理？

（1）打开振动筛跨线阀门，振动筛缓冲罐不再进行排料操作；

（2）加强对振动筛巡回检查，每1h对振动筛内的物料情况进行观察，如果发现异常及时通知相关人员。

106 如何投用循环氮气加热器？

投用循环氮气加热器的步骤如下：

(1) 打开循环氮气加热器疏水器前后阀门；
(2) 打开循环氮气加热器不凝气体阀门；
(3) 关闭循环氮气加热器疏水器跨线阀门；
(4) 稍开循环氮气加热器已烷入口阀门；
(5) 循环氮气加热器出口温度升高；
(6) 加强对循环氮气加热器巡回检查，已烷系统无水击，1～2h后打开循环氮气加热器已烷入口阀门。

107 氮气洗涤塔塔顶点发生溢流的现象和处理方法是什么?

塔板压力快速升高，达到60～70mbar（6～7kPa）左右。立即关闭已烷循环泵出口调节阀并且打开切断阀。压力将非常快的下降。一旦到达15～30mbar（1.5～3kPa，大约2min后），颠倒上面阀的关闭顺序。

108 循环氮气鼓风机第一级和第二级的作用是什么?

循环氮气鼓风机（第一级）的作用压缩从旋风分离器气体出口出来到流化床干燥器一腔增压室的N_2。

循环氮气鼓风机（第二级）的作用压缩从氮气洗涤塔出来的、经加热器到流化床干燥器二腔增压的N_2。

第二节 气 相 法

1 树脂在脱气单元流程是怎样的?

从排料系统来的树脂中溶有乙烯、丁烯等烃类。树脂在脱气仓中需停留一定时间以保证脱气效果，停留时间由旋转加料器的转速控制一定的脱气仓料位来实现。树脂经控制阀及破块器，其中的片状、块状树脂可由破块器破碎，再经振动筛脱除，粉料树脂则继续下行经重量加料器后进入造粒混炼机。

脱气仓设有低料位报警开关，防止树脂快速离开脱气仓，并且脱气仓设置一料位旁通控制开关，用于允许排空脱气仓，排空之前也必须对树脂做最小停留时间以上的吹扫，脱气仓正常料位应控制在10%～20%，冷凝操作时将料位提升至40%～80%。

2 氮气在脱气仓的作用有哪些？

脱气仓内有三个锥体，顶部净化氮气由最上面的圆锥体底下引入，由调节阀控制流量为150～160kg/h，其主要作用是吹除树脂中溶解的烃类气体，进入冷凝操作时可提高流量至200kg/h或更高，具体值应根据离开脱气仓树脂中的烃含量或测爆结果设定。

底部的锥体引入一股净化氮气和低压蒸汽的混合物，为防止蒸汽冷凝，在氮气与蒸汽混合前需将氮气经加热器加热至70～90℃。蒸汽可以水解树脂中的助催化剂三乙基铝，以达到除味的目的。这股物流由脱气仓中间的锥体底部采出，经产品脱气仓过滤器直接排火炬，为保证蒸汽不进入回收系统，经采出的流量应大于蒸汽和热氮气的流量之和。蒸汽流量由调节阀控制在1～4kg/h，热氮气流量由调节阀控制为10～16kg/h（冷凝操作更高），侧线采出由调节阀控制在100～120kg/h。脱气仓最底部的缩径处还有一股氮气引入，由排放调节阀控制流量在60～80kg/h左右，主要起流化和吹扫作用。脱气仓压力由回收压缩机进行负荷控制，多余排放气可由调节阀控制的排火炬量来控制在15～35kPa之间。

吹扫氮气与脱除的轻烃混合物经脱气仓顶部的过滤器再由排放气回收压缩机入口保护过滤器过滤细粉，进入回收单元。

3 脱气单元主要作用是什么？

脱气回收单元主要作用是脱除来自反应器的树脂中所含的轻烃（主要是乙烯、共聚单体丁烯或己烯和制冷剂异戊烷），并回收其中的丁烯和异戊烷送回反应；水解树脂中的助催化剂（三乙基铝）；为产品出料系统提供输送气；为造粒提供一定的缓冲。

4 脱气仓水解蒸汽作用是什么？

脱气仓水解蒸汽的作用是水解树脂中夹带的三乙基铝，避免三乙基铝随粉料进入下游管线或设备，与空气或水接触并反应，可能带来安全和产品质量问题。

5 脱气仓的脱气原理是什么？

脱气仓为一立式圆柱形容器，并由上至下直径缩小，可以提高树脂靠重力向下运动的速度，氮气则以较低的流速由下向上与树脂逆流反吹，带走吸附在树脂中的烃类，这是在较低的10～20kPa的操作压力和70～90℃的温度下进行的，从而使离开脱气仓的树脂的烃含量由进入脱气仓时的3000～4000μL/L降至40μL/L以下。

6 树脂在脱气仓中运动方式是什么？

树脂顺脱气仓流下，基本没有返混，而氮气则自下而上流过树脂。当树脂流动到脱气仓底部时，已脱除了其中溶解和夹带的烃，这样便满足了安全和环境保护的所有要求。

7 脱气仓压力高的影响是什么？

脱气仓压力越高，烃类的溶解越大，脱气越困难。

8 影响脱气效果的因素有哪几个？它们是怎样影响的？

影响脱气效果的有以下几个因素：

（1）脱气仓压力　压力越高，烃类的溶解度越大，脱气越困难；

（2）脱气仓树脂温度　树脂温度高，溶解度下降，有利于树脂脱气；

（3）反吹氮气的流量　过低时脱气效果差，但也不能太高，否则造成树脂返混，也不利于脱气；

（4）床层高度　决定了树脂在脱气仓内的停留时间，如床层过低，脱气效果差。

9 为什么脱气仓吹扫氮气流量有两个设定值？

因为参与反应的共聚单体有两种——丁烯和己烯，己烯在树脂中吸附的量较大，而且较难脱除；需要较大的反吹量，丁烯则较易脱除，因此设定两个吹扫量。

10 脱气仓为何设低料位报警联锁？

料位过低，树脂在脱气仓中停留时间短，脱气效果差，树脂中烃含量高，与空气接触有形成爆炸性混合物的可能。

11 脱气仓为何设两个低料位报警?

一个用于己烯产品的低料位控制，另外一个是用丁烯产品的低料位控制。料位高有利于脱除共聚单体，己烯较丁烯难控制，故设有两个低料位报警。

12 脱气仓为何设侧线排放?

脱气仓下部有水解树脂中三乙基铝的低压蒸汽，为防止蒸汽从脱气仓顶部进入回收单元，所以设有侧线排放，侧线排放量应大于水解氮气和蒸汽量之和。

13 水解氮气为什么要用换热器加热?

水解氮气要用换热器加热的理由如下：

(1) 防止氮气与蒸汽混合时，蒸汽冷凝，不利于蒸汽在树脂中的分布；

(2) 有利于树脂脱气。

14 造成老脱气仓压力高的原因有哪些?

(1) 老回收压缩机故障停或反应排气过于频繁；

(2) 老脱气仓过滤器堵；

(3) 老脱气仓顶部过滤器反吹电磁阀出现故障造成反吹气不断进入脱气仓内；

(4) 老脱气仓侧线排放过滤器或出口 Y 型过滤器堵，造成排火炬流量减小；

(5) 入老回收过滤器堵塞或回收压缩机入口过滤器堵塞。

15 影响脱气仓料位的因素有哪些?

(1) 反应产率过高或排料系统故障，导致脱气仓进料多，造成脱气仓料位高；

(2) 造粒满负荷，但因反应排料时间配置不合理，造成排入脱气仓的粉料，超过造粒能力；

(3) 切断阀处粉料架桥，无法正常下料。造成料位高；

(4) 破块器堵或粉料包装线堵，造成料位逐渐升高；

（5）振动筛网眼堵塞，造成下料系统异常，严重时造粒被迫停车，脱气仓料位上涨；

（6）下料称堆料、流量下降、突然停机。造成下料系统故障，造粒被迫停车，脱气仓料位上涨。

16 处理脱气仓侧线排放过滤器堵的步骤有哪些？

（1）关闭脱气仓进侧线排放罐球阀，关闭手阀，关闭侧线排放罐出口去火炬最后一道阀。现场使用侧线排放罐出口去火炬最后一道阀前导淋泄压，保证侧线排放罐过滤器氮气反吹开关阀运行，使用此氮气置换侧线排放罐出口管线。

（2）现场准备 2 瓶干粉灭火器，打开 Y 型过滤器导淋，使用工具拆开 Y 型过滤器法兰，侧线排放罐过滤器氮气反吹不停，保证系统内有微正压（即有气流外排）。取出过滤网移至室外，使用钢刷清理干净。回装过滤器，使用侧线排放罐过滤器氮气反吹升压至 50kPa，气密。使用侧线排放罐过滤器氮气反吹置换侧线排放罐出口管线，在侧线排放罐出口去火炬最后一道阀前导淋排气。

（3）在侧线排放罐出口去火炬最后一道阀前导淋测氧分析低于 0.2%合格，打开脱气仓进侧线排放罐球阀，打开阀（恢复停前阀输出），打开侧线排放罐出口去火炬最后一道阀，系统投用。

17 脱气仓排火炬流量是如何控制的？

当脱气仓压力在 86.2kPa 以下时，调节阀受压力指示的控制，当压力达到 86.2kPa，调节阀自动全开，不受设定控制，直至压力降至 69kPa，调节阀开始受分程控制。

当压力达到 103.4kPa，且紧急排放阀处于“AUTO”位，则开关阀自动开，压力降至 103.4kPa 以下时再自动关。

18 脱气仓侧线排放过滤器的作用与原理是什么？

脱气仓底部的锥体引入一股净化氮气和低压蒸汽的混合物，为防止蒸汽冷凝，在氮气与蒸汽混合前需将氮气经加热器加热。蒸汽可以水解树脂中的助催化剂三乙基铝，以达到除味的目的。这股物流由脱气仓中间的锥体底部采出，经产品脱气仓过滤器直接排火炬。

第六章 溶剂和单体回收

第一节 浆液法

1 己烷在高密度聚乙烯装置中的作用？

高密度聚乙烯装置生产工艺为悬浮聚合，己烷作为分散剂，用来将乙烯、1-丁烯以及催化剂、聚乙烯粒子均匀分散，起到传质传热的作用。

2 高密度聚乙烯装置回收系统共分哪几个单元？

高密度聚乙烯装置回收系统有：己烷精制单元、己烷提纯单元、蜡回收单元、丁烯回收单元、膜回收单元、废水预处理单元、废气处理单元、己烷罐区。

3 进入己烷精制系统中母液的组成是什么？

母液中除了己烷与蜡，可能包含下列组分：烷基铝、单体（乙烯、1-丁烯）、惰性气体（氮气、甲烷、乙烷、丁烷）、水（来自废水蒸馏单元或供应商的己烷）、微量的氧（来自供应商的己烷）。

在此，注意到烷基铝和水/氧不能同时存在，因为它们将会彼此反应，这点非常重要。

4 简述己烷精制单元的流程？

己烷母液中的蜡、烷基铝和其他杂质在蒸发阶段被除去。为将蜡分离出来，己烷母液在预热器中预热，然后输送到分离罐中。蜡富集在蒸发器底部，并持续地排料去蜡回收单元，以进行进一步的提纯。蒸发器底部的出料线是用低压蒸汽夹套进行伴热的。蒸发器用中压蒸汽进行加热。通过蒸汽量来控制所需的分离罐的液位，出来的己烷蒸汽用于加热预热器中的母液，加热己烷精馏塔的再沸器以及预热流化床干燥循环氮气。多余的己烷蒸汽通过冷凝器冷凝来控制分离器的压力。不能被冷凝的组分将被排放到1-丁烯吸收塔来进行进一步的处理。排去丁烯回收的物料是通过安装在精馏塔顶部的压力控制元件来完成的。

来自不同方向的冷凝液都被收集在己烷精馏塔的进料罐中。通过进料罐上的液位控制器，通过离心进料泵供应母液流进入到己烷精馏塔中，在精馏塔，轻组分（如1-丁烯，乙烯和乙烷）将从己烷中被分离出来。

精馏塔设有依靠来自分离罐的己烷蒸汽加热的再沸器。给到再沸器的己烷蒸汽量是用来控制凝液收集罐液位的。由夹套水冷却的塔顶冷凝器中的凝液压力是通过分程系统来控制的。也就是说，是通过从冷凝器排出不凝气或者将氮气加入系统中来控制的。从塔顶冷凝器出来的冷凝液是收集在己烷收集罐中，并通过回流离心泵经流量控制器打回流。在己烷收集罐底部靠重力分离下来的水被送至废水单元的油水分离罐。在精馏塔中已净化好的己烷从塔底通过液位控制器由离心卸料泵来打出。从塔底出来的己烷通过冷却器冷却并送到吸收塔中。精馏塔塔顶的不凝气组分将经过冷己烷冷却器冷却后被送到1-丁烯洗涤塔中。

5 己烷精制单元的作用是什么？

母液蒸馏的主要目的是净化母液，去除里面的杂质，并将其转化为精制己烷。母液中的蜡、烷基铝和其他杂质在蒸发阶段被除去。为母液中的蜡分离出来，母液在预热器中进行预热，然后输送到分离罐中通过用中压蒸汽加热的蒸发器进行蒸馏。蜡富集在蒸发器底部，并持续地排料去蜡回收单元，作进一步的处理。由分离罐顶部排放出来的己烷蒸汽一部分用于加热预热器中的母液，一部分用于加热己烷精馏塔再沸器，一部分用于加热流化床干燥循环氮气，多余的己烷蒸汽通过水冷凝器冷凝用来控制分离罐的压力。不能被冷凝的组分将被送至丁烯回收系统进行处理。上述四处的冷凝液都被收集在己烷精馏塔进料罐中，通过离心进料泵送入到己烷精馏塔中，轻组分（如1-丁烯，乙烯和乙烷）将从己烷中被分离出来。

6 己烷回收单元的进料源有几处，各进料源有什么区别？

己烷回收单元有两个己烷进料源：

(1) 来自母液罐的己烷。这是“正常”的供应源，通常在生产低蜡牌号的产品（如注塑产品 JHC7260 和单丝料 JHF7750M）期间用到。

(2) 己烷在离心机分离之后，由母液收集罐直接供应的母液。当生产高蜡牌号的产品期间，这是首选，这样就能避免蜡在母液罐中沉积。

7 母液预热器的作用及操作注意事项是什么？

在母液进入到蒸发器/分离器单元之前，需要将母液预热。在此母液被来自分离器的己烷蒸汽所加热。到预热器的己烷蒸汽的量由分程控制器调节。如此，就能优化利用己烷蒸汽的热量。

注意如果蒸发器降压过快，会导致蜡被携带出去，预热器能被蜡轻易地堵塞，这点非常重要。正因如此，需要定期在预热器被堵塞之前，有计划地对其进行预防性的清理，以保证其换热效率。

8 己烷回收单元蒸发器/分离器组合操作压力控制范围及理论依据是什么？

正常操作条件下，蒸发器/分离器组合操作压力为表压 200～300kPa。尽管蜡/己烷混合物的分离不需要如此高的表压，但这有助于操作。压力升高，意味着己烷沸点升高。同样生成的蒸汽也是过热的。用这种热蒸汽就可能将精馏塔中己烷的温度升高，其操作压力为 40kPa。如果蒸发器/分离器组合操作在常压下，己烷蒸汽的能力将不足以蒸发精馏塔底部的己烷。

9 己烷精制系统母液蒸发器的工作原理是什么？

母液蒸发器利用的是热虹吸原理，虹吸现象是液态分子间引力与位能差所造成的，即利用液柱压力差，使液体上升后再流到低处。由于管口液面承受不同的压力，液体会由压力大的一边流向压力小的一边，直到两边的压力相等，容器内的液面变成相同的高度，液体就会停止流动。当换热器用中压蒸汽加热时，管束内的液体受热膨胀，密度变小，就上升。而密度较大的冷液体则回流到换热器的底部，在吸收了热能后，继续膨胀上升，这样的热循环运动被称为热虹吸效应，换热器与气液分离罐之间的温差越大，液体在两者之间的循环流动的速度越快。蒸发器/分离器单元的基本原理如图 6-1 所示。

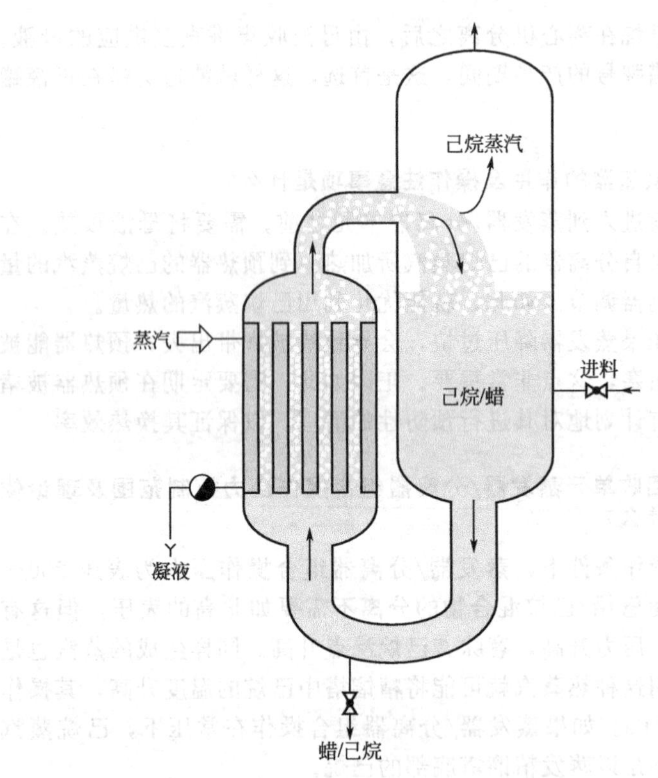

图 6-1 蒸发器/分离器单元的基本原理

10 蒸发器/分离器组合的压力控制方式是什么？操作中需要注意的事项有哪些？

蒸发器中压力通过蒸发的己烷来建立的。正常情况下，1L 己烷生成大约 215L 的蒸汽！体积膨胀系数大于 200。如果它们不扩散，这些蒸汽将在蒸发器中建立一定压力。蒸发器中压力通过分程控制来控制。

蒸发器/分离器组合的压力控制值得特别注意，这是一个特殊的分程控制器（见图 6-2）。压力控制器调节两个阀门，一个是已烷蒸汽到预热器和干燥床的循环氮气预热器，另一个是已烷蒸汽到冷凝器。当蒸发器的压力到预热器的阀门全开时，到冷凝器的阀门关闭（控制器输出为 50%）。当压力降到设定点之下时，输出显示低于 50%，控制器打开到预热器的阀门。当压力高于设定点时，控制器输出显示高于 50%；到预热器的阀门保持全开状态，但控制系统开始增加到冷凝器的已烷蒸汽阀门输出。

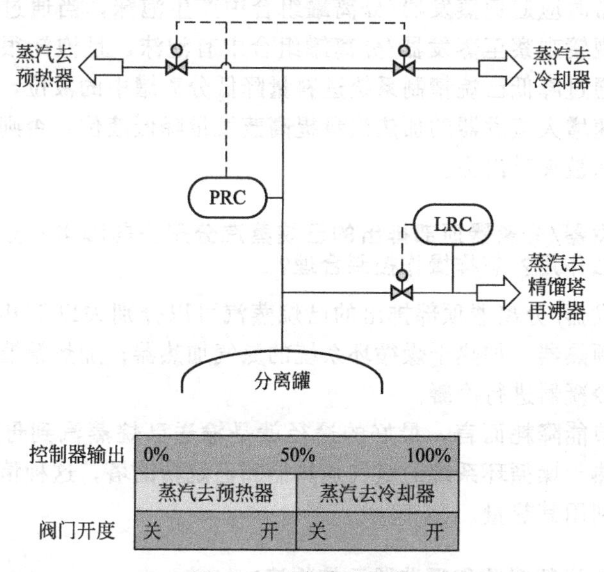

图 6-2　压力分程调节

这是蒸发器/分离器组合中压力和已烷沸点间的关系是压力越高，沸点越高！假如分离器的底部温度为 130℃。如果到冷凝器的已烷蒸汽阀门突然打开，蒸发器的压力由于蒸汽（这是压力产生的原因）更多地被冷凝而迅速下降。

已烷的沸点同样迅速降低——低于 130℃。其结果就是这些过热的液体开始剧烈沸腾并释放出更多的蒸汽。当发生这种情况时，大量的蜡被携带出去，这将逐渐堵塞预热器、循环氮气预热器、冷凝器、精馏塔进料罐以及精馏塔底部塔盘。

因此我们在正常操作一定要避免迅速降低蒸发器/分离器组合的压力，避免这种现象的发生。

11 当观察到母液蒸发器/分离罐组合中的泡沫很高，如不及时采取措施将会造成什么后果？应该采取什么措施？

当母液蒸发器/分离罐组合中的泡沫很高时，母液中的蜡会顺着己烷蒸汽带入到后续的管线与设备内，造成管线与设备堵塞，系统只能进行停工进行机械清洗堵塞的管线与设备。

正常时应避免蒸发器/分离罐组合中产生泡沫，当通过分离罐顶部的视镜观察至蒸发器/分离罐组合中有泡沫，且泡沫很高，应该迅速通过降低己烷精制系统进料量降低分离罐中的液位，不可以通过快速增大蒸发器的加热汽量提高蒸发量降低液位，否则将会有更多的蜡被夹带出去。

12 蒸发器/分离器顶部排出的己烷蒸汽分别去向哪里？分别起到什么作用？怎样操作控制合理？

蒸发器/分离器顶部排出的己烷蒸汽可以分别去以下几处：加热母液预热器；加热干燥循环系统的氮气加热器；加热精馏塔再沸器；去冷凝器进行冷凝。

对节能降耗而言，最好的途径就是输送己烷蒸汽到母液预热器、加热干燥循环系统的氮气加热器和己烷精馏塔，这种情况下能更好地利用其热量。

13 己烷进料罐收集哪些股己烷物流？

下列己烷流收集在进料罐中：来自母液预热器的己烷、来自氮气加热器（干燥区域）的己烷、来自蒸发器后冷凝器的己烷、来自精馏塔加热器的己烷（液体或蒸汽/液体混合物）。

14 母液中的轻重组分分别在己烷精制系统的哪部分被脱除？

母液中的蜡、烷基铝和其他重组分在母液蒸发器中通过热虹吸加热蒸发己烷与其它轻组分，使其重组分在蒸发器底部浓缩后，由蒸发器底部排出，蒸发的己烷与其他轻组分经冷凝后送入精馏塔，通过精馏由精馏塔顶部除去其中的轻组分，在精馏塔底部得到纯净的己烷。

15 精馏塔中填料的作用是什么？

所有填料塔的填料作用都是一样的：提供交换面积（或者叫接触面积）。一般比表面积越大的填料成本越高，但效率也高，在填料上面两相流呈上下对流流动，重力是液体流动的推动力，压差是气体流动的推动力。两相流是通过填料表面以膜式和喷雾两种形式进行传质、传热。而在板式塔的两相的传质、传热发生在塔板上表面的气-液混合相中、降液管的液层表面以及传质元件所引起鼓泡面积上。

16 精馏为什么要分精馏段和提馏段？己烷精制系统精馏塔属于哪种型式？

精馏是一种利用回流使液体混合物得到高纯度分离的蒸馏方法，是工业上应用最广的液体混合物分离操作，广泛用于石油、化工、轻工、食品、冶金等部门。精馏操作按不同方法进行分类。根据操作方式，可分为连续精馏和间歇精馏；根据混合物的组分数，可分为二元精馏和多元精馏；根据是否在混合物中加入影响汽液平衡的添加剂，可分为普通精馏和特殊精馏（包括萃取精馏、恒沸精馏和加盐精馏）。若精馏过程伴有化学反应，则称为反应精馏。双组分混合液的分离是最简单的精馏操作。典型的精馏设备是连续精馏装置，包括精馏塔、再沸器、冷凝器等。精馏塔供汽液两相接触进行相际传质，位于塔顶的冷凝器使蒸气得到部分冷凝，部分凝液作为回流液返回塔顶，其余馏出液是塔顶产品。位于塔底的再沸器使液体部分汽化，蒸气沿塔上升，余下的液体作为塔底产品。进料加在塔的中部，进料中的液体和上塔段来的液体一起沿塔下降，进料中的蒸气和下塔段来的蒸气一起沿塔上升。在整个精馏塔中，汽液两相逆流接触，进行相际传质。液相中的易挥发组分进入汽相，汽相中的难挥发组分转入液相。对不形成恒沸物的物系，只要设计和操作得当，馏出液将是高纯度的易挥发组分，塔底产物将是高纯度的难挥发组分。进料口以上的塔段，把上升蒸气中易挥发组分进一步提浓，称为精馏段；进料口以下的塔段，从下降液体中提取易挥发组分，称为提馏段。两段操作的结合，使液体混合物中的两个组分较完全地分离，生产出所需纯度的两种产品。当使 n 组分混合液较完全地分离而取得 n 个高纯度单组分产品时，须有 $n-1$ 个塔。精馏之所以能使液体混合物得到较完全的分离，关键在于回流的应用。回流包括塔顶高浓度易挥发组分液体和塔底高浓度难挥发组分蒸气两者返回塔中。汽液回流形成了逆流接触的汽液两相，从而在塔的两端分别得到相当纯净的单组分产品。塔顶回流入塔的液体量与塔顶产品量之比，称为回流比，它是精馏操作的一个重要控制参数，它的变化影响精馏操作的分离效果和能耗。

故精馏分精馏段和提馏段。己烷精制系统只要求精馏塔底部己烷的纯度能够满足装置的使用，而不需要对塔顶部排出的轻组分进行提纯，因此己烷精制系统的精馏塔只设计有提馏段，而没有精馏段。

17 己烷精制系统中再沸器的应用与控制要点有哪些？

再沸器多与精馏塔合用：再沸器是一个能够交换热量、同时有汽化空间的一种特殊换热器。在再沸器中的物料液位和精馏塔液位在同一高度。从塔底线提供液相进入到再沸器中。通常在再沸器中有 25％～30％的液相被汽化。被汽化的两相流被送回到精馏塔中，返回塔中的气相组分向上通过塔盘，而液相组分掉回到塔底。物料在再沸器受热膨胀甚至汽化，密度变小，从而离开汽化空间，顺利返回到塔里，返回塔中的气液两相，气相向上通过塔盘，而液相会掉落到塔底。由于静压差的作用，塔底将会不断补充被蒸发掉的那部分液位。

精馏塔底的液位如果高于再沸器顶部出口中，由再沸器顶部送回到精馏塔中被汽化的两相流在精馏塔底内两相无法有效地进行分离，同时易造成气液夹带。

精馏塔底的液位如果低于再沸器上管束端板，提供液体在再沸器内循环流动的静压差降低，减少再沸器的物料循环量，影响换热器的换热效率。

18 如何避免己烷精制系统母液蒸发器发生水击？

当母液蒸发器内的物料温度低于100℃时，如蒸发器的中压蒸汽引用量过大，即蒸发器加热过快就容易发生水击现象，即使引用的中压蒸汽中不含有凝液，设备与管线经过充分的暖管，也容易出现水击现象，主要原因是分离罐中的物料温度过低，物料进入蒸发器后无法马上进行汽化，需要一个短暂的加热过程，无法建立起热循环，如加热过快，大量物料经短暂加热后迅速汽化，后面的冷物料迅速填充汽化蒸发后的空间，由于新填充进来的物料温度过低，不能马上汽化，刚刚建立的循环突然停止，如此的管束内物料迅速蒸汽，冷物料快速填充后静止，就造成了水击，蒸发器与分离罐发生巨烈的振动。因此要避免发生这种现象就要求关小蒸发器中压汽引用量，降低己烷精制系统进料负荷，只有当蒸发器内的物料温度高于100℃以上时，由分离罐内进入蒸发器的物料形成连续的热循环以后才可以适当提高己烷精制系统地料负荷。

19 如何控制母液蒸发器底部温度？

当母液蒸发器底部温度逐渐升高时，说明母液蒸发器内的蜡浓度逐渐升高，可以通过调整蒸发器底部排蜡量控制蒸发器底部温度，蒸发器底部温度控制在115℃为宜。

20 精馏塔底部排出的己烷为什么需要通过冷却器进行冷却？

答：塔底的经离心机输出来的己烷必须经己烷冷却器进行冷却，基于两种原因，第一个就是大多数的己烷来到了吸附系统，这是一个放热过程（由于己烷流量高，热增长不完全是相对应的），且己烷温度过高，流动性不好。另一个原因就是己烷同样要送至母液罐中。如果此己烷（从微正压塔中采出的）在没有被冷却的情况下被送至母液罐，将会立即产生己烷蒸汽，这将通过罐的压力控制器排放至排放气系统。

21 在什么位置监测精馏塔底部产出的己烷产品质量？如产品不合格应采用什么样的应对措施？

答：必须定期在精馏塔后己烷冷却器出口采样分析其中的水含

量等指标，如果水含量等指标超高，必须立即由吸附系统切换至母液罐。

22 造成母液预热器换热效率低的原因有哪些，对应的处理方法是什么？

母液预热器换热效率低的原因及处理方法如下：

(1) 预热器管束堵塞　需将预热器停用，进行机械清洗；

(2) 回凝疏水器堵塞　切至备用疏水器，或使用疏水器旁线，清理堵塞的疏水器后重新投用；

(3) 预热器顶部不凝气排放阀门开度过小　开大不凝气排放阀。

23 母液蒸发器与分离罐中的母液不能正常循环的原因与处理方法有哪些？

造成母液蒸发器与分离罐中的母液不能正常地循环的原因有：

(1) 循环母液中的蜡含量高；

(2) 换热器被丝状物部分地堵塞了。

处理方法分别为：

(1) 增加去蜡回收单元的蜡溶液流量；

(2) 精制系统停车，蒸发器用新鲜己烷升压至500kPa，升温度至130℃进行蒸煮。

24 精馏塔未将低沸点组分完全分离出来，去1-丁烯回收单元的1-丁烯量减少，塔底部出料口的1-丁烯含量太高的原因是什么？应怎样进行调整？

原因是精馏塔顶部回流比太低，增加回流比（根据母液中的1-丁烯含量来调整）。

25 精馏塔进料罐的液位控制范围及制定的控制范围目的是什么？

设定精馏塔进料罐的己烷液位为15%～25%，目的是将精馏塔进料罐溢流的危险最小化。

26 精馏塔顶回流循环量如何进行调整？

回流比必须根据母液构成来进行调整，粗略估算，回流量与精制己烷量的体积比为1∶(15～20)。如果精制前的母液中溶解有相当多的低沸点物料时，建议提高回流比。当我们生产密度比较低的高密度聚乙烯产品时，需要提高共聚单体的进料量。事实上，回流比决定了精制己烷的质量。

27 如何能判断母液蒸发器与分离罐内蜡的浓度？

当母液蒸发器与分离罐内蜡的浓度升高时，蒸发器底部的温度会随之升高，蒸发器底部的控制温度经验值是110～120℃。

28 哪些因素影响精制塔的压差，正常的压差控制范围是多少？

蒸馏（精馏）塔安有20块塔板，且在最顶上塔板的上面进料。其主要目的是除去己烷中的低沸点组分（甲烷，乙烷，丁烷）。塔正常操作压力低于50kPa。塔顶和塔底间有压差测量装置。此压差指示了塔负荷、塔板占有数和/或高蒸气压组分（如丁烷）。此三个因素影响了压差，压差正常为8～10kPa。

29 己烷精制系统的哪些部位具有脱水功能？

母液蒸发器内的正常控制压力为240kPa，而蒸发器底部的正常温度为115℃，在这个操作压力下水的沸点高于蒸发器底部的温度，并且水的密度大于母液的密度，水会在蒸发器底部聚积，水会随着蒸发器底的蜡液一同排入到蜡回收单元；还有一部分水会以蒸汽的形式同己烷蒸汽由蒸发器顶部带到后面的精馏塔内，在精馏的过程中一部水会在精馏塔顶部的回流罐底部聚积，回流罐底部排液线设有视镜，如果发现回流罐底部有水，通过排液线将水排到废水处理单元。

30 己烷提纯单元流程是怎样的？

从精馏塔底部出来的己烷经过己烷冷却器冷却后，在三个吸附塔中吸附净化。三个吸附塔轮流或并联进行操作，并定期对塔进行再生。己烷从塔底到塔顶通过吸附介质。精制净化过的己烷从吸附塔顶部被输送到精制己烷罐中。当吸附塔吸附效果下降时，就需要进行再生，再生时先将吸附塔中含有的己烷排到废水预处理单元的分离罐中。

接着吸附塔用蒸汽进行加热，蒸汽用电加热器加热至过热。加热器的出口温度控制不低于250℃。由一个控制器设定蒸汽流量，并维持大约100h。大多数的催化剂毒物在蒸汽处理阶段被移除，并在再生冷凝器中被冷凝和冷却，之后输送到废己烷分离罐中，进行己烷和水进行分离。这样的己烷中富含杂质，且不能再次使用于工艺中，因此我们需要用泵输送至界区，作进一步的处理。

在再生的第二阶段，干燥，用氮气除去吸附塔中的残留毒物。

在第三阶段，用空气和氮气的混合物对吸附塔进行处理。在这一阶段，残余的烃化物被氧化分解。这个放热反应会引起非常明显的温度升高，要控制温度不能超过250℃。如果CO/CO_2含量或者出口温度高于设定值，自动切断空气进料，在整个用空气再生阶段，废气直接排到大气当中。

最后，吸附塔用氮气流冷却下来，并用己烷进行充液备用。

31 己烷提纯单元的作用是什么？

尽管己烷在精馏系统中已经被净化了（除去了蜡、单体和惰性气体），但其中可能仍含有一些污染物（如来自催化剂的乙醇）。为除去这些污染物，需要己烷流经吸附塔除去。

32 影响吸附剂吸附能力的因素有哪些？

答：从化工角度而言，吸附的意思就是特殊表面上物质的浓度。其结果就是一种固体表面上液体或气体的形成。吸附是一个可逆过程。从物质表面将粒子分离出来就是解吸。吸附是一个放热过程，反之，解吸是一个吸热过程。

因此，吸附能用温度来调节。通常而言，就是温度越低，吸附效率越高。这就是为什么己烷需要在离开精馏塔之后进行冷却的原因了。而且，吸附率是取决于浓度：混合物中一种物质的浓度越高，其吸附率越高。当然，这同样取决于已经吸附在固体表面的物质的量：已吸附得越多，吸附率越低。

33 己烷吸附塔使用的是哪种吸附剂？它有什么优点？

己烷吸附塔使用的吸附剂是Sorbead（KC珠）。Sorbead是一种改良的球状的硅铝酸盐，它非常稳定，且磨损率很低。其优点是：球状外形统一，良好的机械性能，使用寿命长，抗磨损性高，容积密度高，良好的吸附能力，回收率高，再生简单，压降低。

34 吸附塔的再生步骤有哪些？简述每步的操作目的是什么？

吸附塔的再生共分 6 个步骤，具体为：

(1) 准备工作　调换吸附塔的 8 字盲板，切断己烷进料。

(2) 排料　吸附塔中残留的己烷排放至母液罐中。

(3) 蒸汽处理　在排干净之后，用蒸汽处理。蒸汽引入塔中，投用再生气体加热器。开始再生，吸附了的物质通过高温而被释放出来。最后混合物在再生冷凝器中冷凝下来，并被送至废己烷分离罐，再进一步送至废己烷收集罐。蒸汽处理直至无可燃气时才结束，这正常需要至少 100h 的时间。

(4) 干燥　关闭蒸汽，打开氮气（经过气体加热器）。在温度达到 140℃后，恒温干燥 24h。

(5) 热分解　这是再生中非常敏感的过程。在此过程中，空气逐渐加入至氮气流中（直至比例为 1∶1）。吸附塔内残留的吸附物被空气中的氧气热分解。此过程伴随有温度的升高（放热反应的结果）。

此过程需要持续监视温度值和 CO、CO_2 的在线分析值，吸附塔的温度不能超过 250℃。

(6) 冷却/改流程　最后塔需要冷却下来。关闭到气体加热器的空气；停止电加热器。慢慢降低氮气流量以冷却吸附塔。一旦塔冷却下来了，马上关闭氮气。关闭所有的进料和出料流。最后调换吸附塔的 8 字盲板至通侧，向吸附塔充己烷，备用。

35 为什么每台吸附塔都要设独立的盲板用来避免混乱与操作失误？如发生操作失误会造成什么样的后果？

热分解过程需要带走热量的，如热的空气与氮气混合物流经吸附塔。塔内温度高且没有惰性气体。如果打开了到塔的己烷阀门（如再生的与备用的吸附塔混淆），己烷将进入塔中并蒸发（由于温度高），导致塔内压力显著升高，极端情况下，甚至可能导致严重破裂。此外，空气和己烷蒸汽混合物能被点燃导致爆炸。

36 吸附塔再生期间在哪一步易发生飞温？如发生飞温，应采取何种应急措施？

热分解这步操作是再生中非常敏感的过程。在此过程中，空气逐渐加入至氮气流中（直至比例为1∶1）。残留的吸附物被空气中的氧气热分解。此过程伴随有温度的升高（放热反应的结果）。如发生飞温现象，应立即关闭气体加热器电源，同时切关再生空气进料调节阀，适当提高氮气进料量。

37 吸附塔在冬季进行再生操作时的注意事项有哪些？

由于我国北方的冬季气温较低，吸附塔在冬季进行再生操作时，需要特别注意设备和管线避免发生冷堵，在进行再生操作蒸汽处理开始时，由于塔内温度较低，蒸汽进入塔内全部凝结成水，水在塔的底部低点聚积静止，不能及时形成连续排放，在极低温的条件下，塔底部的积水很快就会凝结冻堵设备出口管线。同时再生蒸汽还会反窜至氮气调节阀后面的管线内，造成氮气管线冷冻，当吸附塔发生飞温时，无法正常投用氮气进行降温。为避免在冬季吸附塔进行再生操作时发生设备与管线冻堵现象，在进行蒸汽处理前先向吸附塔内通入氮气，确认吸附塔再生流程是否畅通，有无冻堵现象，确认流程畅通再向吸附塔内引入蒸汽，同时保持向吸附塔内持续通入适量氮气，用氮气及时将吸附塔低点的积水带去，同时也可以防止蒸汽反窜进入氮气管线。

38 如何判断吸附塔是否需要进行再生？

能根据工艺控制参数数据（比如催化剂活性是否降低）和己烷质量检测数据来决定吸附塔是否需要再生。

39 吸附塔再生过程中有哪些情况会联锁自动关闭空气进料，并全开氮气进料？

吸附塔再生过程中有以下情况会连锁自动关闭空气进料，并全开氮气进料：

(1) 吸收塔的上、中、下温度高温报警；

(2) 再生废气中的CO和CO_2含量高于0.15%；

(3) 再生废气中的可燃气浓度达到爆炸下限；

(4) 再生废气的温度高温报警。

40 丁烯回收单元的作用是什么?

回收聚合期间未反应的1-丁烯，以及与其他低沸点产品一起离开精馏塔顶部的1-丁烯和己烷，目的是减少共聚单体和己烷的损失。

41 简述丁烯回收单元流程是怎样的?

从精馏塔塔顶冷凝器来的废气与从离心机进料罐来的废气汇集到一起后进入1-丁烯回收单元，在进入到1-丁烯回收洗涤塔之前经过排放气冷己烷冷却器冷却。1-丁烯洗涤塔塔压是由裂解气压缩机的吸入口压力进行控制。从离心机进料罐来的排放气通过离心机进料罐顶部压力分程进行控制，压力设定为13kPa。精制己烷经过冷己烷冷却器冷却至－12℃由洗涤塔顶部淋下，与经排放气冷己烷冷却器冷却后进入洗涤塔底部的排放气逆向接触，在塔中，废气分离为重组分和轻组分，重组分大部分为1-丁烯和己烷，轻组分大多数是氢气、乙烯、乙烷。1-丁烯和己烷的混合物这样的重组分在洗涤塔底部进行回收。

洗涤塔底部的富含回收丁烯的己烷通过高速离心泵送至吸附塔进行吸附其中的极性杂质，这部分己烷由吸附塔底部进入，从吸附塔部顶排出，这部分己烷可以按照生产配方送至一反和/或二反，多余的部分去母液储存罐。

塔顶产品（轻组分）被排到裂解气压缩机，经压缩机升压之后送至乙烯装置裂解或火炬。如果裂解气压缩机短时间的停车，可以将裂解气排放到低压火炬系统。

42 为什么相当多的1-丁烯没有在反应器中的共聚反应中消耗?

由于α-烯烃（乙烯、丙烯、1-丁烯，等等）的聚合速率取决于其碳原子的数目。1-丁烯的共聚反应速率常数比乙烯低50～100。因此大量的共聚单体被加入到聚合反应器中，离开反应器的时候溶解在母液当中。

43 从精馏塔塔顶冷凝器排放的废气中含有哪些杂质？会对丁烯回收单元的运行造成哪些影响？

从精馏塔塔顶冷凝器排放的废气中含有水和其他一些极性杂质。废气中的水在冷己烷冷却器的作用下会在冷却器内凝结，会造成冷却器的冷堵，影响冷却器的冷却效果，当凝结的水融化后会造成反应系统生产波动。

44 当反应系统较长时间不引用回收丁烯系统的富含1-丁烯的己烷时，回收丁烯系统应该怎样进操作？

当反应系统不引用回收丁烯系统的富含1-丁烯的己烷时，如果回收丁烯系统仍进行正常操作控制，富含1-丁烯的己烷只能返回到母液罐中，母液罐中的母液重新回到己烷精制系统进行精制，由己烷精制系统精馏顶部排放的1-丁烯又会重新返回到丁烯回收系统，如此反复，母液罐内母液中的1-丁烯含量逐渐增加，这部分母液又要重新返回到己烷精制系统精馏塔脱除1-丁烯等轻组分，己烷精制系统的己烷精馏塔顶排放负荷逐渐增大，母液罐内的母液中的1-丁烯浓度增长到一定量，己烷精馏塔的负荷不足以满足1-丁烯脱除质量，新鲜己烷的1-丁烯含量将超标，进而影响到反应系统一连串的波动。考虑到将己烷精馏塔的废气直接排放到火炬系统造成己烷的大量损失，为避免发生上述生产波动，因此将回收丁烯系统的操作温度由－12℃提至0℃，在此条件下，由于1-丁烯与己烷的沸点不同，既可以回收己烷精馏塔排放废气中的己烷，又可以避免回收过多的1-丁烯。

45 如何进行己烷提纯单元吸附塔的切换？

己烷提纯单元吸附塔的切换步骤如下。

（1）确认以下条件：吸附塔备用塔去母液罐的出料阀处于打开状态，以避免真空或压力升高；去精制己烷储存罐的出口阀门是关闭着的；吸附塔再生流程盲板处于盲死状态。

（2）打开吸附塔底部的己烷进料线，己烷将流过吸附塔去母液罐。

（3）关闭原来投用吸附塔底部的己烷进料阀，保持原来投用吸附塔的出料线去母液罐的手阀处于打开状态，以避免造成真空或压力升高。

(4) 取己烷样分析数据显示杂质（氧和水）至少低于10μg/g，就可以：打开吸附去精制己烷罐的出料阀门，关闭吸附塔去母液罐的出料阀门。

46 蜡回收单元的作用是什么？

蜡回收单元的作用是脱除蜡溶液中含有的己烷，使蜡净化，并回收己烷。

47 蜡回收单元流程是怎样的？

在聚合过程我们可以获得的其中一种副产品是非结晶的聚乙烯蜡，它溶解在分散剂己烷中。含己烷的蜡溶液在己烷蒸发器底部聚积。这些含己烷的蜡通过蒸发器与蜡闪蒸罐的压差经套管换热器送入到蜡闪蒸罐中。蜡回收单元的进量料由套管换热器入口的调节球阀开度进行控制。蜡闪蒸罐底部设有蒸汽喷射器向闪蒸罐中注射低压蒸汽，注入量为100kg/h。闪蒸罐内的蜡依靠压力与液位差从闪蒸罐经排料调节球阀的开度控制排入到蜡储罐中。当储罐液位达到一定程度时，通过蜡槽车运出界区。为避免设备与管线堵塞，所有设备与管线均使用蒸汽夹套进行伴热。

48 蜡闪蒸罐中通入注射蒸汽的作用是什么？

蒸汽通过蒸汽喷射器加入到闪蒸罐中，其目的是提高蜡中己烷闪蒸出去的速率，并使残余的催化剂和三乙基铝失活。

49 蜡闪蒸罐顶部的冷凝器在己烷蒸汽侧为什么使用水喷淋？

蜡闪蒸罐顶部的冷凝器在己烷蒸汽侧通入喷淋水起到两个作用：一是水可以与己烷蒸汽直接接触，提高冷凝器的冷凝效率；二是为了稀释来自催化剂分解所产生的酸性组分，保护后续设备与管线。

50 蜡回收单元易出现哪些问题？应如何避免？

蜡回收单元易出现蜡管线或蒸发器堵塞问题，造成堵塞的原因有两个，一是蜡管线的伴热蒸汽中断，此时应检查伴热蒸汽，及时恢复伴热蒸汽；二是进入蜡回收单元的蜡液中高熔点的蜡含量过多，这种现象多发生在反应单元开停车过程中，因此在反应单元开停车过程中将己烷回收单元蒸发器底部的蜡液排至废水蒸馏罐进行处理，等反应单元运行平稳后，反应产品质量稳定后再投用蜡回收系统。

51 当蜡回收系统发生故障停车时，哪个系统将会受到影响？应采取什么措施？

当蜡回收系统发生故障停车无法投用时，己烷精制系统的母液蒸发器底部的蜡浓底将会增高，当达到一定浓度时将会影响母液蒸发器的换热效果，但是当蜡回收系统出问题无法正常投用时，可以将母液蒸发器底部的蜡临时改排到废水处理系统的废水蒸馏罐内。

52 废水处理单元包括哪些主要设备？

废水预处理单元包括：一个废水收集池、分离罐，一个带有撇沫器的废水罐，带搅拌器的蒸馏罐，蒸馏罐底部装有一个低压蒸汽进料喷嘴及冷凝器与冷却器。

53 废水蒸馏罐的作用有哪些？

(1) 来自废水罐的己烷/聚乙烯混合物的处理；

(2) 来自催化剂制备单元的催化剂和滗淅液的降解；

(3) 用于分离反应器蒸煮后排过来的己烷/蜡/粉料混合物；

(4) 正常蜡处理系统停用状态下的蜡处理。

54 废水蒸馏罐在处理催化剂滗淅液时，蒸煮后冷凝下来的己烷应该如何处理？

在催化剂制备过程中，有四次或者五次滗淅出来的己烷被送到废水蒸馏罐中进行蒸馏。蒸馏出来并在冷凝器中冷凝后的己烷根据滗析类型的不同，分别送到两个不同的分离罐中，一个是废水分离罐，其分离出来的己烷返回母液罐，通过己烷精制以后系统可以继续使用；另一个是废己烷分离罐，其分出来的己烷去废己烷罐，这部分己烷无法返回系统再次使用。这是因为滗淅出的己烷当中可能含有钛离子，如果回到系统的话，它可能会破坏正常的反应。一般来说，从 THB 制备来的所有的淮淅已烷都不再循环使用；而对 THT 而言，仅仅是第一次淮淅不再循环使用；对 THE 催化剂，则是所有的淮淅已烷都可以返回系统继续使用。

55 废水蒸馏系统在处理反应器清洗产物时易出现哪些问题？如何避免？

当清理（清洗）反应器并输送浆液去蒸馏罐的时候，聚合物易溢流到冷凝器中。这能通过控制蒸馏罐的液位（和通过罐顶试镜观察）来进行监视。蒸汽流量过高时，已烷蒸汽可能会夹带走一些聚合物并堵塞冷凝器，这时应减少蒸馏罐的注射蒸汽流量，同时可以在蒸馏罐顶部排气手阀后加装过滤器，当过滤器堵塞时用氮气进行反吹处理。

56 废水蒸馏罐在处理催化剂淮淅液时，如何确定向蒸馏罐内加注碱液的量？

由于催化剂淮淅液中含有 HCl，对设备具有腐蚀性，在处理催化剂淮淅液时要使用过量的碱液进行处理，碱液的使用量通过催化剂配制过程中滴加的四氯化钛摩尔量与碱液完全中和的量进行计算。

57 废水蒸馏系统处理催化剂淮淅液时，怎样向蒸馏罐内加注碱液？

在处量催化剂淮淅液时，需要先确认废水蒸馏罐处于备用状态，碱液通过批量控制器加注到蒸馏罐内，碱液加注完成以后，向废水蒸馏罐内加注新鲜水至特定液位，这样可以保证碱液被稀释至一定的浓度。

58 废水蒸馏系统在处理催化剂淮淅液时，如何让淮淅液在蒸馏罐内得到充足的中和？

按照催化剂配制过程中的四氯化钛滴入量准确地计算注入碱液量，废水蒸馏罐内留够处理淮淅液的充足空间的前提下，尽可能地用新鲜水稀释碱液，在不影响处理下一批的淮淅液的前提下尽可能地延长中和时间，蒸煮时控制蒸煮速度不宜过快；同时催化剂制备系统退淮析液的速度也不能太快，应按照规定时间控制。

59 有哪些情况催化剂/助催化剂废弃物需要在废水蒸馏罐内进行分解？

以下情况催化剂/助催化剂废弃物需要在废水蒸馏罐内进行分解：

（1）催化剂制备罐、催化剂储罐或催化剂进料罐需要检修，其装有的催化剂需要处理；

（2）催化剂质量不合格（在实验室分析之后）；

（3）催化剂单元管线内残存催化剂；

（4）不同种类催化剂生产的产品切换时，没有足够的催化剂储罐装载所有催化剂，切换前的催化剂需要处理。

60 废水蒸馏罐分解催化剂与助催化剂废弃物的区别是什么？

TH催化剂与水发生分解反应（水解），这是一个放热反应，并生成盐酸。因此必须用碱液来中和。对于助催化剂（烷基铝）的分解，不要加入任何的碱液，因为在这种情况下，不会有任何形式的酸生成。

61 废水蒸馏罐在处理反应器蒸煮后的浆液后，如果出现由于聚合物的堵塞导致废水蒸馏罐无法排空怎样处理？

处理步骤如下：

（1）首先通过底部出料阀排空液态废弃物，停搅拌桨。

（2）通过在所有相关物料和蒸汽管线上加盲板，以隔离废水蒸馏罐。

（3）打开蒸馏罐顶部补氮气阀，用氮气给罐升压至100kPa。关闭氮气阀门并降压至10kPa。

（4）重复上述操作数次，以确保除去罐中的可燃气。

（5）从排放线倒淋测爆，合格后进行下一步，否则用氮气重复置换直至测爆合格。

（6）切断废水蒸馏罐顶部搅拌桨电源。

（7）往废水蒸馏罐里面通空气置换。确定在进入之前里面的氧含量合格。

（8）进入罐内人工清理废弃物。

注：由于废弃物中还会含有残留的己烷，因此在进行罐内作业时，要求作业人员佩戴防火服、防护服、防毒面罩等。

62 高密度聚乙烯装置烃含量较高的废气来源在哪里？如何进行处理？

高密度聚乙烯装置烃含量较高的废气是由丁烯回收单元洗涤塔顶部排放出来的，这股废气经裂解气压缩机压缩，送至乙烯装置裂解单元进行回收利用。

63 高密度聚乙烯装置烃含量较低的废气来源在哪里？如何进行处理？

高密度聚乙烯装置烃含量较低的废气来源有：

（1）来自粉料输送系统干燥器的废气；

（2）来自己烷罐区的废气；

（3）来自废水分离罐的废气；

（4）来自各储罐的氮气分程废气；

（5）来自蜡回收单元的废气；

（6）来自低压安全阀（WG）。

这些气流被送到废气压缩机，经火炬气排放罐排到火炬。

64 废气压缩机如何启动？

废气压缩机的启动步骤如下：

（1）确认压缩机出入口手阀已经打开，流程畅通；

（2）打开压缩机气、液平衡线上的手阀；

（3）向压缩机内注入脱盐水至正常控制液位；

（4）关闭气、液平衡线上的手阀；

（5）启动压缩机，通过压缩机出入口旁通线上的调节阀调节压缩机入口压力；

（6）检查压缩机工作液流量是否正常。

65 膜回收系统的作用与流程是怎样的？

膜回收系统的作用是分离回收来自粉料处理仓来的排放气中的

正己烷和氮气。

从粉料产品处理仓顶出来的排放气首先进入碱洗塔，除去排放气中氯化氢气体后从塔顶排出。

碱洗塔是一个填料塔，从塔顶流下的碱液汇集在塔的底部，为了带出吸收氯化氢时的反应热，在塔的底部设有水冷却盘管，用循环水冷却，防止碱液温度升高，冷却水量由塔底温度控制回路进行调节。

碱洗塔塔底的碱液用下段碱液循环泵进行循环，应保证有充分的碱液进入碱洗塔中，多余的碱洗用泵出口管线上的液位控制阀将多余的碱液排入废水系统。循环碱液经泵直接送入碱洗塔中部的下段碱液返回口。

20%的新鲜碱液可直接进入碱洗塔上部或下部进行补充。在正常生产中，新鲜碱液可直接进入碱洗塔上部的上段碱液返回口，上部碱液汇集在塔中部的升气管装置的承液盘中，用上段碱液循环泵使塔的上部保持部分新鲜碱液的循环，并应保证有充分的碱液进入碱洗塔中，多余碱液经溢流口进入下部的溢流液返回口，补充下段碱液。

为了减少从塔顶排出的净化排放气中的碱液夹带，在塔的顶部设有丝网除雾器。丝网除雾器上方，设有脱盐水冲洗水管，可用脱盐水对丝网除雾器进行冲洗。

从碱洗塔顶部排出的净化排放气经膜回收排放气压缩机加压后进入冷却器，用夹套水将排放气冷却到 32℃，冷却后的排放气进入三相分离器，分离回收正己烷和凝结水。从分离器排出的气体进入两个膜分离器，利用 MTR 优先透过有机蒸气和水的有机蒸气膜，将进膜分离器的气体分成富含烃类和水的渗透气流和富含氮气的渗余气流。富含氮气的渗余气流送回粉料产品处理仓底部，富含烃类和水的渗透气流送回膜回收排放气压缩机入口。剩余的少量含有烃类的渗透排放气排入火炬管线。从分离器出来的凝结水送至废水池，正己烷送母液罐，系统重新进行利用。

66 有机蒸汽膜分离原理是什么？

有机蒸气膜是一种高通量、薄片状的复合膜。有机蒸气膜由三层组成，最下层以无纺布层作为膜的底层；中间层是耐溶剂的微孔支撑层，提供强度支撑；最上层是具有选择分离能力的选择透过层。不同的气体在有机蒸气膜中透过速率会有所不同，利用有机蒸气膜的这一性能，就可以实现对混合气体中不同组分的分离。

有机蒸气膜采用膜领域比较通用的卷式膜。原料气进入膜组件后，在薄膜层之间流动。原料侧和渗透侧之间的隔网为气体流动创造了通道。渗透速率大的有机蒸气透过有机蒸气膜后，进入膜组件中间的渗透侧收集管；渗透速度小的小分子气体被阻挡在膜的外面成了渗余相，从而实现了有机蒸气与小分子气体的分离。

压力差是使有机蒸气持续透过膜的驱动力。通过压缩机压缩原料气来获得高的压力差。压力差直接影响了氮气以及有机蒸气渗透过膜的速率。压力越大，通过有机膜的通量越大，这样即使减少膜组件的数量也可以达到有效的分离。

67 膜回收系统运行必须遵守的操作原则有哪些？

有机蒸气膜分离单元由碱洗塔、膜分离机组和压缩机机组三部分组成。碱洗塔是膜分离机组的预处理系统，担负脱除排放气中氯化氢气体的任务。碱洗塔操作不正常时，膜分离机组和压缩机机组都无法运行，甚至会损毁压缩机机组和膜分离机组。因此必须在碱洗塔操作完全正常且碱洗塔顶排放气中氯化氢含量低于 10×10^{-6} 后才能启动压缩机机组和膜分离机组，本单元停车时须先停压缩机机组和膜分离机组，最后停碱洗塔。

68 己烷罐区流程是怎样的？

本装置中需要的纯己烷，是通过精制己烷与母液后的进一步净化而产生的。根据生产不同的牌号，己烷母液中的混合物也有所不同，但精制己烷是相同的。从界区补充过来的己烷首先被输送到母液罐。来自母液收集罐的一定量的己烷溶液同样循环回母液罐。这些从母液收集罐来的母液中含有乙烯、1-丁烯、痕量的助催化剂和蜡组分，这需要在己烷精制单元蒸馏，在己烷净化单元净化，以生产出高纯度的己烷。

对于要蒸馏和净化的母液是通过母液进料泵送到己烷精制单

元，然后在送到精制己烷罐之前先送到净化单元。精制后的己烷通过精制己烷泵分别送到装置的各个部分。为了避免氧气进入到母液罐和精制己烷罐中，需要氮封这两个罐。

母液罐与精制己烷罐中挥发出来的己烷蒸汽被废水预处理单元的冷己烷冷凝器部分地冷凝下来进行回收。

69 精制己烷罐的液位正常应该怎样控制？

精制己烷罐内的液位正常应该尽可能地高控，保证装置有充足的精制己烷供应，一旦己烷精制系统发生波动或停车，精制己烷罐的精制己烷可以提供充足的处理时间，但液位不要超过80%，避免发生溢流。

70 母液罐的液位正常应该怎样控制？

母液罐的液位正常时应该尽可能地低控，一旦己烷精制系统或其他系统发生波动或停车，母液罐内可以提供充足的空间接收由其他系统排放过来的母液，为处理异常情况提供处理时间，但液位不要低于15%，避免母液泵抽空损坏。

71 简述冷己烷系统流程是怎样的？

冷己烷是由一个以丙烯作为制冷剂的压缩/膨胀式的制冷单元来提供的。己烷在冷己烷冷却器中能冷却到大约−17℃。在靠近冷己烷泵的己烷返回总管上设冷己烷膨胀罐。冷己烷膨胀罐设有氮封保护。冷己烷由冷己烷泵打到冷冻己烷管网中。冷己烷用在从反应器到在线分析器的气体冷却工艺上；在废水系统的冷凝器中冷凝来自母液和精制己烷罐的己烷蒸汽。冷己烷也用在1-丁烯回收塔，通过流经己烷冷却器的冷己烷的帮助，来洗涤1-丁烯，通过来冷却进料到1-丁烯回收塔入口的排放气。

72 制冷剂的选择需要具备哪些条件，高密度聚乙烯装置使用的是哪种制冷剂？

冷却介质需要具备以下五点：通过压缩能很容易的液化；有特定的高的蒸发潜热；没有腐蚀性；对环境友好；无毒。

在过去，氟里昂就被广泛用作制冷剂，但是因为它们对臭氧层有负面作用，所以不再使用。根据使用条件有很多的制冷剂，但是如果有可能的话应用自然的制冷剂更好，例如氨、二氧化碳、丙烷、异丁烷、还有丙烯。高密度聚乙烯装置采用丙烯作制冷剂。

73 丙烯制冷原理是什么？

丙烯被压缩成大约 1.5MPa 压力的气体。因为受到压缩，温度升高到 60℃。很重要的一点，丙烯的沸点也相应提高了。在常压下丙烯在－48℃下蒸发，在 1.5MPa 压力的时候沸点变为 35℃。这就意味着丙烯在压缩之后仍然是气态。现在通过冷却水把它冷却到低于 30℃。冷却水带走了显热（把气体冷却到冷凝点），同时还有潜热（冷凝丙烯气体）。丙烯因此通过冷却水被液化，因为它被冷却到了它的沸点（或者说冷凝点）以下。液态丙烯被降压到 0.36MPa 的容器。丙烯的沸点现在降低到－15℃。在 30℃时的液态丙烯现在高于它的沸点并且开始蒸发。

如上所述，蒸发过程需要热量，但是在最开始这并不是问题，

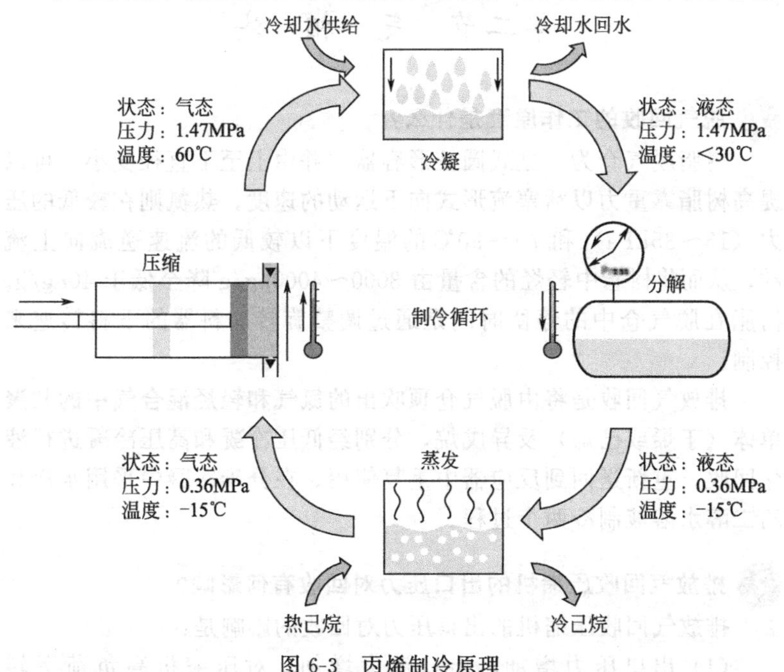

图 6-3　丙烯制冷原理

因为丙烯是过热的。丙烯的温度通过蒸发和它相应的蒸发潜热迅速达到－15℃。这之后蒸发停止，因为热源没有了。但是热源可以通过例如在9℃的己烷得到，此时己烷比丙烯高24℃。这些发生在管壳式换热器中，所以即使在己烷已经被冷却到－10℃的时候，丙烯依然能够蒸发。丙烯制冷原理见图6-3。

74 制冷系统抽真空的目的是什么？抽真空的标准达到多少为合格？

为防止由于进入系统的湿空气可能导致的问题，有必要在充注制冷剂前对系统抽真空。为了达到系统干燥，要求环境温度在20～30℃的条件下，抽空应能达到绝对压力3mmHg（0.4kPa）的压力，隔离真空泵，保压不少于4h，这一阶段系统压力升高不能大于绝对压力3.75mmHg（0.5kPa）。如果环境温度低于5℃，不要进行抽真空。如果发生这种情况，必须将系统分段加热部件，对部件逐个进行抽真空。

第二节　气　相　法

1 脱气回收的工作原理是什么？

树脂脱气仓为一立式圆柱形容器，并由上至下直径变小，可以提高树脂靠重力以活塞流形式向下运动的速度，热氮则在较低的压力（15～35kPa）和70～90℃的温度下以较低的流速逆流向上流动，从而将树脂中轻烃的含量由3000～4000μg/g降至低于40μg/g。树脂在脱气仓中的停留时间是通过调整旋转加料器的下料转速来控制。

排放气回收是将由脱气仓顶吹出的氮气和轻烃混合气中的共聚单体（丁烯或己烯）及异戊烷，分别经低压冷凝和高压冷凝进行液化回收，重新送回到反应器中重复使用。在分步冷凝中采用水冷和乙二醇水溶液制冷两个过程。

2 排放气回收压缩机的出口压力对回收有何影响？

排放气回收压缩机的出口压力对回收的影响是：

(1) 出口压力增加，出口温度增加，对压缩机高负荷运转不利；

（2）出口压力增加，共聚单体分压增加，有利于回收共聚单体。

3 为什么醇的沸点会比分子量接近的烷烃高？

醇的结构中含有羟基（—OH），由于羟基中氧原子的电负性很强，使其和氢原子之间的一对共用电子对靠近自己，结果氧带部分负电荷，氢带部分正电荷，同时使羟基氢原子变得较为活泼，因此，醇分子的羟基中电负性很强的氧原子有一对未共用的电子对可与另一醇分子的羟基中活泼氢原子彼此形成氢键。氢键具有一定的能量，一般约为2～8kcal/mol，因此，醇分子间的引力，除一般的范德华力外，还有氢键力，这使分子间的引力加大，使其沸腾就需要更高的能量，所以醇的沸点较高。

烷烃仅由碳氢两种元素组成，碳原子的电负性较小，且分子中也无活泼的氢原子存在，因此不能形成氢键，而分子间的引力仅限于范德华力，其分子间的作用力比醇小得多，使其沸腾所需要的能量较小，因而，其沸点就相应的低些。

4 排放气回收单元的作用是什么？

（1）回收共聚单体及戊烷油送回反应器，降低单耗；

（2）为反应出料系统提供动力。

5 如何控制才能尽可能多地回收丁烯？

影响丁烯回收的两个主要操作条件是压缩机负荷和回收缓冲罐的压力设定，在较高的负荷和压力下，有利于多回收丁烯，但负荷和压力均不能过高，否则压缩机出口温度过高，将导致联锁停车。正常时负荷应控制在75%或100%，回收气体缓冲罐压力应控制在0.8～1.1MPa，冬季可控制得高一点，夏季控制得低一点。

6 启动排放气回收压缩机的步骤是什么？

（1）投冷却水和密封净化氮气；

（2）各压力表和温度表投用；

（3）安全阀投用；

（4）手动盘车5次以上，确保压缩机转动灵活；

（5）打通进出口流程，完成进出口管线的氮气置换；

（6）启动辅助油泵；

（7）在DCS上将压缩机的负荷设定0，并确认启动工艺条件满足，启动压缩机，5min后将负荷由0调至50%或更高。

7 排放气回收压缩机的启动条件有哪些？

排放气回收压缩机的启动条件有：

（1）容量负载开关在“0”位；

（2）润滑油压力＞24kPa；

（3）入口压力＞0.7kPa；

（4）反应终止系统允许；

（5）一级出口气体温度＜130℃；

（6）二级出口气体温度＜197℃；

（7）出口气体温度＜150℃；

（8）润滑油压力＞196kPa。

8 如何启动乙二醇泵？

启动乙二醇泵的步骤如下：

（1）全开入口阀进行灌泵，全关或略开出口阀；

（2）打开出口管线的高点排气阀排气，排气结束后关闭排气阀；

（3）启动泵，慢慢开出口阀，控制到规定的流量和压力；

（4）对乙二醇各用户做排气操作。

9 冷却和冷凝有何区别？

冷却就是降低某物质的温度，冷凝就是将气体冷却成液体，或将液体冷却成固体。冷却过程有温度变化，但无相变化，冷凝过程有相变化，无温度变化。

10 如何切换乙二醇泵？

假设A是运转泵，B是备用泵。

（1）全开备泵B的入口阀，全关或略开出口阀，并进行排气操作；

（2）启动备用泵，慢慢开其出口阀的同时，慢慢关 A 的出口阀，两者的速度应大体一致，尽量保证系统的流量和压力不变；

（3）停运转泵 A。

11 冰机的启动步骤有哪些？

（1）确认油气分离器润滑油油位是否正常；

（2）在压缩机启动前两小时投油气分离器蒸汽，使油温达 45℃；

（3）投油冷却器、冷凝存储器的冷却水；

（4）手动盘车，确认压缩机是否转动灵活；

（5）打通氟里昂回路和润滑油回路的流程；

（6）确认滑块指示器及容量负载在最小位置；

（7）启动乙二醇水泵，打循环；

（8）确认冰机启动的工艺条件满足（现场开关盒上的压缩机启动条件满足的白色指示灯亮）；

（9）启动压缩机。

12 冰机启动的工艺条件有哪些？

（1）压缩机入口压力大于 0.03MPa；

（2）压缩机出口压力小于 1.6MPa；

（3）压缩机出口温度小于 100℃；

（4）压缩机浮槽油温小于 60℃；

（5）乙二醇出口温度大于－29℃；

（6）压缩机无过载。

13 排放气回收压缩机停车的原因有哪些？

工艺上有三个常见原因会导致压缩机停车：

（1）出口温度高高报警，可降低出口缓冲罐的压力设定；

（2）入口压力低低报警，应检查工艺条件，确定是哪个过滤器堵塞，并清理过滤器；

（3）反应杀死系统动作触发联锁停车，待信号复位后重新启动。

14 如果回收气体压缩机喘振，如何解决？

解决回收气体压缩机喘振的方法有：

（1）降低压缩机入口压力；

（2）提高压缩机入口流量。

15 压缩机入口压力低的原因是什么？

压缩机入口压力低的原因是压缩机入口过滤器堵，可能的部位是：低压产品过滤器、Y型过滤器。低压回收罐顶部除沫网、压缩机入口临时过滤器。判断出具体的地点后，先进行水解和氮气置换，然后拆过滤器，更换新的过滤器。

16 乙二醇泵流量降低的原因有哪些？

通常有以下几种原因：

（1）气缚　对系统重新排气；

（2）入口过滤网堵　切换备泵，隔离后联系机修处理；

（3）环境气温下降　乙二醇黏度增大，流动性变差，因此流量降低。

17 冰机油温升高的原因是什么？

原因是自控阀出现故障，失去自控能力，打开该阀的跨线，调节油温在45℃。

18 冰机入口压力低报警的原因有哪些？

可能造成冰机入口压力低报警的原因：

（1）入口过滤器堵；

（2）膨胀阀冻堵；

（3）氟里昂量少；

（4）吸入管路电磁阀故障打不开。

遇此情况，应先停机，联系专业设备人员处理。

19 冰机出口乙二醇温度低低报警的原因及处理方法是什么？

可能造成冰机出口乙二醇温度低低报警的原因及处理方法如下：

（1）乙二醇无流量或流量低　重新启动或切换乙二醇泵，调整至正常流量；

（2）乙二醇无制冷用户　建立换冷用户；

（3）吸入管路电磁阀故障，关不上　联系相关人员处理电磁阀故障。

20 扬程和升扬高度是否为一回事？

不是一回事，升扬高度是用泵将液体从低处送到高处的高度差。扬程是泵赋予 1N 重流体的外加能量，它包含静压头、动压头、位压头和压头损失等几方面的能量，升扬高度只是其中的一部分。

21 回收压缩机安装金属填料盒应注意哪些事项？

回收压缩机安装金属填料盒应注意以下事项：

（1）密封盒按号装配，不得装错，两个密封环开口错开，用定位销定位；

（2）密封盒用螺栓定位，使油孔、气孔对齐；

（3）两密封环应位置正确，不得装错，开口、间隙符合规定值。

22 回收压缩机常规检查的方法一般有哪些？

回收压缩机常规检查的方法一般有：目视；手检；敲击听诊；测检；着色法；仪器探伤；水压试验等。

23 液压系统常见的故障有哪些？

液压系统常见的故障有：油温过高；噪声与振动；泄漏；液压冲击。

24 乙二醇泵的基本性能参数有哪些？

乙二醇泵的基本性能参数包括流量、扬程、功率、效率

25 机械密封的故障在零件上的表现有哪些？

机械密封的故障在零件上的表现有：

（1）密封端面的故障　磨损热裂、变形等；

（2）弹簧的故障　松弛、断裂、腐蚀；

（3）辅助密封圈的故障　掉块、裂口、碰伤、卷边、扭曲等属装配性故障；变形、硬化、变质等属非装配故障。

26 引起泵振动的原因有哪些？

引起泵振动的原因有：泵抽空；电机与泵不同轴；泵在极小流量处运行；轴弯曲，泵内有摩擦；轴承损坏；转子部件不平衡；泵腔内有杂质；地脚松动。

27 影响化工用泵组装质量的决定因素是什么？

影响化工用泵组装质量的决定因素有：泵转子和涡壳的同心程度；泵叶轮流道中心线和涡壳流道中心偏离情况；各部联接螺栓的紧力是否合适；泵内部各种间隙是否合理。

28 机械密封在密封腔中发生汽蚀后会出现哪些现象？

机械密封在密封腔中发生汽蚀后可能出现下面几种现象：

（1）静环定位或防转销打弯；

（2）动环密封圈发生唇部卷边；

（3）动环被“抽”到传动座中卡住，弹簧失去作用；

（4）摩擦副有一件用脆性材料制造时，在密封端面上因敲击而出现片状剥落。

29 机械密封定位前，对转子有哪些要求？

机械密封定位前，转子应安装到正常运转的位置，转子轴向应固定，轴向串量不大于0.30mm；对于用平衡盘，确定轴向位置的转子，应将平衡盘和平衡盘座推靠。转子盘车均匀，转快，泵内无零件接触和摩擦，在此基础上才能进行机械密封的定位工作。

30 屏蔽泵的轴承监视器的工作原理是什么？

轴承监视器由发出危险信号的压力表和封入压力的传感器所组成，监视器中封入大约10～12kgf/cm^2（1kgf/cm^2＝98.0665kPa）压力的氩气，当轴承不正常磨损时传感器会破裂，密封的氩气会放出，压力表中压力会下降，指针指向表示危险的红色区。

31 隔膜泵上的安全阀如何进行定压？

先将泵排出管上的隔离阀关严，启动泵，调整安全阀的调整螺栓，直至排出管上的压力表显示值已达到要求的设定压力（一般比泵工作压力高10%）后锁紧螺母，固定好安全阀的调节装置。

32 隔膜泵输出量过低的原因有哪些？

隔膜泵输出量过低的原因有：膜片损坏或变形；吸入口或排出口的单向阀出现漏泄；柱塞填料出现泄漏；呼吸阀现出泄漏，出现泵内再循环；安全阀出现泄漏。

33 往复式压缩机所有轴承和十字导向装置都有温升的原因是什么？

往复式压缩机所有轴承和十字导向装置都有温升原因有：润滑油供量不足；润滑油温度升高；由于异物的进入，产生异常磨损；由于某些轴承间隙过大而产生漏油，从而导致润滑油供量不足。

34 在操作DCS系统时，不允许操作工改变的是什么？

在操作DCS系统时，不允许操作工改变的是PID参数；阀位值；正反作用；给定值。

35 如何控制输送气缓冲罐压力？

输送气缓冲罐压力控制方式如下：

（1）输送气缓冲罐排放控制阀投自动，设定为0.70MPa；补氮控制阀投自动，设定0.60MPa。

（2）当输送气缓冲罐压力高于0.70MPa时，由控制回路调节排放阀至火炬的开度来控制缓冲罐的压力。

（3）当输送气缓冲罐压力低于0.60MPa时，由控制回路调节补氮控制阀的开度向输送气缓冲罐补充N_2来维持其压力。

36 低压凝液罐出口至火炬线加跨线和阀门的作用是什么？

原有低压回收罐出口无排火炬线。当脱气仓压力高时从脱气仓顶部排火炬，浪费回收气。技改后脱气仓压力高时，打开低压凝液罐出口跨线上的阀排火炬，这样一定量的回收气经过冷凝和回收，减少回收气的损失。

37 为什么乙二醇泵的入口安装过滤器，出口安装单向阀？

泵入口安装过滤器是为了防止吸入液体中带的固体杂质，对泵的叶轮造成损坏。出口安装单向阀的目的是防止因泵的前后压差而造成倒液，特别是自起泵在备用时，出入口阀全开，如无单向阀则会引起泵的反转，损坏设备。

38 更换活塞环时，应注意什么问题？

更换活塞环时，应注意以下问题：

（1）检查活塞环的热膨胀系数；

（2）检查弹力；

（3）夹在槽内活动情况；

（4）活塞环与气缸壁贴合情况。

39 回收压缩机运转过程中缸体过热，一般都有哪些原因？

回收压缩机运转过程中，造成缸体过热的原因有：

（1）气缸冷却水不足；

（2）缸内润滑不良；

（3）余隙过大；

（4）活塞环与缸套表面粗糙；

（5）因活塞预留对口间隙过小，温升后有胀死现象；

（6）阀不严，长时间气体打回流。

40 回收压缩机中为什么对排气温度限制很严格？

对于有润滑油的压缩机来说，若排气温度过高时，会使润滑油黏度降低，润滑油性能恶化；会使润滑油中的轻质馏分迅速挥发，并且造成“积炭”现象。实践证明，当排气温度超过 200℃ 时，“积炭”就相当严重，能使排气阀座和弹簧座（阀挡）的通道以及排气管阻塞，使通道压力增大；“积炭”能使活塞环卡死在活塞环槽里，失支密封作用；如果静电作用也会使“积炭”发生爆炸事故，故动力用的压缩机水冷却的排气温度不超过160℃，风冷却的温度不超过180℃。

41 回收压缩机一级进气压力上升是何原因，怎样排除？

一级进气压力上升的原因是：由于一级进、排气阀不良，吸气不足，高压气体流入进气管路，进气管通道截面窄小。

排除方法：拆除更换不合格的零部件；彻底紧闭旁通阀（以及注意防止压缩机过载）。

42 一级进气压力异常降低是何原因？怎样排除？

一级进气压力异常降低是由于空气滤清器淤塞，或者进气管路阻力大及开闭架卡死影响阀片开启或者进气弹簧弹力过大，也会延迟进气阀打开。

排除方法：检查清洗滤清器；改变进气管的阻力损失；修整开闭架使之灵活；更换弹力适当的弹簧。

43 一级排气压力异常上升是何原因？怎样排除？

进气温度异常低，进气压力高，一级冷却器效果低，因二级进、排气阀不良，进气不足，一、二极间管路阻力大。

排除方法：要确保冷却水量，清洗冷却器，拆除更换零件；管路要检查清洗。

44 回收单元采用哪种冷凝方式？

脱气仓顶部共聚单体采用低压冷凝和高压冷凝方法进行液化回收，重新送回到反应系统进行重复使用。

45 离心泵在停泵时为何要关出口阀？

防止停泵时出口管路里的液体倒流而使泵叶轮倒转，引起叶轮螺母松动，叶轮与泵轴松脱等现象。

46 多级压缩的优点有哪些？

多级压缩的优点有：避免压缩后气体温度过高；提高汽缸容积系数；减少压缩所需的功率。

47 发生跑、冒、滴、漏的原因是什么？

一般是操作不精心或误操作，另外是设备管线和机泵的结合面不密封而泄漏。

48 哪些措施可以防止设备腐蚀？

以下措施可以防止设备腐蚀：镶非金属材料衬里；喷涂防腐蚀材料；电化学防腐；添加缓蚀剂；喷涂或电镀金属涂层。

49 备机如何盘车？应注意哪些？

使泵轴旋转 180°角。盘车时应将开关置于手动停止状态，防止因泵自起造成人身伤害。

50 入回收过滤器的切换及更换滤芯的操作步骤有哪些？

(1) 打开备用过滤器进出口阀，正常投用。

(2) 关闭需要清理过滤器前后闸阀关闭，使用氮气反吹管线进行置换，压力置换 20 次，氮气充压使表指示上升至 50kPa，关闭氮气阀门，前 10 次用火炬排放阀门泄压，后 10 次用过滤器底部导淋进行泄压。

(3) 连接水线胶管，准备 2 瓶干粉灭火器，机修人员到场后，联系分析人员在过滤器底部导淋测爆分析，可燃气体含量＜20%LEL (lower explosion limited，爆炸下限)，分析合格后，处理过滤器，配合机修拆开过滤器，立即把滤芯取出放在远离设备的水解部位。

(4) 检查清理过滤器内部，确认彻底干净后，回装新过滤芯，回装后进行气密，发现漏点联系机修处理，进行压力置换 20 次，氮气冲压至 50kPa，关闭氮气阀门，使用过滤器底部导淋进行卸压，置换完毕后 50kPa 保压。

51 提高回收换热器传热效率的途径有哪些？

提高回收换热器传热效率的途径有：增大传热面积；提高冷热物流的平均温差；提高传热系数。

52 什么情况下离心泵要并联？

当单台泵的扬程足够，而流量不能满足要求时可采用两台型号相同的泵并联运行。

53 往复泵流量不足的原因有哪些?

往复泵流量不足的原因有：进出口滑阀不严，弹簧损坏；往复次数减少；过滤器堵塞；缸内有气体。

54 往复泵产生响声和振动的原因有哪些?

往复泵产生响声和振动的原因有：轴承间隙过大；传动机件损坏或紧固螺栓松动；缸内有异物；缸内进料不足。

55 离心泵流量不足的原因有哪些?

离心泵流量不足的原因有：缸内液面较低，吸入高度增大；密封填料或吸入管漏气；进出口阀门或管线堵塞；叶轮腐蚀或磨损；口环密封圈磨损严重；泵转速降低；被输送的液体温度高。

56 压缩制冷循环中，膨胀阀的作用是什么?

（1）使来自冷凝器的液态冷冻剂，经膨胀阀减压，使冷冻剂在蒸发器中汽化，汽化温度随节流后压力的降低而降低；

（2）调节冷冻剂的循环量。

57 膜分离都分离哪些物质?

膜分离是根据不同气体分子在膜中的溶解扩散性的差值，在一定压差推动下，可凝气有机蒸气（戊烷油、丁烯等）与惰性气体（如氮气、氢气）相比，被优先吸附渗透，从而达到分离的目的。

58 膜回收原理是什么?

气体缓冲罐出口排放气进入有机膜分离系统中，它们将通过有机蒸汽膜表面。有机蒸汽膜允许碳氢化合物以比惰性气体较快的速度通过膜，这样气流被分为富含碳氢化合物的渗透气流和富含氮气的渗余气。

富含碳氢化合物的渗透气进入新回收系统，液相经回收泵送往反应系统，气相经热交换器加热后送入气体缓冲罐。富含氮气的渗余气送入火炬系统。

59 如何投用膜分离系统？

投用膜分离系统的操作步骤如下：

(1) 确认系统吹扫完毕，调节阀及跨线手阀关。

(2) 确认压力控制阀处于自动控制状态，回收压缩机负荷为75％。

(3) 现场微开压力控制阀，控制入口流量在500kg/h。

(4) 控制压力波动不超过200～300kPa/min，直到压力指示达到稳定，约为660kPa。

注：膜分离系统开车时开关各阀门必须缓慢且仔细，以减少操作对膜组件造成的压力波动。

(5) 缓慢打开渗透侧阀门，渗余侧阀门。

(6) 膜渗余侧阀打自动，调节进入膜分离系统的膜入口压力，膜入口压力设定值为660kPa。

(7) 保持系统压力稳定，并逐步打开阀至全开。打开速度约为10s。注意膜入口流量表、膜渗透侧流量表和压缩机的负荷，防止压缩机过载。

(8) 缓慢关闭手阀，关闭速度约为10s/r。

注：每次阀门关小后都需要等阀门自动维持膜入口压力恒定后才能继续关小；每次调整阀门开度后注意观察压缩机的运行情况，一旦压缩机出现过载，则打开阀门，减少进入膜分离系统的排放气量。

(9) 逐步关闭阀门，控制膜组件入口压力在660kPa，系统开车完成。

60 如何将调节阀从现场手轮控制改为室内自动控制？

将调节阀从现场手轮控制改为室内自动控制的步骤是：

(1) 室内操作人员将调节器打到同室外阀门相同的开度；

(2) 室外投用仪表风；

(3) 松开现场调节阀手轮。

61 启动往复泵前应检查的主要内容有哪些？

启动往复泵前应检查的主要内容有：

(1) 各种附件是否齐全好用，压力表指示是否为零；

（2）润滑油箱油量和油质是否符合要求；

（3）连杆和十字头的有关紧固螺栓、螺母是否松动；

（4）进出口阀门的开关位置是否正确；

（5）疏水阀和放空阀是否打开、润滑是否良好。

62 往复泵流量不足的原因及处理方法是什么？

往复泵流量不足的原因及处理方法如下：

（1）进出口滑阀不严、弹簧损坏　修理或更新进出口滑阀和弹簧；

（2）往复次数少　调整泵频率；

（3）过滤器堵　清理过滤器；

（4）罐内有气体　给罐排气。

63 造成离心泵振动、噪音大的原因及处理方法是什么？

造成离心泵振动、噪音大的原因及处理方法如下：

（1）轴弯曲变形或联轴器错口　调直或更换轴；

（2）叶轮磨损失去平衡　更换新叶轮；

（3）叶轮与泵壳发生摩擦　拆开调整；

（4）轴承间隙过大　调整检修；

（5）泵壳内有气体　检查漏气并处理。

64 离心泵流量不足的原因及处理方法是什么？

离心泵流量不足的原因及处理方法如下：

（1）罐内液面低或吸入高度增大　调整高度；

（2）密封漏气　压紧填料；

（3）进出口管线或阀门堵　检查清理；

（4）叶轮磨或腐蚀　换叶轮；

（5）泵转速低　调转速；

（6）口环密封磨损　更换密封；

（7）被输送液体温度高　降温。

65 回收压缩机气缸发热的原因及处理方法是什么？

回收压缩机气缸发热的原因及处理方法如下：

(1) 气缸夹套冷却水不足　调整水量；

(2) 气缸与滑道不同轴太大　调整；

(3) 活塞环装配不当，工作不正常　重新装配；

(4) 油量不足　检查处理；

(5) 气缸余隙大　调整余隙。

66 离心式压缩机振动的原因及处理方法是什么？

离心式压缩机振动的原因及处理方法如下：

(1) 联轴器和机身转子找正的误差大　重新找正联轴器和机身转子；

(2) 转子动平衡破坏　重新找正转子动平衡；

(3) 轴承间隙大　调整轴承间隙；

(4) 发生喘振　加大吸气量；

(5) 轴承损坏　更换轴承；

(6) 轴承或地脚螺栓松动　紧固轴承或地脚螺栓。

67 如何提高换热器的传热系数？

要提高换热器的传热系数，需提高对流传热膜系数。包括：增加流体流速或改变流动方向，采用热导率较大的加热剂或冷却剂，尽量采用有物态系数变化的流体。设法防止垢层的形成，及时消除垢层和尽量使用不易成垢流体。

68 简述高压冷凝器的传热过程？

高压冷凝器为列管式换热器，其冷热两股流体被管壁分开，热量首先以对流传热方式将热量传给管壁一侧，再以传导方式将热量传给管壁另一侧，最后热量被以传导方式传给冷流体。

69 有机蒸气膜分离原理是什么？

有机蒸气膜采用膜领域比较通用的卷式膜。原料气进入膜组件后，在薄膜层之间流动。原料侧和渗透侧之间的隔网为气体流动创造了通道。渗透速率大的有机蒸气透过有机蒸气膜后，进入膜组件中间的渗透侧收集管；渗透速度小的小分子气体被阻挡在膜的外面成了渗余相，从而实现了有机蒸气与小分子气体的分离。

70 如何停冰机？

停冰机的简要步骤如下：

（1）先将自动改成手动操作；

（2）减载至10%；

（3）按停机键停车；

（4）长时间停车需停润滑油冷却水，停机前关闭氟里昂冷却器出口阀，把氟里昂打入冷却器中，必要时停电。

71 冰机热力膨胀阀工作原理是什么？

热力膨胀阀是通过感受蒸发器出口气态制冷剂的过热度来控制进入蒸发器的制冷剂流量。高压气体在经过节流阀时，速度快、时间短，气体膨胀来不及与周围介质进行热交换，只好消耗气体本身的热量，使气体的温度急剧下降的过程。按照平衡方式不同，热力膨胀阀分为外平衡式和内平衡式。

72 冰机热力膨胀阀开启度太小会有什么影响？

膨胀阀开启度太小的话，就会造成供液不足，使得没有足够的氟里昂在蒸发器内蒸发，制冷剂在蒸发管内流动的途中就已经蒸发完了，在这以后的一段，蒸发器管中没有液体制冷剂可供蒸发，只有蒸汽被过热。因此，相当一部分的蒸发器未能充分发挥其效能，造成制冷量不足，降低了冰机的制冷效果。

73 冰机热力膨胀阀开启度太大会有什么影响？

如果热力膨胀阀开启过大，即热力膨胀阀向蒸发器的供液量大于蒸发器负荷，会造成部分制冷剂来不及在蒸发器内蒸发，同气态制冷剂一起进入压缩机，引起湿冲程，甚至冲缸事故，损坏压缩机。同时，热力膨胀阀开启过大，使蒸发温度升高，制冷量下降，压缩机功耗增加，增加了耗电量。

74 排放气回收压缩机冷却能力下降的原因及处理方法是什么？

排放气回收压缩机冷却能力下降的原因及处理方法如下：

（1）内部和外部冷却水管生锈　清理冷却水管线；

(2) 冷却水温度升高　降低冷却水来水温度；

(3) 冷却水供给不足　增加冷却水供给。

75 排放气回收压缩机润滑油压力低的原因及处理方法是什么？

排放气回收压缩机润滑油压力低的原因及处理方法如下：

(1) 空气从油管吸入口吸入　采取措施防止空气吸入；

(2) 空气从润滑油泵吸入　检查泵内部并处理正常；

(3) 齿轮磨损　更换齿轮。

76 排放气回收压缩机水进入润滑油系统的原因及处理方法是什么？

压缩机水进入润滑油系统的原因及处理方法如下：

(1) 油冷器冷却管破裂或涨管口松动　修复破裂管或更换；

(2) 水从机体夹套中泄漏　检查夹套；

(3) 机体水夹套外表面有冷凝水　夹套过冷，调整冷却水流量。

77 冰机入口压力太低的原因及处理方法是什么？

冰机入口压力太低的原因及处理方法如下：

(1) 负荷太高　降低压缩机负荷；

(2) 蒸发器中含油多　将渍排出蒸发器；

(3) 过滤器堵塞　检查并清理过滤器；

(4) 压缩机入口气体过热　调节恒温膨胀阀；

(5) 恒温膨胀阀结冻　用热的湿布将恒温膨胀阀化冻换阀；

(6) 膨胀阀前电磁阀打不开　电圈可能烧坏，更换线圈；

(7) 氟里昂量不够　加入适量的R22。

78 冰机入口温度过高的原因及处理方法是什么？

冰机入口温度过高的原因及处理方法如下：

(1) 负载不足　提高负载；

(2) 蒸发器入口气体过热　检查并调整蒸发器上的恒温膨胀阀；

(3) 安全阀泄漏或安全阀早启跳　检查冷凝器压力，校正或修理安全阀。

79 冰机入口温度太低的原因及处理方法是什么?

冰机入口温度太低的原因及处理方法如下:

(1) 压缩机入口管线上有液体 调节膨胀阀或浮动开关;

(2) 传感器松动或错位 检查传感器是否和压缩机入口管线接触良好,位置是否正确。

80 为什么乙二醇泵启动前关出口阀,而高压/低压凝液回收泵必须开出口阀?

因为乙二醇泵为离心泵,而高压/低压凝液回收泵为往复泵,两者的工作原理不同,因而启动步骤不同。

离心泵是速率式泵,流量越大所消耗的功率越大,关出口阀,离心泵的流量为0,可以减少电机启动时的负荷,防止电机超负荷,烧坏电机。

往复泵时容积泵,关出口阀,液体打出后,无路可走,由于液体不可压缩,会使泵体压力突然增大,损坏泵缸、出口管线或活塞杆。

81 制冷机油系统的作用是什么?

制冷机油系统有四个作用:密封、润滑、冷却、调整负荷。

82 低压凝液罐和高压凝液罐的作用是什么?

低压集液罐主要用于收集异戊烷或已烯;

高压集液罐主要用于收集丁烯。

83 往复泵适合什么场合使用?

往复泵适用于流量小、扬程高的场合。

84 高压凝液返回泵不上量是什么原因造成的?

高压凝液返回泵不上量的原因有:吸入压力低;隔膜损坏;缺油;油安全阀坏。

85 乙二醇泵振动的原因有哪些?

乙二醇泵振动的原因有:流量过小;转子不平衡;泵轴与电机

轴不同心；叶轮气蚀或有杂质；配合部件间隙过大；泵轴或口环磨损太大；泵内和管路内有杂物。

86 密封油泵压力下降由哪些因素造成？

密封油泵压力下降由以下因素造成：泵运转不正常；泵吸入不当；安全阀故障；浮动衬套阀的间隙过大；控制装置故障；油温高。

第七章 添加剂和挤压造粒

第一节 浆 液 法

1 造粒单元进料系统流程是怎样的？

粉料由粉料仓 A/B/C 向造粒区的造粒粉料罐输送。用于输送的氮气通过安装在造粒粉料仓顶部的过滤器离开造粒粉料仓，流至输送氮气过滤器。聚乙烯粉料靠重力通过由速度控制安装在造粒粉料仓下的旋转加料器直接送至主粉料计量秤。主粉料计量秤将 HDPE 粉料送至螺杆混炼机，在那里粉料将同所有必要的添加剂混合。添加剂通过不同的计量秤计量，被送到添加剂混合器。利用粉尘过滤器和排放气引风机的抽吸一起作用来除去操作过程中的粉尘。送到混合螺杆器的添加剂的量由添加剂计量秤来控制。这些计量秤由主粉料计量秤根据产品配方控制。混合螺杆器主要是将各种添加剂均匀分散在粉料中。混合粉料通过振动筛后送至挤出机进料料斗。通过安装在螺杆混炼机顶部的挤出机进料脱气过滤器对粉料线脱气，过滤器的排风机将氮气抽吸并排至大气中。

2 造粒单元加热、挤出系统流程是怎样的？

挤出机安装有节流阀、筛网和带切粒机的齿轮泵（在工程设计阶段选择不同的制造商有不同的结果）。除模板外，挤出机的加工部分由蒸汽加热，模板由油加热。材料在挤出机中加工过程所需要的能量由主电机和高速的螺杆或混合器提供。在挤出机的加工和混合过程中，粉料混合物被塑化、捏合和混合。加工 HDPE 材料所需的能量可以通过改变添加速率和螺杆转速来调节。通过节流阀

(如果需要) 产品会进入齿轮泵并产生一定的压力使材料从模板挤出。与模板连接的是水下切粒机。塑化的材料从模板成条状挤出，被切刀具立即切断，并由切粒水冷却，这样就防止了结块。输送水带着物料流过旁路阀，在这里，开车时所生产的材料能够在粒料预分离器分离。工艺变为正常情况后，水直接流经运输阀到离心粒料干燥器。干燥器系统由干燥器风机脱气。由离心粒料干燥机所分离的水重新循环回颗粒水收集罐。一个旁路运输水管线通过一个细筛，来将所载有的 HDPE 粉料分离。通过运输水泵和运输水冷却器运输水回到挤出机的切粒室。

3 造粒单元粒料输送系统流程是怎样的?

由粒料干燥器出来的粒料通过一个粒料振动筛送至慢速密相流动状态的粒料输送系统，在那里粒料以气送形式被送至均化器。在这之前装有一个转向阀，开车时被怀疑存在质量问题的粒料被分离到中间粒料仓，检查后，这些粒料或者通过旋转加料器和转向阀被掺混到料中或者被再次送到挤出机进料斗。粒料的均化包括四个等同的料仓来保证连续的产品流动。四个均化器用来处理常规产品。一个均化器用来临时储存中间产品或者不合格的产品。因为所有的均化器的功能都相同。填充过程大约要 12h 或更长时间，这主要决定于产率。粒料由冷却风机进行气冷。在这一操作中，冷空气从锥体底部送入，以便于建立空气流流过产品表面。在一个均化仓装满后，产品通过一个转向阀手动送至下一个空的粒料均化仓。在填满的均化器中冷空气停止流动，并开始均化。均化过程中采用了气体循环系统。由于粒料输送的气流由鼓风机产生，粒料输送压缩机在这一部分用来作均化和掺混。并且承担 HDPE 粒料由挤出单元到均化器的运输功能。均化过程由一个多管系统来完成（例如，垂直的有孔的管子)。粒料同时由均化器不同的层面流出、混合并通过旋转加料器返回均化仓。在均化结束后，粒料仓将通过旋转加料器 RF5301A-D 送空。产品被送至粒料包装储仓和码垛区。码垛区并不是基础设计的范畴。

一旦在切换牌号或在出现轻微质量问题时，粒料相应地储存在均化器内，然后粒料或者被包装或者通过转向阀 DV530XA-D 分批循环回均化器 D5301 和合格产品混合。

4 简述气动离合器的工作原理。

气动离合器是用于连接主电机和减速箱的设备，它实际上是一个限制扭矩摩擦的离合器。压缩空气作用于摩擦片之间产生摩擦力，压缩空气压力的大小决定了扭矩的大小，摩擦片产生相对位移，主电机和减速箱就产生了速度差。主电机和减速箱停止，防止摩擦片热烧损。

5 如何投用筒体过渡段冷却水?

当筒体某一段温度高时，相对应的冷却水控制就会瞬间打开200ms，冷却水进入筒体内冷却筒体后再回到水泵入口。

6 节流阀和开车阀的作用及原理?

节流阀的作用主要是调节熔体背压，改变熔体塑化程度和比能耗。

开车阀的作用主要是开车时将筒体内氧化变质的料从开车阀拉出。

原理是节流阀在筒体内为两片半圆形叶片，开度 20%～80%，开车阀是有一套液压油系统控制的一个驱动滑块，滑块有一个用于把熔体排到地面的孔、一个排直通的孔。用液压油控制排地与直通，排地开车时用。

7 切粒机液压油系统有几个工作回路？分别是什么?

切粒机液压油系统有三个工作回路，分别是前后移动油路、水室锁紧油路和切刀前后移动油路。

8 减速箱润滑油系统有哪些设备?

减速箱润滑油系统有以下设备：减速箱（油箱）、油泵、过滤器、冷却器、电加热器。

9 为什么要使用盘车电机?

使用盘车电机的主要目的是：

（1）防止主电机启动负荷过大，烧坏主电机或主电机轴杆损坏；

（2）将筒体氧化的料拉出。

10 挤出机端机械密封的作用是什么？

挤出机端机械密封的作用是：防止熔体泄漏、防止空气进入。

11 齿轮泵热油系统的作用是什么？什么情况下投用？

齿轮泵热油系统的作用是冷却轴承和轴封作用，防止轴承和轴封过热。

高压蒸汽投用升温达到100～150℃时，程序将启动轴承用热油泵和电加热器，挤出机降温时，热油系统保持相应温度，也就是说高压蒸汽只按投用热油系统就必须运转。

12 双螺杆混炼机包括哪些部件？

双螺杆混炼机包括以下部件：

进料斗；主马达，包括轴承润滑油系统；变速辅助马达；带润滑油系统的行星齿轮减速箱；相互啮合的同向旋转螺杆和筒体；筒体冷却水系统。

13 进料斗过滤网的作用是什么？

进料斗中装有一个过滤网，用于防止大块粉料进入混炼机。进料斗用氮气吹扫，以减少夹带的氧。进料斗设有内部过滤网，吹扫氮气从过滤网后面引入，保证进料分布良好。

14 混炼机筒体第一段为什么通冷却水？

第1节筒体是进料区，该段螺杆主要作用是把粉料向前输送。向本节筒体连续通入筒体冷却水，目的是防止粉料过早熔融而造成堵塞。

15 熔体齿轮泵的工作原理是什么？

齿轮泵属于容积型泵。熔体齿轮泵对熔融聚乙烯增压，产生通过熔体过滤网和模头组件所需的压力。齿轮泵由变速马达经齿轮减速箱驱动，齿轮减速箱有润滑油系统，包括润滑油泵、油冷却器、油过滤器等。通过控制齿轮泵转速来维持吸入侧的压力稳定。吸入压力低于设定值，转速降低，排出量减少，压力上升；吸入压力高于设定值，转速增大，排出量增大，压力下降。

16 粒子干燥系统包括哪些设备？

该系统包括以下设备：离心干燥器、振动筛、切粒水箱、切粒水泵、切粒水冷却器、细粉分离器。

17 如何切换热油泵？

以下叙述以热油泵 A 切换到热油泵 B 为例。

(1) 确认热油泵 B 已送电、马达冷却水（筒体冷却水）已通入。

(2) 确认热油泵 B 的入口排放阀已关闭并盲住。

(3) 微开热油泵 B 的入口阀，对泵进行充油，并在管路高点排气，见油后立即关闭排气阀。

(4) 慢慢全开热油泵 B 的入口阀，并启动热油泵 B。

(5) 热油泵 B 运行稳定且压力达到后，慢慢打开热油泵 B 的出口阀，同时慢慢关闭热油泵 A 的出口阀。注意，在慢慢开和关的同时，要注意热油流量，以免造成联锁。

(6) 在热油泵 A 出口阀完全关闭后，停止热油泵 A。

(7) 检查去齿轮泵的热油流量和温度正常，齿轮泵轴承温度正常。

(8) 关闭热油泵 A 入口阀。

(9) 切断热油泵 A 电源。

(10) 等热油泵 A 的泵体和内部的油冷却到 50℃以下后，进行放油和维修工作。

18 如何切换筒体冷却水泵？

以筒体冷却水泵 A 切换到 B 为例说明。

(1) 确认筒体冷却水泵 A 入口排放阀已关闭。

(2) 微开筒体冷却水泵 A 的入口阀，对泵进行充水，并在管路高点排气，然后关闭排气阀。

(3) 给筒体冷却水泵A送电。

(4) 慢慢全开筒体冷却水泵A的入口阀，并启动筒体冷却水泵A。

(5) 在筒体冷却水泵A运行稳定后，慢慢打开其出口阀直至全开。

(6) 在筒体冷却水泵A出口阀全开并运行平稳后，慢慢关闭筒体冷却水泵A的出口阀直至全关。

(7) 检查筒体冷却水压力正常。

(8) 停止筒体冷却水泵A。

(9) 关闭筒体冷却水泵A的入口阀，并放掉泵体内的水。

(10) 切断筒体冷却水泵A电源后进行维修工作。

19 如何切换颗粒水（PCW）泵？

以PCW泵A切到B为例说明。

(1) 确认PCW泵B的进出口阀、排放阀处于关闭状态。

(2) 接通PCW泵B的密封冲洗水。

(3) 给PCW泵B送电。

(4) 打开PCW泵B的入口阀，并排气，然后关闭排气阀。

(5) 启动PCW泵B，运行稳定后慢慢打开其出口阀。注，此时，PCW流量由FI50624控制。

(6) 慢慢关闭PCW泵A出口阀，并检查PCW流量是否保持恒定。

(7) 停止PCW泵A，并关闭其入口阀。

(8) 关闭PCW泵A的密封冲洗水，并放掉泵体内的水。

(9) 切断PCW泵A电源后进行维修工作。

20 如何切换润滑油泵？

造粒系统的润滑油泵有：主马达润滑油泵、主齿轮箱润滑油泵、齿轮泵润滑油泵。

下面以A（运行泵）切到B（备泵）为例，切换步骤如下。

(1) 给泵B送电。

(2) 打开泵B入口阀，对其充油、排气，见油后关闭排气阀

(对于主马达润滑油泵，不需要本步骤)。

(3) 打开泵B出口阀。

(4) 把泵B启动控制切到DCS，并从DCS启动泵B。

(5) 泵B运行稳定后，停止泵A。

(6) 检查系统运行稳定。

(7) 把泵A启动控制切到手动。

(8) 切断泵A电源。

(9) 关闭泵A入口、出口阀，放油。

21 如何切换润滑油过滤器?

造粒系统的润滑油过滤器有：主马达润滑油过滤器、主齿轮箱润滑油过滤器、齿轮泵润滑油过滤器。

下面以A(运行泵)切到B(备泵)为例，切换步骤如下：

(1) 给过滤器B充油、排气。

(2) 拆开过滤器B上部的排气阀闷头或盲板，接上临时接油管，并放上接油容器。

(3) 打开过滤器A和B之间的充油管线阀门。

(4) 打开排气阀，对过滤器B进行排气，见油后，关闭排气阀。

(5) 关闭过滤器A和B之间的充油管线阀门，并拆掉临时接油管、安装过滤器B上部的排气阀丝头或盲板。

(6) 松掉切换杆上的锁紧螺母，把切换杆切到过滤器B位置，过滤器B切入系统，停用过滤器A。检查过滤器B的压差正常。重新锁紧切换杆上的锁紧螺母。

(7) 在过滤器A底部的排油管处放上接油容器，拆开过滤器A上部的排气阀闷头或盲板，并打开底部排油阀和顶部排气阀，放净过滤器A中的油。

(8) 拆掉过滤器A顶部法兰，取出脏的过滤元件，进行清洗或处理。

(9) 在过滤器A内安装清洗过的或新的干净的过滤元件，并装上过滤器A顶部法兰，保证密封。

(10) 给过滤器A充油、排气。

(11) 在过滤器A顶部的排气管上接上临时接油管，并放上接油容器。

(12) 打开过滤器A和B之间的充油管线阀门。

(13) 打开排气阀，对过滤器A进行排气，见油后，关闭排气阀。检查有无泄漏。

(14) 关闭过滤器A和B之间的充油管线阀门，并拆掉临时接油管、安装过滤器A上部的排气阀丝头或盲板。

22 挤出机进料斗料位高报原因是什么?

挤出机进料斗料位高报的可能原因是:

(1) 粉料结块或架桥，需要停车清理;

(2) 挤出机筒体第一段（进料段）的冷却水没通入;

(3) 料位计故障。

23 熔融泵出口压力高原因是什么?

熔融泵出口压力高可能原因是:

(1) 换网器堵塞，需要切换换网器并更换过滤网;

(2) 模孔堵塞，需要停车检查。

24 熔融泵吸入压力低原因是什么?

熔体齿轮泵吸入压力低的可能原因是:

(1) 产量降低;

(2) 压力变送器导压管路堵塞;

(3) 熔融泵吸入压力控制（转速）是否故障。

25 粒子出现尾巴原因及处理方法是什么?

如果颗粒有尾巴，原因及处理方法如下:

(1) 切粒刀平整度不好—更换切粒刀组、磨刀，重新启动;

(2) 切粒刀缠绕聚合物—更换切粒刀组、磨刀、重新启动;

(3) 切粒刀数与产量不匹配或者切粒机的转速与产量不匹配。模板部分堵塞可能需要使用较高的转速，导致切粒刀上的力过大;

(4) 切粒刀磨损或损坏—更换切粒刀组、磨刀、重新启动;

(5) 模板磨损或损坏—检查模孔边缘有无损坏，按需要更换或研磨；

（6）切粒机对中不好—重新对中。

26 颗粒长短不一原因及处理方法是什么？

如果颗粒长短不一，其原因及处理方法如下：

（1）模板温度太低—检查热油系统。加热介质流量不足，模板中的热交换不够。检查加热介质的流量，检查是否有泄漏以及管路保温；

（2）产量低—模板靠聚合物的热量来保持模孔畅通。如果流过模孔的量不足，可能导致有些模孔冻结。这通常是高熔融指数物料的问题；

（3）沉积物或降解聚合物使模板部分堵塞—检查挤出机清洗时聚合物熔体的状况。模孔堵塞会使流动性差，同时，热通道中热交换不够，延长清洗操作直至流动性好为止；

（4）造粒冷却水温度太低—如可能，升高切粒水温度，但是，重要的是将水温维持在所规定的温度范围内，该温度是由安全操作、防烫以及粒子输送要求决定的。

27 粒料中有颜色差异原因是什么？

聚合物粉料和生产出来的颗粒之间有明显的颜色差异，其原因及处理方法如下：

（1）粉料失活不够（黄色）—检查上游工序脱气操作是否正确；

（2）添加剂配方—检查添加剂处于良好状态，以及正确恒定地添加；

（3）挤出机的高比能耗—如可能，以较低的比能耗操作；

（4）挤出机产量低—如可能，要避免产量低于挤出机设计产量的60％；

（5）挤出机各段筒体温度不正确　设置正确的筒温操作。

28 产生粒子污染的原因是什么？

（1）在调试期间，由于挤出机频繁的启动和停止，黑点可能发生。

（2）挤出机各段筒体温度不正确（黑点）。

（3）启动/停止程序不良（例如筒体清洗不充分就会引起黑点）。

（4）粉料仓清洁度不够。

（5）切粒机冷却水不干净。

（6）挤出机启动/停止频繁。

（7）检查添加剂状况，有些添加剂会水解产生黑点。

（8）氧含量高，检验挤出机进料口的氧含量并确保氮气流量正确。

29 鱼眼的产生原因及处理方法是什么？

鱼眼（经常叫做凝胶）的产生，可能是因为：

（1）聚合物过滤不够；

（2）挤出机部分加热不够；

（3）不同产品混在一起；

（4）挤出的污染（如脏的过滤网，脏的模板）；

（5）添加剂扩散性差；

（6）添加剂的加入量不够—检查添加剂的含量和稳定性；

（7）检查添加剂的状况；

（8）比能耗不正确—低的比能耗通常不容易产生鱼眼。

30 若粒子过于膨胀，应如何操作？

（1）检查 MFR 分析结果是否正确；

（2）检查添加剂是否按产品配方正确加入；

（3）开大节流阀，降低比能耗；

（4）提高产量。

31 若粒子含水应做何调整？

（1）检查离心干燥器工作是否正常，包括皮带、排气风机风量调节是否正常；

（2）检查并调节切粒子水温度和流量；

（3）提高模板温度。

32 挤出机开车后的检查有哪些?

挤出机开车后要检查以下内容:

(1) 从切粒窗观察切粒情况是否正常;

(2) 查看振动筛旁通线出来的粒子的小块料和不规则情况,这些情况消失后,立即切向振动筛;

(3) 检查粒子大小、形状,调节切粒机转速;

(4) 把筒体冷却水通入齿轮泵的轴封系统,并除去泄漏出来的聚合物;

(5) 关闭 PCW 槽的蒸汽,并微开水位控制阀的旁通,让切粒水保持少量溢流;

(6) 清除开车阀和模板下面的聚合物。

33 挤出机端机械密封的作用是什么?

挤出机端机械密封的作用是:防止熔体泄漏;防止空气进入。

34 换网器是如何投用的?

当压差达到 150bar (15MPa) 时,就必须切换筛网,否则齿轮泵出口压力高联锁停车,正常生产时,筛网一个在外面备用,一个在筒体内切换时,由于压力升高,可能造成联锁停车,可先把负荷降下来后再切换。

35 进料斗过滤网的作用是什么?

进料斗中装有一个过滤网,用于防止大块粉料进入混炼机。进料斗用氮气吹扫,以减少夹带的氧。进料斗设有内部过滤网,吹扫氮气从过滤网后面引入,保证进料分布良好。

36 本装置罗茨风机有哪些?其作用是什么?

本装置罗茨风机有 C2203A/B、C2402A/B/C、C5403A/B 三组。其中 C2203A/B 是将干燥后的粉料送到粉料处理仓 D2301;C2402A/B/C 将 D2401 中的粉料送到 D5101,或者将 D2301 中的粉料送到 D2401 或者是 D5101;C5403A/B 是用于输送冷空气。

37 造粒机组进料成分有哪些？

造粒机组进料成分有：粉料、固体添加剂（物流总量的0.1%～0.5%）、不合格粒料（总量的0～10%）。

38 筒体蒸汽加热系统操作时应注意哪几点？

筒体蒸汽加热系统操作时应注意以下几点：

（1）首次投用时，加热速度一定要慢，使其筒体均匀受热，均匀膨胀，不要产生过大热应力，对设备有损；

（2）要注意管线是否畅通，检查疏水器和过滤器；

（3）巡检时注意观察温度点。

39 造粒机组中颗粒水系统由哪些设备组成？

水箱、PCW泵、板换、水室干燥机、振动筛、过滤器、带式过滤器、风机组成颗粒水系统。

40 换网器滑块不能移动的原因及处理方法有哪些？

换网器滑块不能移动的原因及处理方法如下：

（1）液压装置未达到工作压力，液压装置的蓄能器有缺陷　对液压装置进行机械和电气检查；

（2）网芯托板松动，液压装置与液压缸之间的球形旋塞关闭　检查锁紧螺钉的位置，打开球形旋塞；

（3）换网器的门打开或未锁　关闭换网器的门。用钥匙锁好四个换网器门，将钥匙放入钥匙槽内；

（4）控制阀有缺陷　检查控制阀的功能，必要时更换。

41 挤压机筒体温度过高过低有何不好？

挤压机筒体温度过高的缺点是：浪费能源；树脂过稀，不利切粒，影响质量；树脂易降解；添加剂易分解。

温度过低的缺点是：树脂熔融不好；树脂流动性差；增大混炼机负荷。

42 抗氧剂的作用是什么？

抗氧剂可抑制和推后聚合物正常或较高温度下的氧化降解。由于抗氧剂是聚合物游离基或增长链的终止剂，也是过氧化物的分解剂，可使聚合物由于氧化降解产生的过氧化物分解成非游离基的稳定化合物，因此，用抗氧剂代替易于氧化分解的聚合物与氧反应，可有效地防止氧对聚合物的氧化作用。

43 减速箱润滑油系统有哪些设备？

减速箱润滑油系统有以下设备：减速箱（油箱）、油泵、过滤器、冷却器、电加热器。

44 造粒机组磨刀具体步骤有哪些？

造粒机组磨刀步骤如下：

（1）确认挤压机电机停止；

（2）确认 PCW 系统已在旁路循环并升温；

（3）确认模板已经清洗，模孔充满聚合物；

（4）在聚合物不再从模孔流出后，拆除模板外罩，用铲刀清理模面；

（5）启动切粒机液压装置，将切粒小车与模板连接，锁紧；

（6）启动磨刀程序；

（7）确认切粒机启动（适当调整切粒机转速）；

（8）确认颗粒水通向切粒室；

（9）确认切粒刀向模板推进，（适当调整切粒刀到模板压力），开始磨刀；

（10）确认磨刀时间结束；

（11）确认切粒机停止；

（12）确认切粒刀从模板离开；

（13）确认切粒水旁路循环，磨刀停止；

（14）确认切粒室排水阀打开；

（15）确认切粒室内水排净；

（16）切粒小车与模板解锁，切粒小车离开模板；

（17）检查磨刀情况，如果不行按前面的步骤再次磨刀；

（18）确认模板磨痕是否均匀对称，如有不均匀对称情况说明切粒机对中不好，联系维修人员重新对中。

45 停车期间如何对机组温度及辅助系统进行调整？

（1）如果为短时间停车，将筒体温度和出料段温度重新设定到开车温度；

（2）如果装置停止生产1～5天，逐步将加工段和出料部件的工作温度降低至约为100～150℃，开始生产时可以再次相当迅速地加热装置，并达到热透时间。根据需要关闭润滑油系统，关闭颗粒水泵，关闭开车阀及换网器液压油单元，根据需要关闭辅助下游装置；

（3）如果装置停止生产持续6天以上，停止筒体冷却水系统，关闭加工段、出料部件蒸汽并关闭导热油单元的加热器，待机组温度降到100℃以下停止导热油系统，使机组自然冷却到环境温度。关闭润滑油系统，关闭颗粒水泵和颗粒水箱蒸汽及停颗粒水换热器。

46 停切粒机液压设施的操作步骤有哪些？

（1）停止液压油泵；

（2）联系供电人员停止液压油泵的电源；

（3）确认油压为0；

（4）用软管连接油箱底部排放阀到合适容器，打开油箱底部排放阀放掉油箱内的液压油。

47 影响齿轮泵容积效率的因素有哪些？

影响齿轮泵容积效率的因素有：

（1）齿轮牙齿端间与机壳之间的间隙；

（2）齿轮侧壁与轴承；

（3）咬合区齿轮侧面与对应齿轮侧面；

（4）轴与轴承润滑流动。

48 挤出机停车过程是怎样的？

先停止粉料和添加剂进料系统，然后停止粉料和添加剂输送机和搅拌机，再停止主马达和辅助马达，再停止齿轮泵并把开车阀切向地面，然后切粒刀向后缩回，再停止切粒机。然后切粒水切旁通。

49 装置紧急停蒸汽，造粒系统如何处理？

装置紧急停蒸汽，造粒系统按以下方式处理：

（1）停高压蒸汽（HPS） 由于挤出机筒体，齿轮泵需要 HPS 加热来维持挤出机运行条件，所以一旦 HPS 停，必须停车。如果 HPS 停止时间很长，则要降低热油温度，并使热油旁通齿轮泵。

（2）停低压蒸汽 由于挤出机正常运行时不需要 LPS，所以停 LPS，无须做任何处理。

50 筒体加工段的作用是什么？

加工段安装在变速箱和出料段之间，由几个螺杆筒体段组成，可以加热和冷却，其中有两个紧密啮合同向旋转的螺杆。螺杆由不同的螺杆元件安装在贯穿轴承上组成。

螺杆元件和筒体采用模块化设计，可以通过配置不同的区域以配合不同的加工任务。可分为输送区、塑化区、混合剪切区、均化区、增压区、脱挥发区。

51 筒体加工段的歧管的作用是什么？

歧管用于加工段筒体的冷却。第一筒体段（进料筒体）的冷却通过针型阀手动控制。后面筒体段的冷却通过两位两通电磁阀控制。通过以短脉冲的形式将水喷射到筒体里面蒸发，来达到冷却的效果。

52 筒体加工段的蒸汽歧管的作用是什么？

通过歧管，加工段的筒体利用饱和蒸汽加热。歧管设计符合特定工艺条件。每个筒体提供一个控制区。

在进料管线上，每个控制区安装一个截流阀，在返回管线上，每个控制区安装一个凝液装置。凝液装置包括截流阀，一个凝液分离器，一个集污器和一个倒淋。截止阀手动控制。控制区与总管相连，通过进料和回流分离。

53 水下切粒机是如何发挥作用的？

水下切粒机可用于几乎所有热塑性塑料的造粒。切粒机壳体、切刀轴承的轴向装配和驱动单元安装在一个切粒机上。

来自加工段的产品流向模板方向。通过旋转的切刀，挤出的线束在模板表面被切成均匀的颗粒。颗粒水从下方进入切粒机壳体，并通过顶部出口将热颗粒输送出壳体。挠性的进出水管，允许在不拆除水管的情况下移动水下切粒机。

54 齿轮联轴器的作用是什么？

双节式联轴器安装在变速箱和熔融泵之间，并将驱动力矩从齿轮轴转移到熔融泵轴，从而补偿加工段热膨胀而产生的相对于熔融泵变速箱的水平和垂直位移。

55 熔融泵变速箱如何设计？

变速箱是一种三级减速器，可采用两种不同的设计：一个伞齿轮级和两个行星齿轮级；一个伞齿轮级和两个直齿圆柱齿轮级。

采用一个伞齿轮级和两个行星齿轮级的变速箱时，将在输出端提供一个传动比 $i=1$ 的直齿圆柱齿轮分配级。为了补偿变速箱和熔融泵之间的熔融泵和离合器的受热延长，该分配齿轮级的轴在圆柱滚子轴承内运转，使其能够轴向移动。分配齿轮级可确保不会在运行阶段接触熔融泵中的齿轮。

采用一个伞齿轮级和两个直齿圆柱齿轮级的变速箱时，将在输出端提供一个直齿圆柱齿轮分配级，并且输出轴在圆柱滚子轴承内运转，从而使之得以轴向移动。

对于两种设计而言，均提供了一个独立的润滑油装置，用于所有传动装置和滚子轴承的强制油润滑。此外，这可通过变速箱油位确保飞溅润滑。

56 如何停开车阀和换网器的液压系统？

开车阀和换网器的液压系统停车的步骤为：

(1) 停止液压油泵；

(2) 联系供电人员停止液压油泵的电源；

(3) 通过安全阀旁通阀慢慢放掉蓄压器内的压力；

(4) 用软管连接油箱底部排放阀到合适容器，打开油箱底部排放阀放掉油箱内的液压油。

57 如何停颗粒水系统以及颗粒干燥器和振动筛？

颗粒水系统以及颗粒干燥器和振动筛停车的步骤为：

（1）关闭颗粒水箱加热蒸汽；

（2）设定为手动并关闭；

（3）关闭前后截止阀、旁通阀；

（4）关闭颗粒水箱上部过滤器手动截止阀和电磁阀；

（5）停止运行的颗粒水泵；

（6）停止颗粒干燥器和抽湿风机；

（7）停止颗粒振动筛；

（8）联系供电人员停止颗粒水泵、干燥器、抽湿风机、振动筛电源；

（9）打开颗粒水箱底部排放阀；

（10）打开旁通阀对颗粒水箱进行清洗，并将颗粒水排净；

（11）打开颗粒水泵入口和过滤器底部和管线上的导淋阀排掉管线中的颗粒水；

（12）关闭颗粒水冷却器进出口阀门，排掉冷却水；

（13）清洗干燥器和振动筛。

58 如何停添加剂系统？

添加剂系统停车的步骤为：

（1）把所有添加剂给料秤控制方式选择为手动并停止；

（2）切断所有添加剂给料秤的密封氮气，并在氮气管路上安装盲板；

（3）切断添加剂缓冲罐的密封和净化氮气，并在氮气管路上安装盲板；

（4）在添加剂计量给料秤下面的旁通管线处放上合适容器；

（5）把给料秤下面的三通阀切换到旁通位置；

（6）启动添加剂计量给料秤；

（7）添加剂计量给料秤添加剂倒空后，停止添加剂计量给料秤；

（8）按以上步骤倒空本添加剂计量给料秤的另外线路内的添加剂；

(9) 添加剂计量给料秤线路全部倒空后，切断添加剂计量进料器电源；

(10) 如果要维修反吹系统，则切断其电源。

59 模板孔“冻结”的原因和处理方法是什么？

模板孔“冻结”的原因是模板未充分热透、温度太低、颗粒水到达模板的时间过早。每个孔树脂的通过量对于切粒机来说太小。达到最终生产速度的时间太慢、物料未均匀熔化或温度太低、温度分布不均匀。

处理方法：确认在启动前热透模板；检查物料/颗粒水到达模板的时间；启动时的最小加工量为 5t/h；切粒机启动后，使加工速度快速达到最终速度。

60 模板热油系统是如何起作用的？

通过配油装置，利用热油来加热模板。管道系统包括进料和回流各一个环形总管。环形设计对于确保模板均匀加热是很有必要的。

排放是利用进料和回流管路各自的截止阀来实现的。各阀门均为手动控制。利用进料和回流管路中的两根波纹不锈钢软管来实现各装置部件的纵向热传递。

61 颗粒干燥器的工作原理是什么？

颗粒干燥器是一种电驱动、持续旋转的机械干燥器。

湿颗粒进入入口箱，配备有叶片的圆筒通过螺旋式楔形筛筒输送颗粒。颗粒表面的水分在输送过程被气流吹走，从而使颗粒干燥。气流被一台风机抽出，并排放到厂房外的露天中。残余水又回流到颗粒水箱中。

62 颗粒水泵的作用是什么？

颗粒水泵站用于使干净和浑浊的颗粒水循环流动。根据要求，用于输送颗粒水的两台离心泵安装在颗粒水泵站。

63 振动筛的作用是什么？

借助于振动筛，将柳叶形或团块链状的较差切粒（一般称为不合格颗粒）与合格颗粒分离。根据振动筛的设计，也可以滤除细料。

64 双螺杆挤出机变速箱和熔融泵变速箱的油泵启动条件是什么？

如果在运行期间油压降到低于1.0bar（1bar＝0.1MPa），将作为一个报警指示。然后，操作员可以手动选择第二个泵。

如果这两个泵同时运行超过60s，显示“两个泵同时运行”，但不会激活联锁。如果油压下降至小于最小值（0.7bar），由于不能保证充分润滑，将停变速箱。

然而，如果设置有自动泵切换功能，如果在运行过程中一旦油压低于1.0bar，则第二台泵自动启动。

第二台泵启动后，第一台泵10s后自动停止。如果手动切换到第二台泵，那么在这种情况下，第一台泵也会在10s后自动停止。

为了避免连续发生多次切换，联锁顺序设置为装置停车之前只能自动切换一次。如果一台油泵故障，不能自动切换。如果油压下降至小于最小值（0.7bar），由于不能保证充分润滑，将停变速箱。

65 离合器过早脱开可能的原因有哪些？

（1）系统的空气压力不足或手动改变了压力控制器的设定；

（2）更换摩擦零件后，尚未重新确定跳闸点；

（3）离合器监测装置的传感器有缺陷；

（4）控制凸轮距离过大或电源线的连接有缺陷或松散，传感器过度振动；

（5）主驱动器电气开关值设置得过高或离合器的滑移力矩设定得太低；

（6）聚合物已到衬里之间；

（7）由于润滑剂影响导致降低摩擦系数。

66 离合器不脱开或脱开不充分或太慢可能的原因有哪些？

（1）控制和监测系统故障；

（2）摩擦片的内部导向件卡住（渐开线齿轮齿），即摩擦片变形；

(3) 衬里上擦掉的颗粒沉积在内部导齿中；

(4) 环形活塞在气缸中倾斜；

(5) 速动通风阀有缺陷或管道阻力太大。

67 油过滤器压差过高可能的原因是什么？

油过滤器压差过高可能是过滤器被以下物质堵塞：

(1) 轴承和/或齿轮齿或从油泵本身擦掉的微粒；

(2) 在换油或更换过滤器更换期间引入杂质；

(3) 老化产生的油组分和从油槽吸入的油组分；

(4) 来自管道和油冷却器的污物和疏松沉淀物；

(5) 油太冷或油的基本黏度过高；

(6) 溢流阀卡住（损坏）。

68 中间粉料仓防爆膜破裂可能的原因有哪些？

(1) 仓内压力超过防爆膜设定压力；

(2) 防爆膜材质脆，即爆破低于最大压力。

69 熔融泵轴承温度超过最大温度（超出警告信号）的原因有哪些？

(1) 仪表指示错误；

(2) 聚合物的处理量太高；

(3) 来自混炼机的聚合物温度太低；

(4) 聚合物黏度太高（MFI 很低）。

70 筒体加工工段有很大的噪声（如撞击声、咔嗒声、吱吱声）的原因及处理方法是什么？

筒体加工工段有很大的噪声的原因有：

(1) 机器在没有物料的情况下运行（没有润滑；干运行）；

(2) 对于“粉料螺杆”而言，粒料处理比例太高；

(3) 螺杆组元件未正确装配到轴上；螺杆轴与齿轮箱输出轴之间的联轴器松动，造成螺杆偏移。

相应的处理方法是：

(1) 进料或停车；

（2）降低进料粒料比例；利用外部加热方式升高塑化区之前和内部的升温水平；增大塑化区中捏合段的背压；

（3）检查螺杆轴联轴器，重新紧固连接螺母，直至螺杆轴与齿轮箱密切配合。

71 筒体温度与设定值的差异很大的原因及处理方法是什么?

筒体温度与设定值的差异很大的原因及处理方法如下：

（1）温度控制器未优化　相应地校正控制器或控制器程序；

（2）聚合物中有水分，在塑化区产生脉动　检查并降低聚合物中的水分。

72 筒体温度在设定值附近显著变化的原因及处理方法是什么?

筒体温度在设定值附近显著变化的原因及处理方法如下：

（1）排气系统不起作用　检查排气口；

（2）粉料的堆积密度变化较大　减小粉料堆积密度的变化；

（3）聚合物粉末中所含的空气过多　检查聚合物给料系统的排气（排气管路和/或过滤设备）。

73 聚合物从筒体段接缝处泄漏的原因及处理方法是什么?

聚合物从筒体段接缝处泄漏的原因及处理方法如下：

（1）密封有缺陷　更换密封；清洗筒体表面，除去黏附的任何聚合物；

（2）螺栓紧固扭矩太低/由于长期的温度影响和负载变化，减小了初始应力　装上新螺栓，首次加热后，应再次紧固这些螺栓；

（3）筒体表面损坏或不均匀　在磨床上重新磨削筒体表面。

注：在不清除聚合物的情况下再次紧固螺栓不会解决问题！

74 聚合物中挥发性物质的脱出不合格的原因及处理方法有哪些?

聚合物中挥发性物质的脱出不合格的原因及处理方法如下：

（1）聚合物熔体温度太低　增大熔体温度；

（2）聚合物加工量太大　逐渐降低加工量；

（3）螺杆结构不适合　如果必要，改变螺杆结构。

第二节 气 相 法

1 造粒的工作原理是什么?

聚乙烯粉料在混炼机中熔融主要靠两个无间隔螺杆相向旋转与树脂发生的剪切作用及树脂与混炼机筒体挤压摩擦及返混产生的热量，这是机械能转变成热能的过程，再经过熔融泵的两相向旋转的咬合齿轮的进一步剪切熔融，并经水下切粒机冷却切粒。

2 造粒单元流程是怎样的?

造粒系统的作用是将粉料树脂熔融后生成粒料树脂。树脂经熔融泵的剪切、挤压进一步熔融，并且熔融泵提供了树脂在模板出料的动力，树脂从熔融泵出来后，经熔融筛脱除杂质，从模板成束状出料，温度约为220℃左右，被处于60℃左右颗粒水中高速旋转的切刀切成粒状，冷却后的粒子随颗粒水进入脱块器，其中大尺寸的块料被脱除，符合规定的粒料进入干燥器，水由脱块器和干燥器的底部脱除，而较轻的粒料则被干燥器由顶部甩出，进入缓冲罐及旋转加料器送至过渡仓或成品仓。干燥器顶部还有一入风口，由中部风口经排气扇风机强制通风，形成与粒料逆行的气流，带走粒料中的水分。造粒产生的粒料通过旋转加料器送至过渡仓，正常生产时的合格品进入合格品仓，不合格但指标偏离控制范围不大的料进入过渡品仓，不合格品进入不合格品仓。

3 混炼机盘车电机的作用有哪些?

(1) 混炼机每次开车时，如果直接启动主电机，由于筒体内存在余料，较高的转速会造成初始启动时负荷过大而折断螺杆或烧坏电机，为防止这类事故发生，先启动盘车电机，由于盘车电机转速较慢，所受的负荷较小，可起到保护设备的作用;

(2) 混炼机每次停车后，筒体内会存有物料，如果不将这些余料倒空，经长时间的加热，这些料会碳化，再次开车时要清除这些料需要用很多料来冲刷置换，会造成很大的浪费，如果这些碳化料夹带在产品中还会影响产品质量。如果用主电机进行清扫的话，由于主电机转速较高，且螺杆的长度和直径比较大，容易刮毛螺杆和筒体，所以每次停车要用盘车电机扫空筒体内的余料。

4 粉料造粒的目的是什么？

（1）拉料的目的是将因初次通过系统而被污染的树脂或因长期停车而氧化变质的树脂拉出，直到树脂变得清洁为止；

（2）在熔融泵轴承及齿轮间隙间充入树脂起润滑作用；

（3）填充模孔，以防水进入模孔及模头汽化而损坏设备。

5 为什么有些添加剂需配制母料？

有些添加剂需配制母料的原因有：

（1）添加剂的熔点低，单独加易在加料器螺杆，掺混器搅拌器及温度高的部位熔融，影响设备的正常运转及堵塞下料口；

（2）添加剂的黏度大，易在设备或管线中架桥，需经掺混可分散添加剂，顺畅下料；

（3）添加剂单独添加时下料量小，而加料器在操作下限工作时误差大，因此需配制母料，增加下料。

6 电机为何不能连续启动？

电机只有运转起来后，才能输出机械能带动泵运转，电机在正常运转中不能超过其规定的额定电流，否则电机将发热。电机的启动电流为额定电流的5～8倍，在这种条件下如果连续多次启动，电机将会连续发热，若不充分散热将烧毁电机。

7 树脂添加剂有哪些？

树脂添加剂有抗氧剂、辅助抗氧剂、抗紫外线稳定剂、挤压加工助剂、催化剂中和剂、润滑和铸塑衰减剂、抗结块剂、抗静电剂、复合添加剂等。

8 造粒开车前机组需加热的部位有哪些？

中压蒸汽加热的部位有：混炼机筒体混炼区、混炼机水端黏性密封开车阀及过渡段、熔融泵、传递件1。

高压蒸汽加热的部位有：熔融筛、传递件2、模头及模板。

低压蒸汽加热的部位有：水箱、油箱（冬季）。

9 模板温度高低对颗粒有何影响及原因？

模板温度过高，切出的粒子接触到颗粒水冷却后，粒子表面马上凝固，分子处于冻结状态。由于熔体的离模膨胀效应和塑料的传热性能较差的原因，当热交换向粒子中间进行的同时，由于粒子表面已凝固，所以只能由里往外因收缩而发生变形，致使粒子空心。严重时，由于模板温度过高，熔体黏度降低，挤出量相应增加，使得切出的粒子粘连成串，或来不及冷却而引起“灌肠”事故的发生。

模板温度过低，当熔体通过模孔时，与模孔壁接触部分的熔体温度下降，熔体黏度增加。由于熔体与模孔壁摩擦作用，产生的细粉较多。同时使得切出的粒子表面毛糙，严重时，由于黏度降低使在模孔的挤出速度降低，则模头压力升高，使得熔体剪切速率增加，同时与模孔壁接触的熔体所受的剪切力也增加，当剪切速率与剪切力增加到一定的程度后，会出现熔体做不规则流动或熔体破裂的现象。

10 造粒系统沉降式离心机的主要结构及工作原理是什么？

沉降式离心机主要结构有主电机、筒体、内螺旋、外转鼓、差速器、进料端、固相出口、液相出口，它是依靠高速旋转产生离心力，用来分离比重差异较大的固液相介质的机械设备。

悬浮液通过进料端进入内螺旋内部分离腔，由出料孔被甩出，介质附着在外转鼓内壁，并根据比重大小出现分层，由于固相比重较小，通过差速器形成的内螺旋与外转鼓的差速形成推动力，使固相由内螺旋向前推出，液相向后运动由液相出口流出。

11 添加剂重量加料器如何实现自动加料？

加料器实际上也是重量检测器，当加料器内添加剂重量低报警时，加料秤上游的开关阀自动开，添加剂由缓冲罐进入加料秤，当重量达高报警时，开关阀自动关，停止下料。

12 DFDA-7042 的产品配方是什么？

DFDA-7042 的产品配方如下：

基础树脂（DGM1820） 99.81%（质量分数）
预混 9G 0.13%（质量分数）
Weston399 0.06%（质量分数）

13 添加剂加料器有几种控制方式？

控制方式有两种：一种是比例控制，另一种是设定控制。

14 造粒水温的高低对颗粒有何影响？

造粒水温过高易使粒子粘连，甚至缠刀和“灌肠”；水温过低易产生空心。

15 哪些因素能影响混炼机出口树脂温度，并说明如何影响？

（1）PIC 设定 其他条件不变时，设定高，出口树脂温度高；设定低，出口树脂温度低；

（2）下料量 其他条件不变时下料量大，出口温度降低；下料量小，出口温度上升；

（3）混炼机转速 混炼机有高速和低速两档，其他条件不变时，高速运转时的出口树脂温度要比低速高；

（4）插入件 插入件的型号决定了筒体的间隙，其他条件不变的情况下，间隙越小，树脂的返混及所受到的剪切力越大，则混炼口树脂温度越高；

（5）树脂的 MI 其他条件不变的情况下，粉料树脂的 MI 变小，出口温度增加；

（6）添加剂 造粒时加入了爽滑剂时，会使混炼温度和混炼机的功率均降低；

（7）筒体采用的操作条件 筒体可通蒸汽或冷却水，正常操作时什么也不通，通蒸汽会使树脂温度升高，通冷却水会使树脂温度降低。

16 母料下料称的设定在造粒开车前后有什么不同？

造粒拉粒时设定 6t/h，手动开车设定 6t/h，自动开车设定 8t/h，造粒开车之后设定至 20t/h，要保证母料下料称的设定值大于上游破块器的下料量。

17 混炼机料斗为什么要通冷却水？

混炼机加料段的温度不能太高，否则会使物料过热在加料口熔融架桥，所以需通冷却水。

18 影响造粒出来的粒子形状的因素有哪些？

影响造粒出来的粒子形状的因素有：模头树脂压力、模板温度、颗粒水温度、模板开孔率、切刀与模板的间隙，刀轴的水平度、切力的垂直度、切刀刃的锋利程度等。

19 造粒出现“灌肠”的原因有哪些？

（1）造粒开车前，模板清理不彻底，黏附在模板上的物料使切刀贴不到模板上而无法将挤出的料切成颗粒，易导致“灌肠”；

（2）进刀或进水太慢，使模板挤出的料不能及时地切成粒或冷却而导致“灌肠”；

（3）从模板出来的料温度太高或颗粒水温度过高，使挤出来的料切粒后即粘连成团块。缠刀或阻塞水室；

（4）由于切刀在运转中损坏引起的“灌肠”；

（5）切刀与模板的间隙过大，从模板挤出的料无法切成颗粒，形成很长的条或大片，阻塞颗粒水线引起“灌肠”。

20 颗粒水流量偏低的原因有哪些？

（1）颗粒水中夹带的细粉太多，致使颗粒水冷却器或流量计及引压管堵；

（2）仪表零点漂移；

（3）颗粒水箱水位低；

（4）离心泵故障，不上量；

（5）有团块堵塞管道或发生“灌肠”事故。

21 颗粒水夹带细粉多的原因有哪些？

（1）模板温度低，熔体通过模孔壁时黏度增加，由于熔体与模孔壁摩擦，产生的细粉较多，同时使得切出的粒子表面毛糙；

（2）切刀钝，使得切出的粒子拖尾，拖尾的粒子在管道中因相互碰撞或摩擦等作用，使部分颗粒的“小尾巴”脱落而形成细粉。

22 添加剂加料器有几种运行方式？

有两种运行方式：第一种是将现场手动开关置于“AUTO”位，控制室手动开关置于“RUN”位，则加料器在主加料器在自动位运行的情况下自动运行，第二种运行方式是将现场手动开关置于“RUN”位，即现场点动。

23 造粒开车前需冷却的部位有哪些？

系统通冷却水的部位有混炼机加料区、切粒机水室窗丝扛。

24 造粒开车后阀站需做哪些切换？

造粒开车后，混炼机筒体蒸汽停，绝热，混炼机黏性密封蒸汽改为冷却水。

25 混炼机驱动端密封和水端密封为什么通氮气？流量应控制在多少？

驱动端氮气流量为 $30m^3/h$，是为了防止料由混炼机漏出。

水端氮气流量为 $12m^3/h$，是为了防止树脂氧化和变质。

26 造粒开车前应满足的温度条件有哪些？

（1）混炼机加料区温度＜100℃；

（2）混炼机混炼区温度＞140℃；

（3）混炼机排出口温度＞150℃；

（4）熔融泵轴温＞150℃；

（5）传递件 1 的温度＞170℃；

（6）传递件 2 的温度＞190℃。

27 混炼机盘车电机有几种盘车方式？

混炼机盘车电机有两种：

（1）将开关置于“REMOTE”位，造粒表盘启动混炼机的盘车电机；

（2）将开关置于“LOCAL”位，就地点动盘车电机。

无论用何种方式要使盘车电机持续运转5s以上，然后停盘车电机，并要在10min之内启动混炼机，超过10min需重新启动盘车电机。

28 如何在开车阀处拉料？

在开车阀处拉料的步骤是：

（1）将盘车电机切至“OFF”位，混炼机减速器切至“高速”位，混炼机操作开关在“MEUTRAL”位，则混炼机允许操作指示灯亮，启动混炼机；

（2）将开车阀打到排地侧，涂上硅油，并通上开车阀处的冷却水；

（3）与脱气单元联系确认破块器为最低转速4r/min，母料加料器设定为6t/h并打直通；

（4）开脱气仓下料口阀约5s后打回“关”位；

（5）从开车阀处拉料，可反复几次直至物料清洁为止，然后将开车阀打到通侧，停开车阀冷却水。

29 如何进行模板填充与拉料？

模板填充与拉料的步骤是：

（1）引少量水进入切粒室底部，给刀盘戴上刀盘保护套，在模板上涂上硅油；

（2）确认熔融泵入口压力PIC操作方式在自动方式，设定为$1kgf/cm^2$（$1kgf/cm^2 = 98.0665kPa$），将熔融泵启动开关置于“MEUTRAL”位，则熔融泵操作允许指示灯亮；

（3）开脱气仓下料口阀下料约5s后关8阀，当熔融泵入口压力达$0.5kgf/cm^2$，启动熔融泵，然后从模板处拉料，当入口压力降至0时停熔融泵，可反复数次直至料清洁且模板填充完毕。

30 如何对切粒机进行调刀？

调刀即调节刀与模板之间的间距，其方法如下：

（1）颗粒水水温已达到60℃，模板已填充完毕；

（2）关颗粒水室窗并锁定，先将刀向后退10圈，锁定旋钮；

(3) 将切粒机转速控制设定放在"手动"位，设定输出为50%；

(4) 依次进行如下步骤启动切粒机：启动切粒机，供刀轴水，将颗粒水由旁通切入水室，进刀；

(5) 看切粒机转速是否为550r/min，如不是调节至550r/min，在这个转速下运行20min，使刀充分地热膨胀；

(6) 松开微调手轮的锁定旋钮，慢慢旋转手轮向前进刀，同时观察表盘上切粒机的电流，当电流达105A时，稳定1min，若电流稳定不变，调刀完毕；

(7) 停切粒机，放掉水室内的水。

31 造粒如何手动开车?

造粒手动开车的步骤有：

(1) 关闭水室窗并锁定，并将自动一手动选择开关置于"手动"；

(2) 通知脱气岗位将破块器转速设定4r/min，母料下料称设定6t/h并打直通；

(3) 按切粒机启动步骤启动切粒机，调节至550r/min并观察以下几个部位：

① 切粒机电流是否正常，应在约105A，随转动周期的延长，刀轴会向后退，使相应电流降低，如电流太低，可适当进刀；

② 水路液位是否正常，一般水进入切粒室瞬间，水位可下降10%，如下降太多应检查是否有漏水的地方；

(4) 将熔融泵入口压力PIC操作方式选择在自动方式，设定为$1kgf/cm^2$ ($1kgf/cm^2=98.0665kPa$)，将熔融泵启动开关置于"MEUTRAL"位，熔融泵操作允许灯亮；

(5) 打开脱气仓下料口阀；

(6) 当熔融泵入口压力开始上升时启动熔融泵；

(7) 将联锁开关置于"ON"位；

(8) 混炼机电流和熔融泵入口压力稳定后让脱气岗位提量，先提母料下料称的量，再提破块器的转速；

(9) 根据下料量和熔融泵入口温度提高PIC设定，并根据粒子的形状改变切粒机转速，切粒机转速设定好后，根据切粒机与熔融泵的转速设定转速比，然后投自动；

(10) 停水箱加热用低压蒸汽和混炼机筒体蒸汽，将混炼机水端黏性密封的蒸汽改为冷却水，如果熔融泵转子温度高于 250℃，通转子冷却水。

32 造粒正常停车的步骤有哪些？

(1) 停熔融泵转子冷却水，关上水阀和回水阀，开倒淋阀，将转子中的水放出；

(2) 摘联锁开关；

(3) 关脱气仓下料口阀；

(4) 随混炼机电流及熔融泵入口压力降低，降低熔融泵入口压力设定至约 $1kgf/cm^2$，当熔融泵入口压力降至 0，混炼机电流降至约 135～140A 时，停熔融泵；

(5) 目视水室窗没有粒料时依次进行如下操作停切粒机：停切粒机、停刀轴水、退刀、将颗粒水由水室打到旁通，并用 4 号球阀放掉水室内的水，清理模板；

(6) 将开车阀打开到排地侧；

(7) 通上混炼机筒体蒸汽，将水端黏性密封由冷却水切换至蒸汽通上水箱蒸汽；

(8) 若停车时间不超过 4h 可不停混炼机，若超过 4h 停混炼机，并启动盘车电机 1～2h，将混炼机筒体里的料盘出，超过 24h 应停掉模板头的高压蒸汽。

33 造粒系统在出现什么情况时紧急停车？

造粒系统在出现以下情况时，需要紧急停车。

(1) 混炼机、熔融泵或切粒机的电机电流连续超过额定值运转；

(2) 混炼机或熔融泵的电机温度、减速箱温度超过正常值或出现异臭味，甚至冒烟；

(3) 混炼机或熔融泵减速箱内有异常响声时；

(4) 混炼机机身液压紧固系统出现故障；

(5) 切粒室内发生聚合物堵塞；

(6) 各联锁点达到联锁条件而没有触发联锁；

(7) 发生火灾时；

(8) 公用工程突然长时间中断。

34 造粒系统紧急停车应如何操作？

紧急停车的操作方法是按下“紧急停车”按键，熔融泵停，混炼机停，母料下料加料器停，切粒机停，除润滑油外的其它附属系统停。

35 混炼机插入件有几种组合方式？

混炼机插入件有以下几种组合方式：

(1) 水端 SS + 驱动端 SS，适用于熔融指数在 0.5～2.0g/10min；

(2) 水端 SS + 驱动端 SM，适用于熔融指数在 0.5～50g/10min；

(3) 水端 SS＋驱动端 MM，适用于熔融指数在 50～100g/10min；

(4) 水端 SS＋驱动端 ML，适用于更高熔融指数的树脂。

以上几种组合方式仅是经验方式，实际组合方式可根据生产实践确定。

36 “M”树脂比较合适的操作参数是多少？

“M”树脂比较合适的操作参数如下：

(1) 对于高密度的“M”树脂（相对密度≥0.935），190～300℃以上的温度能降低树脂的颜色等级；

(2) 对于低密度的“M”树脂（相对密度＜0.935），MI 为 5～7 的树脂，熔融温度控制在 190～218℃；MI 为 7～15 的树脂，熔融温度控制在 175～185℃；MI 超过 15 的树脂，熔融温度控制在 160～175℃。

总之，对于“M”树脂，熔融温度必须低于 230～250℃，否则将引起树脂性质改变。树脂的颜色变黄，MI 自动上升。

37 风机启动前的检查工作有哪些?

风机启动前检查以下项目:

(1) 打开待运转风机的进出口阀,关闭备机的进出口阀;

(2) 检查冷却水是否投用;

(3) 检查冷却水安全阀及风机出口安全阀是否投用;

(4) 检查油位是否正常;

(5) 手动盘车 2~3 次,确认无异常。

38 风机出口压力低报警、高报警、高高报警会产生什么影响?

低报警则加料器无法自动启动,或在自动状态下运行将停止运转;高报警会使在自动状态下运行的加料器停;高高报警超过 10s 会使风机联锁停车。

39 在未做调节的情况下,造粒下料量快速降低或突然中断是什么原因造成?

在未作调节的情况下,造粒下料量快速降低或突然中断的原因是:

(1) 脱气仓底部架桥;

(2) 破块器堵;

(3) 振动筛网眼被树脂黏结堵塞;

(4) 母料下料称故障造成转速降低;

(5) 料斗底部架桥。

40 脱气仓底部下料口架桥如何处理?

用铜锤或木棍敲击脱气仓底部,若不见效,造粒按正常步骤停车,拆闸板阀,将块或片弄出。

41 破块器堵塞如何处理?

造粒按正常的停车步骤临时停车,停加料器,拆加料器手孔,掏出块料;并将手孔复位,注意手孔的限位开关的位置,然后造粒正常开车。

42 振动筛网眼堵应如何处理？

现象为振动筛脱块处跑料，可打开振动筛上面的视窗，并用钩子或硬塑料刷进行清理，若效果不理想，则造粒应正常停车，换上新的金属网。

43 母料加料器停转的原因是什么？

工艺上可能的原因是母料加料器上部管线堆料，造成加料器超载，可调小破块器转速，另一可能的原因是加料器轴部有料熔融，造成阻力增大，导致加料器超载，出现这种情况时，应联系机修停车处理轴部。

44 添加剂加料器的下料量上下波动原因是什么？如何处理？

原因：搅拌电机停转或一次装料太多。

处理：停添加剂加料器，将料掏空后重新启动。

45 添加剂加料器装载失败报警的原因是什么？如何处理？

原因：上部设备无添加剂或添加剂在上游设备架桥。

处理：先停加料器，再用木棍击打上游设备底部，如果是没有添加剂造成的，加添加剂。

46 添加剂加料器在运转中突然停转的原因是什么？如何处理？

原因：加料器螺杆部位有块卡住或添加剂颗粒过大。

处理：先手动盘车，如果阻力依然很大的话，联系机修拆螺杆处理。

47 突然停电造粒系统应如何动作？

突然停电或晃电都可能造成整个造粒系统的联锁停车，处理类似事故的原则是：

(1) 摘除联锁开关，关脱气仓下料口阀，停熔融泵转子冷却水；

(2) 颗粒水打旁通，想办法退刀，此时很可能缠刀“灌肠”，打开水室窗想办法处理；

(3) 与此同时，通混炼机筒体蒸汽，黏性密封改为蒸汽；

（4）开车阀切至排地侧，启动盘车电机，然后启动混炼机，若盘车电机无法启动，则在现场点动盘车电机超过 5s，然后启动混炼机，将混炼机中的料拉出。

48 仪表风中断造粒系统应如何处理？

仪表风中断造粒系统应立即按手动停车步骤停车。

49 氮气中断造粒系统应如何处理？

混炼机驱动端氮气是处理密封圈与油封之间，起防止树脂漏出的作用，水端氮气起防止树脂氧化的作用。氮气短时间中断，影响不大，但时间过长（如超过 20min），应正常按手动停车。

50 混炼机联锁停车应如何处理？

混炼机联锁停车应按以下步骤处理：

（1）除联锁开关，关脱气仓下料口阀；

（2）观察表盘熔融泵入口是否有压力，若入口还有压力启动熔融泵将树脂排出；

（3）将开车阀切至排地侧，通筒体蒸汽；

（4）在表盘启动盘车电机，持续超过 5s，可启动混炼机，将料由开车阀排出；

（5）然后按正常开车步骤开车。

51 干燥器联锁停车的原因是什么？如何处理？

干燥器联锁停车一般是由于产量过大或风送切仓时加料器停车时间长造成料堆积至干燥器造成超载停车，可再次启动干燥器，如跳闸，不可再次启动，打开脱块器的门，抽下脱块器底部的栅板，将料卸出，如果干燥器中的料过多，可打开干燥器的门，将料用风由脱块器底部吹出。料处理完后通知电气将电闸复位，重新启动干燥器。干燥器停车会导致混炼机联锁停车，按混炼机联锁停车处理。

52 熔融泵入口防爆膜破应如何处理？

熔融泵入口防爆膜破应按以下步骤处理：

（1）摘除联锁开关，关脱气仓下料口阀；

（2）将开车阀切至排地侧，通筒体蒸汽；

（3）将防爆膜的限位开关用手复位，然后启动混炼机；

（4）通知机修换防爆膜。

53 水室及颗粒水线“灌肠”的原因是什么？如何处理？

“灌肠”主要有两种原因：一是由于颗粒水未进入水室或跑光，切刀未进去造成；二是由于切刀与模板间隙太宽或料太稀造成的长条或团块堵塞水线。

处理时先判断“灌肠”的部位，就近拆法兰，清理堵塞的料，完成后应试运一下颗粒水，确认水线畅通后方可准备开车；还应检查切刀有无损坏，必要时需更换切刀。

54 停冷却水或仪表风送风机应如何处理？

立即停止送料，停止各风机，直至冷却水或风机恢复。

55 冬天转向阀运转不灵活应如何处理？

应确认转向阀的电伴热是否投用，如果没有，要立即投用；如果投用的话，用蒸汽加热转向阀处，直至其动作正常。

56 爽滑剂的作用是什么？

爽滑剂可以减少物料与管线之间的摩擦系数，防止物料在管线中架桥或熔融现象，降低混炼机温度和功率。

57 评价搅拌器性能的主要依据是什么？

良好的搅拌器应保证物料的混合、消耗最少的功率、所需费用最低、操作方便，易于制造和维修。

58 挤压机筒体温度过高过低有何不好？

挤压机筒体温度过高，会导致：浪费能源；树脂过稀，不利切粒，影响质量；树脂易降解；添加剂易分解。

挤压机筒体温度过低，会导致：树脂熔融不好；树脂流动性差；增大混炼机负荷。

59 抗氧剂的作用是什么？

可抑制和推后聚合物正常或较高温度下的氧化降解。由于抗氧剂是聚合物游离基或增长链的终止剂，也是过氧化物的分解剂，可使聚合物由于氧化降解产生的过氧化物分解成非游离基的稳定化合物，因此，用抗氧剂代替易于氧化分解的聚合物与氧反应，可有效地防止氧对聚合物的氧化作用。

60 添加剂的主要作用有哪些？

（1）中和作用　有效地保护加工机械，使之不被腐蚀。

（2）抗氧化稳定作用　使产品具有良好的耐热性能。

（3）紫外光稳定作用　使产品具有良好的耐紫外线老化性能。

（4）抗静电作用　使产品不会积灰。

61 在用安全阀起跳后如何处理？

安全阀起跳后按下面步骤处理：

（1）根据工艺情况及时调整各参数；

（2）正常后将安全阀隔离；

（3）打盲板后拆除，做好安全工作；

（4）重新校验、定压、打铅封、出具合格报告；

（5）装上后重新投用。

62 粒料颜色不好的原因有哪些？

粒料颜色不好原因有：原料不合格；催化剂含量高；反应不完全；添加剂量不对；高温降解；混入油污等杂质。

63 挤压机正常停车步骤有哪些？

挤压机正常停车步骤为：停下料；停主电机；球阀打旁通；停齿轮泵；停切粒机；颗粒水打旁通小循环；切粒室放水；推开切粒室；检查各切刀、水室、模板有无异常，做好再开车准备。

64 本装置造粒过程熔融指数是如何调整的？

造粒过程熔融指数主要通过混炼机出口下料挡板开度调节，由它可以控制物料停留时间，从而控制熔融指数下降幅度（即交联降解程度）。

65 影响造粒颗粒形状、外观的因素有哪些？

影响造粒颗粒形状、外观的因素如下。

（1）颜色不正常

① 发黄　机筒温度高，间隙小，错加添加剂；

② 发灰　残余催化剂过高；

③ 发青　乙烯中乙炔含量高；

④ 发黑　有糊料杂质。

（2）气泡　熔融不好带气。

（3）带尾　切料机偏心率大，刀钝，颗粒水温度高，模板温度低，切粒系统振动，颗粒水流量低。

（4）异常粒子　断刀，转速不合适，切刀与模板间隙不合适，切刀与模板不平，刀磨损或磨坏，模板不平，颗粒水、机筒温度不合适，齿轮泵转速波动。

（5）湿度大　干燥器分离效果差，筛网堵，颗粒水温度低。

66 聚乙烯产品挤压造粒常用的添加剂有哪些？作用是什么？

聚乙烯产品挤压造粒常用的添加剂及其作用如下：

（1）硬脂酸钙　中和剂，防止对设备的腐蚀。

（2）抗氧剂 1010　高效不变色稳定剂，保护有机材料的底质，防止其氧化老化，有良好的相溶性。

（3）紫外光稳定剂 1076　防止材料热降解和氧化降解，对光稳定，具有良好的保护颜色性能。

67 颗粒带尾的原因及处理方法是什么？

颗粒带尾的原因及处理方法如下：

（1）切刀与模板间隙大　调节至“0”；

（2）PCW 温度过高　降低在 60～70℃；

（3）切刀钝　换刀、磨刀 15min，磨掉 0.01～0.02mm；

（4）PCW 流量低　增加流量不低于 $90m^3/h$。

68 产生鱼眼的原因及处理方法是什么？

产生鱼眼的原因：混炼机进入空气，在高温下生成更大分子量的化学物，拉膜时出现块状斑点。

处理方法：增加齿轮泵模头温度；减少间隙；增大机筒温度；保持排气孔无糊住料；保持氮气密封；保持换网器过滤良好。

69 比例、积分、微分调节的特点是什么？

比例调节：调节及时，有偏差就有调节作用，调节作用大小与偏差大小成正比，有余差。

积分调节：滞后调节，可消除余差。

微分调节：超前调节，不能消除余差，是一种快速，短时的调节。

70 切粒机断刀的原因有哪些？

切粒机断刀的原因有：切粒机风压太大，切刀速度太高；颗粒水温度太低；切刀上缠有树脂未清净；切粒刀轴振动太大；使用寿命到；刀质量问题。

71 气流输送系统的缺点有哪些？

气流输送系统的缺点有：消耗动力大，要求颗粒小，不适于输送黏结性和易带静电而易爆炸的物料。

72 造成过筛效率不佳的因素有哪些？

造成过筛效率不佳的因素如下：物料过厚或厚度不均匀；运送速度过快；筛孔堵或筛网破；筛网松弛；振幅发生变化。

73 影响过滤能力的因素有哪些？

影响过滤能力的因素有：过滤推动力；悬浮液的黏度；悬浮液中固体含量；悬浮液中固体颗粒的大小和滤饼的压缩性；过滤介质的性质。

74 影响干燥的因素有哪些？

影响干燥的因素有：湿物料的性质和形状；物料本身的温度；

物料的湿含量；干燥介质的温度和湿度；干燥介质的流速以及与湿物料接触方式；干燥器的结构。

75 如果发现振动筛过滤效率不佳、有粉料夹带时如何处理？

现场分析原因，如无电气问题，大多都是筛网堵塞造成。和主操联系好后，先停止下料，将其打至旁路管线，待筛分完成后，停下振动筛。联系电气断电后，打开手孔，清理筛网堵塞物后，复位。联系电气送电，启动，空载正常后，联系主操停止下料，由旁路切回振动筛下料使用，继续监护筛分情况。

76 造粒开车前需冷却的部位有哪些？

系统通冷却水的部位有：混炼机加料区、切粒机水室窗丝杠。

77 如何启动液压油系统？

启动液压油系统的步骤如下：

（1）启动液压油泵；

（2）当压力达 18MPa 时，液压油自动泄载回到液压油箱里。

78 如何启动润滑油系统？

启动润滑油系统的步骤如下：

（1）投冷却水；

（2）启动油泵，使润滑油打循环，油温自动控制在 45℃；

（3）冬天启动油泵之前应先慢慢打开油箱加热用低压蒸汽蒸气阀，然后再启动油泵，系统升温之后便关掉蒸气阀；

（4）润滑油系统应在系统升温之前启动。

79 如何投用颗粒水系统？

投用颗粒水系统的步骤如下：

（1）打开水箱脱盐水进入阀，将水箱注满水，然后关闭进水阀，靠浮球阀维持正常的水位；

（2）循环水线置于“旁通”侧，然后按离心泵的启动步骤启动造粒水泵，使颗粒水进行循环，并调节流量至 240t/h 左右，开车后可根据颗粒的温度调节水量；

（3）打开水箱加热用低压蒸汽阀门，使颗粒水升温；

（4）将颗粒水设定在60℃。

80 聚乙烯产品有哪些重要参数，由什么决定？

聚乙烯产品有以下几个重要参数：

（1）熔融指数　指示了黏度，也指示了分子量，由 H_2 量控制；

（2）密度　给出了聚合物结晶度和刚度指示，主要由共聚单体控制；

（3）分子量分布　主要受催化剂型式支配。

81 添加爽滑剂的作用是什么？

可以减少物料与管线之间的摩擦系数，防止物料在管线中架桥或熔融现象，降低混炼机温度和功率。

82 固体液态化的特点是什么？

（1）由于气体和固体细颗粒混合湍动激烈，相互之间接触充分，有利于传热和传质的速率的提高；

（2）液态化床内温度比较均匀，减小局部过热现象；

（3）液态化床内装有换热器时，其传热系数较大；

（4）生产可连续化、大型化和自动化；

（5）固体颗粒易破碎，增加了粉尘的带出量和回收系统的负担。

83 减速机过度发热的原因有哪些？

（1）轴或轴颈弯曲变形；

（2）轴承安装不正确或间隙不合适；

（3）轴承已磨损或松动；

（4）齿轮啮合间隙过小；

（5）轴套与轴的间隙过小；

（6）密封圈与轴的配合过紧；

（7）润滑油油质不良，油量不足或过多；

（8）油泵油路失灵，造成断油。

84 KCM300G型混炼机造粒过程熔融指数是如何调整的？

主要通过混炼机出口下料挡板开度调节，由它可以控制物料停留时间，从而控制熔融指数下降幅度（即交联降解程度）。

85 固体物料去湿的方法可分哪几类？

固体物料去湿的方法可分为：化学去湿法；机械去湿法；热能去湿法。

86 注塑牌号与挤塑牌号的区别是什么？

由于使用催化剂系统不同，所生产注塑与挤塑产品性能不同，注塑产品一般熔融指数高，流动性能好，易于注入模具成型，密度较高，具有良好硬度。

挤塑产品一般熔融指数相对较低，流动性能偏差，易于拉丝，密度较低，但该牌号要求必须具有良好的断裂伸长率。

第八章 粉料和粒料输送

第一节 浆 液 法

1 粉料仓氮气系统流程是怎样的?

用于输送 HDPE 粉料的氮气通过粉料仓过滤器 A/B/C 离开粉料储存仓 A/B/C。这些过滤器安装在每个粉料仓的顶端，这可以除掉氮气中的粉料颗粒。氮气回到主氮气传送系统，经过传送氮气过滤器并在回到传送粉料输送风机之前，由氮气冷却器翅片换热器冷却。氮气传输系统中的压力低时，打开氮气供给自动阀补充压力，压力高时打开排放阀释放压力。氮气传输系统中的己烷和氧气浓度由分析器监控。浓度低于 1%（体积分数）。

2 粉料仓流程是怎样的?

考虑到造粒单元短暂的可能的工艺失调，HDPE 粉料在这种情况下将暂时被储存在粉料储存仓 A/B/C 中。粉料储存仓 A/B/C 中每一筒仓大约 $700m^3$，粉料储存能力大约 350～400t。粉料可能以不同的数量由旋转加料器 A/B/C 送至造粒单元。粉料储存仓 A/B/C 通常用于储存开车阶段和牌号切换时聚合条件不稳所生产的不符合质量规格的 HDPE 粉料。粉料储存仓 A/B/C 中的粉料由下料器 A/B/C 送至造粒单元。旋转加料器的能力可以在很大范围内变化（1∶10）。通过这种控制，使一定量的这种粉料与主产品混合。氮气离开筒仓顶后，由粉料仓过滤器 A/B/C 过滤，过滤后进入到封闭的氮气传送循环系统。氮气通过中心网络来维持恒定的压力。为了防止造成粉料筒仓真空，它们被相应地隔绝，其中传送氮气过滤器和传送氮气冷却器是循环中的一部分。

3 粉料处理流程是怎样的?

为了提高 HDPE 的质量（主要是食品级应用），粉料要做后处理，以进一步减少己烷的含量。HDPE 粉料离开流化床干燥器，由气送至粉料脱气仓，热粉料被送至过滤器，氮气返回到氮气输送循环。通过旋转加料器，HDPE 粉料被送至粉料处理罐粉料处理仓，旋转加料器起到气锁的作用。粉料以旋塞流式流过筒仓，大约停留 1h。为了避免轻微的过热聚集，蒸汽由底端注入，进口温度应高于 100℃，由粉料处理罐底部进入的氮气也进一步除去己烷，处理后己烷的浓度<0.01%（质量分数）。蒸汽和氮气是由流量控制的。处理仓的填充高度由 γ 射线仪来测定。为了维持粉料处理仓的旋塞流，旋转卸料器的卸料速度主要由粉料仓中粉料的高度来控制。净化后的粉料由两个旋转加料器通过气送至粉料筒仓粉料储存仓 A/B/C。粉料处理罐粉料处理仓中的废气含有蒸汽/氮气，并且富含己烷和 HDPE 粉尘。通过氮气过滤器被送至膜分离单元。HDPE 粉尘回到粉料筒仓。离开膜分离单元的干燥氮气在换热器中加热，在粉料处理仓粉料处理仓中被作为汽提气使用。氮气是由低压蒸汽加热的。

4 粉料输送系统流程是怎样的?

离开干燥器的 HDPE 粉料通过振动筛少量的粗糙的片状粉料被分离。这些粉料被收集在缓冲器中。缓冲器必须不断地被排空。102℃的 HDPE 粉料直接在正常的生产条件下由旋转进料器传送至粉料处理单元。由传送氮气风机来维持必要的传送压力（0.6bar）。粉料传送大约需要 6000～7300kg/h 的氮气。传送系统中干燥器中的氮气通过一个氮气循环过滤器，在氮气循环风机的作用下回到粉料输送氮气系统。

5 本装置罗茨风机有几组?

本装置罗茨风机共有三组。

6 用罗茨风机使用氮气输送粉料至袋式过滤器中出现压差过高，如何处理？

压差过高是由于袋式过滤器滤袋堵造成。此时可以将风机下料停止，待压差下来后，将风机停运，将压力控制设为0，尽量使回路压力低，此时黏附在滤袋上的粉末，在重力和反吹氮气作用下而下落，等到袋式过滤器料位突长一段后，即可将回路重新升压，启动风机，压差稳定后，可继续下料输送。

7 粒料输送收料系统流程是怎样的？

线路A系统包括一条气流输送线，采用正压稀相开式输送方式；气源由颗粒输送压缩机C5401A～F提供，连续运行。用于完成自颗粒缓冲罐至不合格品料仓及料位掺混料仓的聚乙烯粒料气力输送。压缩机之后的冷却器E5401是为了撤除压缩机产生的热量。水分离器S5401用来脱除水分。

8 粒料输送掺混系统流程是怎样的？

掺混系统包括一条气流输送线，采用正压稀相开式输送方式；间歇式地运行。储存在颗粒掺混仓或者不合格品仓中的颗粒通过旋转加料器与换向器转阀送到输送线路返回到本仓内，作为自身掺混的物料自身外循环系统或者完成料仓间的倒仓操作。

9 粒料输送风机重启延时是多久？

粒料输送风机重启延时是10min。

10 粉料风机运行时流量低于多少可能自动切换？

粉料风机运行时流量低于4000m^3/h自动切换。

11 粉料风送开车步骤是怎样的？

风送上游和下游各系统正常，具备开车条件。系统氧含量小于1%。系统内所有设备已送电或已进行复位。过滤器、翅片换热器出入口阀为打开状态。过滤器、翅片换热器跨线阀为关闭状态。风机出口到废气系统的各手阀为打开状态。排气风机、新排气风机出入口流程为打通状态。输送风机出入口阀为打开状态。翅片换热器

出入口阀为打开状态。翅片换热器跨线阀为关闭状态。风机满足启动条件（包括风机操作柱自动位置、风机油位正常）且在现场监护。当系统压力达到8kPa时关闭风机出入口跨线阀，控制风机入口压力8kPa。启动前通知外操，系统准备启动。关闭下料旁路开关，启动排气风机。选择输送为自动状态。选择风机。通过输送启停开关启动输送系统系统自动启动，下料器启动。系统内所有设备正常运行正常。过滤器反吹电磁阀已投用，旋转加料器下料器轴封氮气正常投用。如有异常，马上和主操联系停止输送系统。系统运行正常后将各旋转加料器的输出进行优化。系统旁路开关为关闭状态。

12 风送A开车步骤是怎样的？

上游和下游各系统正常，具备开车条件，系统氧含量小于1%。系统旁路开关为关闭。系统内所有设备已送电或已进行复位，过滤器、换热器出入口阀为打开状态，过滤器、换热器跨线阀为关闭状态，氮气前后各手阀为打开状态，风机A出入口阀为打开状态，粉料储存仓A/B/C仓底反吹氮气线上的手阀为打开状态，风机满足启动条件（包括风机操作柱自动位置、风机油位正常）且在现场监护。打开氮气阀门向系统充压，系统压力达到5kPa以上时关闭风机出入口跨线阀，如果风送系统另一条线正在运行，则不进行此步骤，直接进行下一步。启动前通知外操，风送系统A线准备启动。选择输送A线为自动状态，选择风机A，选择输送能力，选择输送起点仓粉料储存仓A/B/C，通过输送启停开关启动输送系统，系统自动启动，系统内所有设备正常运行正常。过滤器反吹电磁阀已投用，旋转加料器轴封氮气正常投用。如有异常，马上和主操联系停止输送系统。系统运行正常后将各旋转加料器的输出进行优化。系统旁路开关为关闭状态。

13 风送B开车步骤是怎样的？

风送B上游和下游各系统正常，具备开车条件，系统氧含量小于1%。系统旁路开关为打开。系统内所有设备已送电或已进行复位，过滤器、换热器出入口阀为打开状态，过滤器、换热器跨线阀为关闭状态，补氮阀门前后各手阀为打开状态，风机C出入口阀为打开状态，粉料储存仓A/B/C仓底部反吹氮气线上的手阀为打开状态，风机满足启动条件（包括风机操作柱自动位置、风机油位正常）且在现场监护。打开补氮阀门向系统充压，系统压力达到5kPa以上时关闭风机出入口跨线阀如果风送系统另一条线正在运行，则不进行此步骤，直接进行下一步。启动前通知外操，风送系统B线准备启动。选择输送B线为自动状态，选择风机风机C选择输送终点仓粉料储存仓A/B/C或中间粉料仓，根据所选择输送路线对转向阀进行调向调节（如选择终点仓为粉料储存仓C，则将过滤器C的除尘器反吹打开）。

启动输送系统，系统自动启动，打开旋转加料器下的蝶阀，启动旋转加料器，系统内所有设备正常运行正常。过滤器反吹电磁阀已投用，旋转加料器轴封氮气正常投用。如有异常，马上和主操联系停止输送系统。系统运行正常后将各旋转加料器的输出进行优化。将系统旁路开关设为关闭状态。

14 风送A手动开车步骤是怎样的?

风送A上游和下游各系统正常，具备开车条件，系统氧含量小于1%。系统旁路开关为关闭。系统内所有设备已送电或已进行复位，过滤器、换热器出入口阀为打开状态，过滤器、换热器跨线阀为关闭状态，补氮阀门前后各手阀为打开状态，风机A出入口阀为打开状态，粉料储存仓A/B/C仓底反吹氮气线上的手阀为打开状态，风机满足启动条件（包括风机操作柱自动位置、风机油位正常）且在现场监护。打开补氮阀门向系统充压，系统压力达到5kPa以上时关闭风机出入口跨线阀如果风送系统另一条线正在运行，则不进行此步骤，直接进行下一步。启动前通知外操，风送系统A线准备启动。启动风机A系统内所有设备正常运行正常。过滤器电磁阀已投用旋转加料器轴封氮气正常投用。如有异常，马上和主操联系停止输送系统。系统运行正常后将各旋转加料器的输出进行优化。系统旁路开关为打开状态。

15 风送B手动开车步骤是怎样的?

风送B上游和下游各系统正常，具备开车条件，系统氧含量小于1%。系统旁路开关为关闭。系统内所有设备已送电或已进行复位，过滤器、换热器出入口阀为打开状态，过滤器、换热器跨线阀为关闭状态，补氮阀门前后各手阀为打开状态，风机C出入口阀为打开状态，粉料储存仓A/B/C仓底反吹氮气线上的手阀为打开状态，风机满足启动条件（包括风机操作柱自动位置、风机油位正常）且在现场监护。打开补氮阀门向系统充压，系统压力达到5kPa以上时关闭风机出入口跨线阀如果风送系统另一条线正在运行，则不进行此步骤，直接进行下一步。启动前通知外操，风送系统B线准备启动。启动风机C系统内所有设备正常运行正常。过滤器电磁阀已投用旋转加料器轴封氮气正常投用。如有异常，马上和主操联系停止输送系统。系统运行正常后将各旋转加料器的输出进行优化。系统旁路开关为打开状态。

16 风送收料开车步骤是怎样的?

粒料输送系统上游和下游各系统运行正常，具备开车条件，旋转加料器下料器已送电，风机满足启动条件（包括风机操作柱自动位置、风机油位正常、现场无大量可燃气）且在现场监护。系统前的手阀处于打开状态，启动前通知仪表人员做好监测，粒料输送系统A线满足启动条件。选择系统为自动状态，选择输送终点仓，启动前通知外操，运行风机，做好调压准备。启动输送系统。相关风机启动，电磁阀打开，输送系统拉瓦尔喷管的电磁阀打开，旋转加料器下料器启动，启动后用手阀将系统压力控制在0.28～0.3MPa。风机本体出口压力、入口压力、出口温度、油压、油温、运行状态无异常，如有异常，马上和主操联系停止输送系统。

17 风送粒料输送B开车步骤是怎样的?

粒料输送系统上游和下游各系统运行正常，风机具备开车条件，旋转加料器已送电，风机满足启动条件（包括风机操作柱自动位置、风机油位正常、现场无大量可燃气）且在现场监护。入口前的手阀处于打开状态启动前通知仪表人员做好监测，粒料输送系统B线满足启动条件。启动前将旋转加料器的输出给到0%。选择系统为自动状态，选择输送起点仓，选择输送终点仓，启动前通知外操，运行风机，做好调压准备。启动输送系统，转向阀换向正确，相关风机启动，电磁蝶阀打开，输送系统拉瓦尔喷管的电磁阀打开，相关加料器下面的滑板阀打开，相关旋转加料器启动，相关加料器上面的滑板阀打开。启动后用后手阀将系统压力控制在0.28～0.3MPa。风机本体出口压力、入口压力、出口温度、油压、油温、运行状态无异常，如有异常，马上和主操联系停止输送系统。运行稳定后开始送料，缓慢将旋转加料器输出给大，输出不能超过60%。输送系统运行正常，输送管线无露点。

18 风送掺混开车步骤是怎样的？

粒料输送系统上游和下游各系统运行正常，风机具备开车条件，旋转加料器已送电，风机满足启动条件（包括风机操作柱自动位置、风机正常、现场无大量可燃气）且在现场监护。关闭掺混线上的手阀（气控单元前处于打开状态），启动前通知仪表人员做好监测，粒料输送系统 D 线满足启动条件。启动前将旋转加料器的输出给到 0%。通过相关选择开关选择系统为自动状态，启动前通知外操，运行风机，做好调压准备。通过相关选择开关启动输送系统。转向阀换向正确，相关风机启动，气控单元电磁蝶阀打开，输送系统拉瓦尔喷管的电磁阀打开，相关加料器下面的滑板阀打开，相关旋转加料器启动，相关加料器上面的滑板阀打开。启动后用排放后手阀将系统压力控制在 0.28～0.3MPa。风机本体出口压力、入口压力、出口温度、油压、油温、运行状态无异常，如有异常，马上和主操联系停止输送系统。运行稳定后开始送料，缓慢将旋转加料器输出给大。输送系统运行正常，输送管线无露点。

19 如何将风送系统内己烷排放至回收单元？

风送系统正常运行，具备排己烷条件，下达排己烷命令。系统正常运行。系统输送压力在 30kPa 以上。联系回收岗位主操，回收单元压力 10kPa 以下。风机为备用状态，风机出口去回收单元管线双阀组处盲板已拆除。风机出口去回收单元管线双阀组为关闭状态。风机出口第一道截止阀为关闭状态。风机出口导淋为关闭状态。通知回收和风送主操将进行排放操作。打开风机出口第一道截止阀，打开风机出口去回收单元管线双阀组，半小时后微开风机出口排放导淋。有已烷时继续排放操作。再排放半小时后再次微开风机出口排放导淋观察。无已烷后关闭风机出口去回收单元管线双阀组。关闭风机出口排放导淋。关闭风机出口第一道排放截止阀。通知主操排放操作完成。风送系统输送压力在30kPa以上。联系回收岗位主操，回收单元压力10kPa以下。如输送系统异常，则马上通知外操停止排放操作。

20 如何排出粉料储存仓内粉料？

现场无动火作业，现场作业空间可燃气浓度＜2%LEL，现场作业人员使用防尘口罩，穿戴防静电工作服，排料管手阀为关闭状态，静电导出设施符合规范要求，防静电胶垫完好，防爆排风机运转正常，操作人员将包装袋接到粉料储存仓排料管下方，通知控制室打开下料阀缓慢打开粉料储存仓下手动排放阀，当包装袋满时马上关闭粉料储存仓下手动排放阀，移开已满包装袋至楼外通风处进行包装。重复以上操作。

21 如何排出过滤器内粉料？

现场无动火作业，将包装袋接到过滤器下方，打开过滤器下排放阀，当包装袋满时马上关闭过滤器下排放阀，移开已满包装袋。重复以上操作，操作时要求风送内操密切注意风送风送系统的运行状态，如有下面异常，马上通知外操停止操作：风机入口压力异常；风机出口压力异常；过滤器入口压力异常。

22 粒料输送系统中，当气控单元压力高报超过多长时间时自动停线？

粒料输送系统中，当气控单元压力高报超过35s自动停线。

23 粒料输送风机本体共有几个现场表？

粒料输送风机本体共有5个现场表。

24 粒料输送所用的介质是什么？

粒料输送所用的介质是空气。

25 脉冲式袋滤器的除灰工作是由什么完成的?

脉冲式袋滤器的除灰工作是由电磁阀定期开关形成脉冲气流完成。

26 螺杆混合器过滤器排出的氮气去向如何?

螺杆混合器过滤器排出的氮气直接排大气。

27 粒料输送系统压力正常控制范围是多少?

粒料输送系统压力正常控制范围是 2.8～3.0bar (0.28～0.3MPa)。

28 粉料进料罐中间粉料仓料位高报可能引起什么后果?

粉料进料罐中间粉料仓料位高报可能引起风送风送停车。

29 粉料计量系统秤的位号是什么?

粉料计量系统秤的位号是 W5101。

30 过滤器 A/B/C 的反吹氮气所用气源是什么?

过滤器 A/B/C 的反吹氮气所用气源是低压氮。

31 本装置所有旋转加料器的轴封氮何时投用?

本装置所有旋转加料器的轴封氮气在启动时投用。

32 粉尘粒径多大时，在空气中很难沉降?

粉尘在 10μm 以下时，在空气中很难沉降。

33 粉料风机的排气风扇共有几个?

粉料风机的排气风扇有 1 个。

34 粉料风机正常运行时要求入口温度和入口压力是多少?

粉料风机正常运行时要求入口温度不能超过 65℃。入口压力控制范围是 0～5kPa。

35 如何保证粉料输送中的安全?

在失活前，因粉料含流化气，故有一定的烃类爆炸危险存在。

故采用氮气输送，输送管线应做好静电接地连接，在输送回路中加装烃类分析仪表，随时监控其回路中烃含量不超规定范围，其回路中的烃含量可以通过输送气体的排放和补充新鲜氮气来维持。

第二节　气　相　法

1　粒料包装线能力是多少？

粒料树脂经风送单元送至装卸车间。装卸车间有四条包装线，每条包装线的包装能力均 20t/h，因此，足以满足 27.4 万吨/年的聚乙烯生产量。

2　老包装线输送流程是怎样的？

老造粒产生的粒料通过旋转加料器送至过渡仓，正常生产时的合格品进入合格品仓，不合格但指标偏离控制范围不大的料进入过渡品仓，造粒开车产生的料及严重偏离控制范围的料进入不合格品仓，该送料过程由风机提供风力。不同时间产生的品质稍有差别的料在合格品仓中通过沉降管达到均化的目的，再经合格品仓底部旋转加料器送到成品仓，一个成品仓满了则切至另一个仓。底部旋转加料器具有可调速的功能，通过调节其转速达到控制中的过渡料向合格品仓中的合格品进行掺混的速度，以上送料过程由风机提供风力。成品仓底部旋转加料器可将料直接送往包装，送料过程由风机提供风力。成品仓底部旋转加料器可将料直接送往包装，送料过程由风机提供风力。

3　老造粒出现故障时种子仓如何处理？

在老造粒出现故障或专门收种子床树脂时，可将转向阀在现场切至旁通侧，通过旋转加料器将脱气仓中的粉料送至种子床树脂料斗种子仓中，反应检修之后开车时可利用旋转加料器将种子床树脂送入反应器，送料过程由风机提供风力。

4　粒料仓怎样进行清洗？

水罐中的水通过水泵可分别对需要清洗的料仓进行水冲洗，水冲洗一般要在检修后或产品切换前进行。

5 粉料包装流程是怎样的?

来自脱气造粒岗位的粉料经切断阀至粉料缓冲罐中，粉料缓冲罐中的聚乙烯粉料经调节阀进入电子定量秤的料斗中，再进入称量机，计量后经人工套袋由手工装袋机装袋，每袋20kg（可调）的料袋由立袋输送机送到折边缝口单元，缝口后，将料袋送至包装线后工位，由人工码垛在托盘上，送入粉料产品仓库，再接收聚乙烯粉料及包装时产生的粉尘收集到除尘器机组中，经双门保压卸料器定期排入粉料箱中，集中过滤后气体排入大气。

6 气相输送的原理是什么?

气力输送是在密闭的管道内进行的，由鼓风机提供一定流量与压头的空气，将固体颗粒带起，气速一般是在15～20m/s。根据气固重量比可分为稀相输送和密相输送，一般固与气重量比在1～20范围内的为稀相输送，大于20的为密相输送，本装置的树脂输送方式为稀相输送。

7 粒料掺混原理是什么？掺混仓的均化原理是什么?

掺混仓内有6个从上到下带有许多小孔的沉降管，沉降管的下端连接到旋转加料器上。掺混仓里不同高度的颗粒通过沉降管进入旋转加料器并输送出去，以达到质量稍有差异的颗粒掺混均匀的目的。

8 净化风机的作用是什么?

(1) 吹除树脂进入掺混仓和种子仓时所夹带的少量的烃类气体；

(2) 冷却进入种子仓的粉料树脂。

9 为什么进入种子仓中的粉料树脂需用风冷却?

因为进入种子仓中的粉料是由脱气仓来的温度很高的树脂，约80℃左右，进入种子仓后由于粉料树脂的传热效果差，造成热量散发不出去，特别是易在中间形成团块，这样会造成放料困难。温度高还会加速树脂的老化，造成树脂变质，因此需用强制通风使树脂冷却。

10 为何掺混仓过渡仓需保持一定高的料位？

因为过渡仓是一静态掺混仓，内有沉降管，可以对不同时间生产的质量稍有差异的料进行掺混，以达到质量均化的目的，这就需要过渡仓保持一较高的料位。

11 什么是气力输送？

气力输送设备利用气体的流动来进行固体物料的输送操作，称为气力输送。气力输送是使固体物料悬浮于气体中随气流运动，借助高速气流输送粉状物料。当气体的操作速度大于极限速度（即固体颗粒的自由沉降速度）时，固体颗粒才能被气体带走。所以气力输送需要比较高的气流速度，这就造成摩擦压头损失较大，颗粒的磨损较快，输送管道的磨蚀也较厉害。为了使这些效应减少到最小程度，必须尽可能地保持较低的气流速度，但这个低限流速又受到固体颗粒从气-固混合物的流动中沉降出来的条件所限制。

12 气力输送特点有哪些？

(1) 设备投资小。

(2) 低压力输送，工作压力 0.02～0.1MPa，管道磨损小，设备密封性好，运行可靠，无堵、漏现象，使用寿命长。

(3) 节能降耗，气源采用罗茨风机，用电量小。

13 气力输送与机械输送差别是什么？

气力输送与机械输送相比具有明显的节能降耗的优势，机械输送能量消耗较大，颗粒易受破损，设备也易受磨蚀。当物料含水量多、有黏附性或在高速运动时产生静电的物料，不宜进行粉体输送。

14 怎样调整定速加料器送料压力？

调整定速加料器送料压力的步骤如下：

(1) 全关送料料仓底部闸板阀；

（2）启动加料器，慢慢打开底部闸板阀，同时观察风机出口压力表压力，当压力达到工作压力后，停止开底部闸板阀；

（3）停加料器；

（4）启动加料器，观察风机出口压力表压力，最高风压能达到多少，是否超过控制范围，如未超过，风压就调整完毕。如超过，则关小闸板阀，重复操作，直到最高风压不超过控制范围为止。

15 转向阀不灵如何进行处理？

转向阀不灵有两种情况，处理步骤分别如下。

（1）当切仓时转向阀转动异常：

① 造粒风机切仓时（立即在 2min 内选回原有线，想其它办法）。

② 其它风线选线时应停掉该线风机，联系仪表或机修处理。

（2）冬季操作：

① 在进行料仓切换时转向阀不动作，仪表风含水，使电磁阀冻堵，多数情况下是由于电伴热失灵引起，联系电气检查电伴热。

② 用风机出口的热风多吹扫一段时间管线，再进行料仓转向阀切换，如果还不好使，联系机修处理。

16 如何处理风送堵管？

风送堵管按以下步骤处理：

（1）将旋转加料器停下来；

（2）判断和确认堵管部位；

（3）如果堵的管线不长，可以在现场点动风机，10s 后风机自动停止运行，看能否吹开，如果不能反复点动几次，直到吹开为止；

（4）如果堵的管线很长，需拆开水平段管线，一段一段地吹开，然后再恢复管线；

（5）判断堵管的原因，如果是下料负荷过高，需关小下料闸板阀，减小下料量，重新启动风机和加料器；如果是风机皮带断裂，风机电机继续运转，因此加料器也不联锁停车，造成堵管，应联系机修更换皮带，同时切换备机向包装送料。

17 带电机变频器的加料器送料压力是怎样调整的?

调整带电机变频器的加料器送料压力的步骤如下:

(1) 全关料仓底部闸板阀;

(2) 启动加料器,将电机频率调解旋钮向左旋转,将频率调到最小后,全开闸板阀,将电机频率调解旋钮向右旋转增大电机频率(变速器左旋减速,变速器右旋加速),同时观察风机出口压力表压力,直到压力达到工作压力,风压就调整完毕。注意,加料器在没有运转时不可以擅自调动手动变速器。

18 成品仓正常操作取样的原则是什么?

(1) 对于老包装取样工作:一旦过渡仓切向成品仓任意仓时,立即通知质检分析取样,直到该仓达到60%以上时方可切向其它料仓,该料仓质检分析合格后方可送往包装。

(2) 对于新包装取样工作:一旦过渡仓切向成品仓任意仓时,立即通知质检分析取样,直到该仓达到60%以上时方可切向其它料仓,该料仓质检分析合格后方可送往包装。

19 粒料质量出现问题如何处理?

(1) 当反应有熔融指数或密度不合格粉料时

① 后部岗位应及时根据造粒下料量推算出时间,以目前为例:脱气仓料位恒定时,每小时仓出料量应为反应产率的一半,脱气仓零料位以下大约量为70t、100t;当料位有变化时每10%大约2t左右,下料量应考虑以上因素,时间推算以短为主。

② 及时加样分析(两套造粒取样点),频次间隔为30min～1h,这时脱气仓料位情况允许或造粒能力能满足下料量时,尽量不要让粉料包装包料。

③ 有不合格指数或密度样时,及时切仓到仓,待反应指数或密度调整合格后,物料待造粒分析合格后,再切回过渡仓,根据掺混仓均化原理,按要求进行一定比例掺混。

(2) 颗粒外观不合格时

① 形状 形状即造粒产生的碎料多、拖尾现象严重,老造粒及时调整切刀间隙,如果还得不到改进,联系车间职能人员;新造

粒则适当提高切粒机转数，如果还得不到改进，联系车间职能人员。

② 颗粒颜色　产生黑粒和粒子颜色发青、发黄、发黑的料，及时切换到不合格品仓，应检查系统内是否混进异物或串入空气，如果没有，可以适当提高添加剂加入量，提高脱气效果，如果没有改进，联系车间职能人员。

③ 白粒和大白粒的料　爽滑剂加入不均匀引起，立即切换到不合格品仓，查找爽滑剂系统问题，停止加入，直到问题处理完毕后投用爽滑剂系统。

20 选线造成风机安全阀起跳，如何处理？

选线造成风机安全阀起跳，按下面的步骤处理。

(1) 所选线信号不明确，有多个（优先）信号或无信号时：如果需要送料去包装，可先把风机停下来，选线阀动作正常后，再启动风机；如果包装不送料，把料仓选线信号杀掉，过渡仓去成品仓正常选线到位后，再启动加料器。

(2) 所选线路存在转向阀故障、线路上转向阀多个动作慢时：选线前停掉该线运行风机，直到线路通畅后，启动风机。转向阀联系相关人员处理。

21 风机启动前的检查工作有哪些？

(1) 打开待运转风机的进出口阀，关闭备机的进出口阀；

(2) 检查冷却水是否投用；

(3) 检查冷却水安全阀及风机出口安全阀是否投用；

(4) 检查油位是否正常；

(5) 手动盘车 2～3 次。确认无异常。

22 风送堵管应如何处理？

堵管的原因可能是下料的闸板阀开度过大，导致下料量过大堵管；或风机皮带断，或安全阀起跳导致风送压力下降而堵管。

处理方法：先启动一下风机后立即关闭，风机延迟 10s 停车，看是否能将管路吹开，如不能，需联系机修拆管处理。风机皮带断或安全阀起跳的话应切换风机。

23 风机为何不能连续启动?

电机只有运转起来后，才能输出机械能带动泵运转。电机在正常运转中不能超过其规定的额定电流，否则会使电机发热，缩短电机的寿命。电机的启动电流为额定电流的3～8倍，在这种情况下，如果连续多次启动电机会使电机连续发热，热量来不及散去，容易烧毁电机，特别是功率大的电机更不允许。

24 气力输送装置的主要设备是什么?

气力输送装置的主要设备是接料器和供料器。接料器和供料器是使物料与空气混合并送入输料管的一种设备，是风运装置的咽喉。接料器的结构是否合理，直接影响整个风运装置的输送量、工作的稳定性和电耗的高低。所以，如何根据装置的不同工作条件，正确地设计和选用合理的接料器，是提高风运工作效果的重要环节。

对接料器结构的要求是:

第一，物料和空气在接料器中应能充分混合，即要使空气从物料的下方引入，并使物料均匀地散落在气流中，这样，才能有效地发挥气流的悬浮和推动作用，防止掉料。

第二，接料器的结构要使空气能通畅地进入，不致产生过分的扰动和涡流，以减少空气流动的能量损失。

第三，要使进入气流的物料尽可能与气流的流动方向相一致，避免逆向进料。在某些情况下，要使物料减速，或利用其冲力使其转向，这样，可以降低气流推动物料的能量消耗。

接料器有负压接料器和正压接料器（供料器）之分，前者用于吸气式风运装置，后者用于压气式风运装置。

25 稀相气力输送主要分为哪几种?

负压吸送系统、正压吹送系统组成。

稀相输送是利用风机或真空泵在管道中产生的气流，采用正压或负压并以较高的速度来推动或拉动物料在管道内流动，从而把物料输送到相应的设备。因此该输送方式又被称为低压-高速系统，它具有较低的料气比 m（通常把料气比 $m=0.1\sim20$、压力 $p=$

0.01～0.1MPa 或真空度 $p_v=-0.01\sim-0.06$MPa、速度 $v=5\sim30$m/s 的系统归为低压-高速系统)。该系统初端约有 10m/s 的启动速度，尾端达到约 22m/s 的高速，因而气流速度较高。输送管道初始端压力通常低于 0.1MPa，而尾端则与大气压基本接近。稀相输送的介质一般采用空气或氮气，动力一般由罗茨风机或真空泵提供。罗茨风机和真空泵的稀相输送时，物料在管道中呈悬浮状态，输送当量距离最长达百米。其主要组成部件为混合室、吸嘴、星型给料阀、旋风分离器、除尘器、罗茨鼓风机、电控柜等。

第九章 聚乙烯生产的分析检验

1 何为树脂密度？测定树脂密度的意义是什么？

密度是试样的质量与其在某一温度时的体积之比，以 kg/m^3、kg/dm^3(g/cm^3) 或 kg/L(mg/mL) 为单位。

密度通常用来考察塑料材料的物理结构或组成的变化，也用来评价样品或试样的均一性。

2 什么是密度梯度柱？

密度梯度柱是由两种液体组成的、密度从顶部到底部在一定范围内均匀提高的液体柱。密度梯度柱，直径不小于40mm，顶端有一个盖子。液体柱的高度应与所需的精度相匹配，刻度间隔一般为1mm。液体恒温浴，根据灵敏度的要求，控温精度为±0.1℃或±0.5℃。经校准的玻璃浮子，覆盖整个测试量程并在量程范围内分布。

3 树脂密度测试的试样有何要求？

试样应为从被测材料上切出的形状容易辨认的小粒，控制试样的大小以确保其中心位置容易确定。当从较大的样品中切取试样时，应确保材料的物理参数不因产生过多的热量而发生变化。试样表面应光滑，无凹陷，从而避免因试样表面有气泡存留而产生误差。

4 如何配制密度梯度柱？

配制密度梯度柱的方法如下：

(1) 配制轻溶液和重溶液，用乙醇（或异丙醇）和去离子水按要求配制好两种溶液；

（2）按要求连接好配制装置；

（3）把两种溶液分别加入到相应的容器内，开启搅拌器；

（4）先打开轻溶液容器到密度梯度柱的考克，然后打开轻重溶液容器之间的考克，液体连续不断的进入密度梯度柱中；

（5）把相应的5个标准密度浮子放入密度梯度柱中，待平衡后绘制校准曲线。

5 树脂密度分析的误差来源有哪些？

树脂密度分析的误差来源有以下几点：

（1）水浴温度控制不符合要求；

（2）密度样条表面粗糙，有毛刺或样条内部有气泡；

（3）样条没在规定位置的指数样条上切割或被挤压变形等；

（4）样条进入密度柱中不到30min就读取数据；

（5）由密度浮子绘制的校准曲线本身误差较大等。

6 简述聚乙烯树脂密度的测定方法。

聚乙烯树脂密度的测定方法有以下几点：

（1）聚乙烯树脂密度测定一般选用测定熔体质量流动速率时的挤出物作为测试试样，样条长度1cm左右，共3个。

（2）样条切下后置于冷却板上，再将样条浸入盛有200mL沸腾的蒸馏水的烧杯中，盖上盖煮沸30min进行退火，然后将该烧杯置于实验室环境下冷却1h，在24h内测定试样的密度。

（3）将处理过的样条在异丙醇（或乙醇）中润湿，而后将试样依次轻轻放入梯度柱中。试样在30min内达到稳定，记录样条所处的位置，从密度曲线上查出样品密度。

7 测定树脂密度时样条为什么在乙醇中浸泡一下？

样条在乙醇溶液中浸泡一下是确保样条在液柱中完全润湿，以降低表面张力，保证结果准确。

8 熔体流动速率的定义及测定的意义是什么？

熔体流动速率是在规定的温度和负荷条件下树脂自2.095mm

的孔径中每 10min 流出的克数。

测定熔体流动速率的意义主要在于两方面，一是为控制工艺生产提供数据依据；二是为树脂产品的加工应用提供数据依据，测定此参数可反映产品的分子量、黏度的大小，从而确定其加工温度。

9 熔融指数仪清洗的方法及注意事项是什么？

每次测试以后，都要把仪器彻底清洗，料筒可用布片擦净，活塞应趁热用布擦净，口模可以用紧密配合的黄铜绞刀或木钉清理。也可以在约 550℃的氮气环境下用热裂解的方法清洗。但不能使用磨料及可能会损伤料筒、活塞和口模表面的类似材料。必须注意，所用的清洗程序不能影响口模尺寸和表面的粗糙度。如果使用溶剂清洗料筒，要注意此步骤不要对下次操作产生影响。

10 熔体流动速率分析误差来源有哪些？

（1）需要分析前进行处理的样品未经处理就分析。

（2）料筒温度不符合要求。

（3）未进行定期的标准样品的校准。

（4）称样量不符合要求。

（5）手动分析时切样手法不符合要求。

（6）分析前料筒、口模等部件不清洁等。

11 从熔体流动速率的变化能体现出哪些信息？

（1）指数升高——分子量降低——物料黏度降低——加工温度降低。

（2）指数降低——分子量升高——物料黏度升高——加工温度升高。

（3）氢气和乙烯体积比升高——指数升高。

（4）氢气和乙烯比降低——指数降低。

（5）反应温度升高——指数升高。

12 对指数仪的口模有何要求？

（1）口模的标准孔径是 2.095mm，用孔规检验，绿端能通过同时红端不通过为合格可用口模；如果绿端通不过或红端能通过为不合格口模。

（2）口模的外观应为光滑无锈迹及树脂残留。

（3）口模放入料筒中能听到“咔哒”落入料筒底部的声音。

13 高密度聚乙烯粒料挥发物含量如何测定？注意事项有哪些？

一定质量的试样，在105℃恒温、真空条件下加热一定时间，测定挥发掉的物质占试样的含量。

注意事项：

（1）取样用的称量瓶必须是经衡重处理的、保持干燥清洁；

（2）要保证适宜的取样量，以免影响测量结果；

（3）加热后的样品保存在干燥器中冷却到室温后再称量。

14 高密度聚乙烯挥发物的测定原理和步骤是什么？

原理：采用重量法测定高密度聚乙烯树脂中挥发物的含量。

测试步骤：

（1）将真空干燥箱加热到80℃；

（2）称取10g样品，称准至0.1mg，记录样品重为w_2，将样品放入已称重的空盘w_1中；

（3）将空盘放入真空干燥箱中，关闭箱门，启动真空泵；

（4）调节真空度至10^{-4}MPa（绝对压力）；

（5）样品在此条件下停留1h；

（6）取出样品放入干燥器中，干燥约2h；

（7）称重（盘重＋残留物重）w_3，计算结果。

15 树脂堆密度的定义及测定的意义是什么？

树脂堆密度是包括空隙在内的单位体积树脂的重量。

测定意义：堆密度的大小反应出催化剂的活性大小和停留时间的长短，并可以为树脂的包装和运输提供数据依据。

16 树脂堆密度如何测量？注意事项有哪些？

将树脂装入底部挡有薄片的漏斗中，打开薄片，树脂自然流入量杯中，量杯上端多余的树脂用平板刮平。称量装满树脂的量杯质量。根据量杯体积及杯内树脂的质量计算树脂堆密度。

注意事项：①测量杯上部多余的树脂，不要震动，立即用平板刮去；②树脂应在自然状态下流入测量杯中；③树脂中不能有任何污染物。

17 简述高密度聚乙烯粉料中蜡含量测定方法及测定注意事项。

粉料中蜡含量的测定采用的是萃取法。即将试样中的蜡用沸腾的正庚烷回流萃取，试样质量减少部分就是蜡的质量。

注意事项：

(1) 测定样品前纸漏斗必须恒重，即两次干燥后称量漏斗相差不大于0.0003g；

(2) 由于纸漏斗吸潮性强，称量要迅速；

(3) 纸漏斗大小要叠成既能包住试样又可以轻松放入萃取器里；

(4) 若纸漏斗在折叠时有裂痕或有试样漏出就要更换纸漏斗；

(5) 每次分析前都要更换新的正庚烷；

(6) 纸漏斗的恒重时间和试样的回流时间都要够；

(7) 要及时清洗圆底烧瓶，确保无蜡的残留。

18 吖啶法测定己烷中活性铝原理是什么？

三乙基铝（$AlEt_3$）及异戊二烯基铝如果都以Al—C存在，那么它是Ziegler（齐格勒）催化系统的活性催化剂，它们被称为“活性铝”。而以Al—O键形式存在的类似$AlR_n(OR)_{3-n}$及其衍生物的结构不能增加Ziegler（齐格勒）催化系统的活性。三乙基铝与过量的吖啶反应生成黄色络合物，用正丁醇标准溶液逐滴加入到黄色络合物中使之分解，终点颜色由黄色变成无色或白色，根据正丁醇消耗量，计算出活性铝含量。

19 吖啶法测定己烷中活性铝的分析注意事项有哪些？

吖啶法测定己烷中活性铝的分析注意事项主要有以下几点：

(1) 所用仪器、连接管及采样、分析过程全程氮气保护。

(2) 要保证样品中蜡的浓度不太高，因为蜡可能沉淀并包裹黄色络合物，从而抑制黄色络合物与正丁醇的反应，影响分析结果。

(3) 为了避免任何蜡沉降，要在采样后尽可能快地进行滴定分析。

(4) 此方法不适合深色溶液。

20 母液中的蜡含量测定原理及测定步骤是什么?

分析原理：蜡是聚合反应产生的低聚物。蜡含量是指母液蒸出己烷后的残留物，残留物通过重量法测定。

其测定步骤：

(1) 取两个洁净、干燥的 100mL 具塞锥形烧瓶，称重 w_1(g)；

(2) 分别取待测母液 10～20mL 至两个三角瓶中，称样品重 w_2(g)；

(3) 在真空干燥箱中 80℃、0.2bar 条件下干燥 1h 以上，冷却至室温后，再次称重（瓶重＋残留物重）w_3 (g)，从而测定残余物中蜡的重量。

21 灰分分析方法及注意事项有哪些?

灰分分析采用直接煅烧法，即燃烧有机物并在高温下煅烧处理残留物直至恒重。

注意事项：

(1) 马弗炉取放样品时要小心操作，以免灼伤；

(2) 开启马福炉门时脸部不要正对炉门口，双脚应站在绝缘垫上，戴好劳保手套及护目镜；

(3) 灰分分析在马弗炉内于规定温度下煅烧的累计时间不能超过 3h；

(4) 把试样放入坩埚中，试样不能超过坩埚高度的一半；

(5) 坩埚若超过一周没有使用，在使用前要在 625℃的马弗炉中干燥 1～2h。新坩埚使用前干燥数次直至两次恒重差值小于 0.5mg。装样前，坩埚应在干燥器中干燥至少 30min；

(6) 如果坩埚内外有少量炭黑，应立即在不加盖的条件下继续灼烧直至呈现白色或灰色；

(7) 灰分含量用两次测定的平均值表示，准确至小数点后两位，两次测定误差不大于 0.03%，否则重测。

22 高密度聚乙烯粒径分布分析使用什么仪器分析?

使用气流喷射筛，粒径的分布是用两个相邻筛子筛留物的百分率的差值表示。

23 高密度聚乙烯粒径分布分析注意事项有哪些?

(1) 采样：采样量要足够，是分析及留样所需量的4倍以上。

(2) 混匀：样品充分混合均匀后进行操作，保证样品有代表性。

(3) 过筛：分析筛分前将所需样品用10目的筛子将刨花料筛去，再进行分析。

(4) 样品保留：采回样品混合均匀后，留好需要的样品，所留样品量要足够复核分析使用。

(5) 称量：要注意天平的稳定性，保持清洁，保证称量样品的正确性、准确性。

(6) 静电吸附：样品放在筛子里后，轻轻晃动筛子，平整样品，使样品平铺，盖上盖子，减少盖子上静电吸附的样品。

24 聚乙烯蜡成品中挥发物如何测定?注意事项有哪些?

一定质量的试样，在120℃下加热一定时间，所挥发掉的物质占试样的质量百分含量就是蜡成品中的挥发物的含量。

分析注意事项：

(1) 取样用的称量瓶必须是干燥的；

(2) 要保证适宜的取样量，以免影响测量结果；

(3) 要保证加热干燥后的样品冷却到室温后再称量；

(4) 在干燥器里冷却样品，避免潮气的影响。

25 10%三乙基铝取样步骤有哪些?

(1) 取样容器的准备：在2000mL带支管采样瓶中（使用前用氮气彻底置换并保持干燥）装入约700～800mL已烷，盖上塞子，把充满N_2的球胆连接到支管上，考克阀关闭。在采样过程中，采样瓶要始终置于装有砂子的桶中。

(2) 在取样现场准备好灭火器，并有工艺相关人员现场配合及监护。

（3）在旋塞阀出口连接固定一根聚四氟乙烯管并使其伸入采样瓶中。

（4）打开现场 N_2 保护线阀，充分吹扫旋塞阀及聚四氟乙烯管。

（5）打开采样瓶塞子，用现场 N_2 吹扫采样瓶，将空气彻底置换干净。

（6）调节 N_2 流量，使 N_2 流速均匀稳定，不会使液体产生喷溅现象。

（7）慢慢打开旋塞阀，放出样品约 700～800mL，样品的流速要小，以免产生喷溅。

（8）关闭旋塞阀，此时不要关闭 N_2，待确保取样口无样品流出后，移走采样瓶，迅速盖上塞子，并打开连接氮气球胆的考克阀，在氮气保护下迅速送回实验室的氮气保护箱中。在氮气保护箱中将球胆的考克阀关闭，取下球胆。

（9）关闭现场 N_2 阀。

26 高密度聚乙烯装置浆液取样步骤有哪些？

（1）采样前检查采样器的旋塞阀、泄压阀、放样阀、连接法兰等各连接处是否有松动现象，阀开关是否灵活，阀门是否处于关闭状态，确保采样器完好无泄漏。

（2）打开旋塞阀将反应浆液放入缓冲罐内，停留约 10s 时间，迅速关闭旋塞阀。

（3）缓慢打开泄压阀，控制泄压流速，卸净缓冲罐内的压力，并保持泄压阀常开。

（4）缓慢打开放样阀，将缓冲罐内的全部样品放入套有棉布袋的铜缸子中。

27 高密聚乙烯装置所配制的催化剂主要原料是什么？化验室能分析催化剂样品的哪些项目？

催化剂主要原料是四氯化钛和乙氧基镁。化验室通常进行催化剂中三价钛、总钛、镁离子、氯离子含量的测定以及催化剂的粒径分布分析。

28 催化剂中钛含量的分析原理是什么？

Z-501催化剂先用无水乙醇醇解（其它不需此步骤），再用3mol/L硫酸酸解，总钛是利用钛（Ⅳ）与过氧化氢形成稳定的黄色络合物后用分光光度计在410nm处进行测定；三价钛的测定是在氮气保护下，以二苯胺为指示剂，用0.05moL/L的$Ce(SO_4)_2$标准溶液进行滴定。

29 催化剂中镁含量的分析原理是什么？

镁的测定是在一定的pH条件下，以铬黑T作指示剂，用EDTA标准滴定溶液进行络合滴定，终点颜色由紫红色变为纯蓝色。根据EDTA标准滴定溶液的消耗体积及样品稀释倍数计算出镁含量。

30 催化剂中氯离子含量的分析原理是什么？

氯含量的测定是以*N*-甲基二苯胺为指示剂，用硝酸银标准滴定溶液进行滴定，溶液颜色明显地由蓝色变为粉色为滴定终点。根据硝酸银溶液消耗体积及样品稀释倍数计算出氯含量。

31 如何准确测定催化剂总钛含量？

（1）现场采样要有充分代表性。

（2）在化验室将悬浮样品搅拌均匀。

（3）在连续搅拌下移取一定量的样品，确保移取的样品无气泡，保证一次移取成功。如返工操作，应待样品再次搅拌均匀后再移取。

（4）酸解后定容要准确，并保证容量瓶中的溶液搅拌均匀。

（5）对不同阶段的催化剂，要适当调整取样体积，保证吸光度在曲线的中段，减少测量误差。

（6）测定催化剂清液中的总钛含量时，要将悬浮液沉降后取上层清液，一定不能将悬浮颗粒带入到清液中，否则结果偏高。

32 如何准确测定催化剂中三价钛含量？

（1）采样前将采样瓶用氮气充分置换，连上氮气球胆。

（2）现场采样时将氮气箱充满氮气置换一段时间后再采样，保证样品在氮气保护下采到采样瓶中。采完样后在氮箱中将瓶塞塞紧，同时打开氮气球胆保护样品。

（3）现场采样要有充分代表性。

（4）在化验室将悬浮样品搅拌均匀。

（5）在连续搅拌下移取一定量的样品，确保移取的样品无气泡，保证一次移取成功。

（6）酸解后定容要准确，并保证容量瓶中的溶液搅拌均匀。

（7）滴定三价钛的三口瓶中装入50mL蒸馏水后用氮气保护。

（8）移取三价钛的50mL移液管使用前要用氮气充分置换。

33 催化剂中镁含量分析注意事项有哪些？

（1）移取催化剂悬浮液时要保证样品的代表性。移取催化剂清夜液时不要将悬浮颗粒带出来。

（2）催化剂样品酸解时要溶解充分。

（3）滴定的酸度条件要适宜，保证指示剂变色敏锐。

（4）环境温度要适宜，温度过低，影响络合反应的速度。

（5）三乙醇胺要在缓冲溶液之前加入，否则就失去了掩蔽的效果。

34 催化剂中氯离子分析注意事项有哪些？

（1）移取催化剂悬浮液时要保证样品的代表性。移取催化剂清液时不要将悬浮颗粒带出来。

（2）催化剂样品酸解时要溶解充分。

（3）滴定氯含量时滴定要求是慢滴快摇，避免过滴定。

35 催化剂总钛分析时，加入双氧水的作用是什么？

总钛的分析采用的是分光光度法，加入双氧水的作用一是氧化剂，二是显色剂。即：双氧水将催化剂悬浮液中的三价钛氧化成四价钛。同时形成黄色的氧化-还原混合物，从而进行分光光度分析。

36 测定催化剂悬浮液中镁含量时，加入三乙醇胺的作用是什么？

三乙醇胺是掩蔽剂，目的是掩蔽 Al^{3+} 等离子的干扰。防止铬黑T指示剂的封闭，使反应得以顺利进行。

37 测定催化剂悬浮液中氯含量时，加入 $K_2Cr_2O_7$ 的作用是什么？

加入 $K_2Cr_2O_7$ 的作用是为了除去还原性物质，如 Ti^{3+}，防止其与 $AgNO_3$ 反应，使得 $AgNO_3$ 标准溶液滴定用量增大，使测定结果偏高。

38 测定催化剂悬浮液中镁含量时，pH值控制为多少？为什么？

pH值应控制在10左右，因为此条件下，铬黑T指示剂颜色变化十分敏锐，利于终点判定。

39 催化剂采样安全注意事项有哪些？

（1）所用采样器具使用前必须干燥无水。

（2）取样前要先用手触摸导静电管，排出自身所带静电，避免静电产生火花。

（3）要佩戴好防护手套和防护眼镜。

（4）要有工艺人员协同配合操作。

40 微水分析仪的测定原理是什么？

样品加到含有碘化物离子和二氧化硫的四氯化碳、三氯甲烷、甲醇溶液中，其中样品所含的水分与电解产生的碘发生如下反应：

$$H_2O+I_2+SO_2 \longrightarrow SO_3+2HI$$

消耗的碘在电解阳极上产生反应如下：

$$2I^- -2e^- \longrightarrow I_2$$

根据法拉第电解定律，样品中水含量由电解所需电量来测定。当有很少量的游离碘时，Pt指示电极两端的电位差急剧下降，利用这一变化确定滴定终点。

41 己烷采样时应注意什么？

（1）采样瓶干燥、洁净。

（2）采样时多置换，将管道置换干净。

（3）雨天采样，防止雨水进入采样瓶中。

（4）采来的样品应立即分析，防止潮气吸入，影响水分测定的准确度。

42 如何清洗微水分析仪的电极？

我们采用无隔膜的再生电极，清洗方便，适用于污染比较大的样品。清洗时注意不能损坏电极的铂网。

油类污染：先用溶剂（例如己烷）清洗，再用无水乙醇清洗。

彻底清洗后，可以用吹风机或氮气吹干，用烘箱烘干时注意控制温度以免塑料部件损坏！

43 在己烷微量水分析过程中，何时更换微水分析仪的试剂？

在以下几种情况下，更换微水分析仪的试剂：

（1）滴定池中溶液太多时；

（2）试剂的容量饱和时；

（3）漂移值太高，摇动滴定池，漂移值也降不下来时；

（4）滴定池中形成两相混合物时；

（5）滴定过程中出现提示信息时。

44 在高密度聚乙烯装置中控己烷微量水分析时，使用 KF-831 微水分析仪的注意事项有哪些？

（1）要根据微量水分含量及时调整样品量，以保证结果准确。

（2）取样用注射器等器皿必须预先充分干燥，并用样品溶液充分置换。

（3）指示电极的双铂丝应尽量保持平行。

（4）经常更换干燥管中的干燥剂，以及各玻璃磨口处的密封润滑脂，使之保持较好的密封效果。

45 微水分析仪漂移稳定时间太长的原因是什么？如何处理？

（1）滴定池壁附着水分　摇动滴定池。

（2）试剂消耗尽或污染　更换试剂。

（3）频繁更换试剂，仪器未平衡好。

46 高密度聚乙烯装置聚合反应操作模式分为哪两种？

（1）K1 模式（并联模式）：两个主反应器在平行连续的模式

下连续运行。不投入闪蒸罐。生产窄分子量分布产品，即单峰产品。

(2) BM模式（串联模式）：两个主反应器串联在一起连续运行。并投入闪蒸罐，生产宽分子量分布产品，即双峰产品。

47 己烷杂质的紫外光谱测定原理是什么？

被芳烃或共轭双键物质污染的己烷，在紫外光谱中产生吸收谱带。利用紫外分光光度计对己烷进行光谱扫描。分别记录240～280nm，280～400nm范围内最大吸收值作为测定结果来判定己烷的污染程度，从而评价己烷的质量。

48 己烷总杂质的测定原理是什么？

三乙基铝的化学反应活性很高，与微量的极性物质可发生剧烈反应。己烷中含有的极性基团杂质与三乙基铝定量反应，以吖啶与三乙基铝反应生成的黄色络合物指示反应终点。再通过加入已知一定体积和浓度的正丁醇，与三乙基铝定量反应，以吖啶与三乙基铝反应生成的黄色络合物指示反应终点来确定三乙基铝溶液的活性浓度。根据两次消耗三乙基铝的体积来确定己烷中总杂质的含量。

49 己烷总杂质测定注意事项有哪些？

(1) 所用的器皿必须在150℃干燥2h并在干燥器中冷却，以避免接触潮气产生干扰。

(2) 操作过程全程氮气保护。

(3) 用于定量移取三乙基铝的微量注射器用后立即用己烷冲洗以免产生氧化铝沉淀堵塞注射器。

(4) 滴定终点黄色应保持10s不退色。

(5) 每次在使用吖啶指示剂前要摇匀。

(6) 在操作三乙基铝的过程中一定要佩戴好防护眼镜和手套。

50 如何分析己烷的组成？

己烷组成采用气相色谱法分析，采用合适的色谱仪和色谱柱分离，保留时间定性，面积归一定量，得到己烷组成。

51 高密度聚乙烯装置排放的污水化学耗氧量如何测定？其原理是什么？

污水化学需氧量采用重铬酸钾法测定。即在一定条件下，经重铬酸钾氧化处理时，水样中溶解性物质和悬浮物所消耗的重铬酸盐相对应的氧的浓度。

原理：在强酸介质中，水样中加入一定量的重铬酸钾溶液，以试亚铁灵为指示剂，用硫酸亚铁铵滴定水样中未被还原的重铬酸钾，由消耗的硫酸亚铁铵的量换算成消耗氧的质量浓度。

52 高密度聚乙烯装置排放的污水中油含量采用什么方法分析？其原理是什么？

污水中油含量采用红外分光光度法分析。

原理：用四氯化碳萃取水中的油类物质，测定总萃取物。总萃取物的含量由波数分别为 $2930cm^{-1}$（CH_2 基团中 C—H 键的伸缩振动）、$2960cm^{-1}$（CH_3 基团中 C—H 键的伸缩振动）和 $3030cm^{-1}$（芳香环中 C—H 键的伸缩振动）谱带处的吸光度 A_{2930}、A_{2960}、A_{3030} 进行计算。

53 在聚乙烯装置开车前要进行水含量监测分析，乙烯、氢气、氮气等气体中水含量通常用什么仪器测定？

乙烯、氢气、氮气等气体中水含量使用露点仪进行分析。通过测定气相露点，换算成水含量。

54 如何检查 SHAW 露点仪的电池情况？

将仪器开关接通，检查电池情况，读数应处在绿色区段或其右侧，如果读数处在绿色区段的左侧，应更换电池。

55 测定露点时，在连接仪器之前应注意什么？

在连接取样管到仪器之前，一定要用滤纸检查是否有粉尘或者液体排出。如果有粉尘或液体，应等待清洁处理后再进行测试。同时，避免测量腐蚀性气体 Cl_2、NH_3 及 SO_2 等，以免腐蚀仪器气路及传感器。

56 测量露点时，露点温度高于多少时要立即停止测量，如何处理？

测定露点过程中，露点温度高于－35℃时应立即停止测量，并按下传感器探头至干燥室，防止过多的水汽损坏仪器传感器。

57 露点仪使用注意事项有哪些？

（1）避免引入液体进入样品池，而损害传感器。测试时打开测定点的取样阀，用滤纸检查是否有灰尘或者液体排出，如果有灰尘或液体应等待清洁处理后再进行测试，或放弃测试。

（2）取样连接管必须使用聚四氟乙烯管，严禁使用橡胶或其它塑料管。

（3）避免测量腐蚀性气体 Cl_2、NH_3 及 SO_2，以免腐蚀仪器气路及传感器。

（4）避免引入高压气体，仪器操作压力略高于大气压即可。

（5）避免仪器超温度使用，要在规定的环境温度和氧气温度范围内测量。

（6）仪器应避免震动。

（7）不要将传感器长期暴露在样品室。如果仪器使用完毕后，应马上将传感器推入干燥室内。

（8）XPDM 型露点仪不要长时间用力按压触摸键，以免触摸键失灵。

（9）由于 XPDM 型露点仪有自动关闭功能，在系统处于 ON 状态时，传感器处于样品室 6min 或传感器处于干燥室 3min，又没有按键进行操作时，仪器将自动关闭。因此当系统处于置换和等待稳定状态时，系统不必处于 ON 状态。

（10）当测定露点过程中，露点温度高于－35℃时，立即停止测量并按下传感器探头至干燥室，防止过多的水汽损坏仪器传感器。

58 使用 SHAW 露点仪时，如果怀疑样品流速不合适或连接管有问题该如何处理？

当一次测量完成后，先读取测量读数，然后提高流速进行观察，如果读数向较干的方向移动，表示：①最初的流速太慢了；②系统有泄漏，使周围的水分进入样品里；③或者连接管是湿的。

59 乙烯、氢气、氮气等气体中微量氧含量用什么仪器测定？其测定原理是什么？

用⊿F微量测氧仪进行测定。

原理：采用的是非消耗性库仑原理，电解液是KOH溶液，即样气中的氧在电极上进行氧化-还原反应交换电子从而产生电流。

阴极：样气进入传感器，氧分子通过扩散阻挡层到达阴极，发生电化学反应被还原：$O_2+2H_2O+4e^- \longrightarrow 4OH^-$。

阳极：电解液中氢氧根离子被氧化形成氧分子排出：$4OH^- \longrightarrow O_2+2H_2O+4e^-$。

产生的电流值与氧气中的氧含量成正比，信号经过处理后转化为结果显示于面板上。

60 在装置检修过程中离不开安全分析监测，通常有哪些安全分析仪器？都能进行哪几项分析？

安全分析仪器有便携式测爆仪、测氧仪、多元气体测定仪、检测管等。能进行可燃气体、氧含量、硫化氢、一氧化碳等分析。

61 安全分析仪器使用注意事项有哪些？

（1）测爆仪、测氧仪、多元气体测定仪在温度过低环境中使用时灵敏度变低，影响正常使用，因此，要注意尽可能避免低温环境下使用，必要时采取一定的保温措施。

（2）仪器要避免吸入灰尘及液体。

（3）仪器调零必须在洁净的空气中进行，更换电池要在安全区域。

（4）仪器使用完毕后要在仪器指针回零后关机。

（5）仪器过滤器件如果被污染或沾附水分的话，就不能进行正常检测。

（6）避免温度和湿度急剧变化，否则有可能损害仪器的性能。

（7）避免在较大压力样气环境使用，否则有可能损害传感器。

（8）使用中注意避免跌落及碰撞等机械冲击，否则有可能损害仪器。

（9）不要长时间吸入高浓度的被测气体。

62 在实际分析过程中，色谱仪信号有时会出现偏高现象，有哪些原因会造成信号升高?

（1）柱子污染　可采取适当升高柱温等措施进行处理。

（2）载气不纯　采取更换载气进行确认和处理。

（3）可能有其它控制温度信号输入信号值中　输入正确的信号。

（4）检测器积水或污染　拆卸清除积水，采取适当的溶剂清洗检测器。

63 色谱仪的进样器中使用玻璃衬管的好处有哪些?

（1）可提供一个温度均匀的气化室，以防止出现局部过热的现象。

（2）玻璃有较好的“惰性”，能够减小样品在气化期间被分解的可能性。

（3）方便更换和清洗。

64 氢火焰检测器（FID）点不着火通常有哪些原因?

原因通常有：点火线圈烧断；三气配比不当；喷嘴堵塞；燃气系统出现漏气。

65 在高密度聚乙烯装置的控制分析过程中，经常遇到烃类杂质分析，分析过程中有哪些注意事项?

（1）采样环节：首先工艺管线的置换排放，要确保采到新鲜样品。其次，采样器要充分置换。这样才能保证样品有代表性，取样完毕后要马上分析。

（2）烃类杂质含量有高有低，分析过程中要依据实际情况选择适宜的方法和进样量，以保证结果的准确性。

（3）在分析前要检查仪器的工作状态及操作条件，在符合的操作条件下操作。

（4）结果报出要认真对照谱图查对分析数据，做到报出的结果正确及时，对出现的异常数据及时复核报出。

66 HP-5890Ⅱ气相色谱仪转化炉放在什么位置？如何控制炉温？

在HP-5890Ⅱ气相色谱仪上，转化炉通常安装在第二进样口的位置上，用第二进样口的温度控制器调整转化炉的温度。在实际使用过程中，转化炉温度的设定要考虑转化炉的转化效率，使其维持在较高的水平上，以提高分析的准确性。

67 在色谱分析过程中如何避免FID检测器积水？

氢火焰检测器出现积水情况通常发生在两个过程中，即开机和关机过程，在开机时，当检测器温度未达到设定温度时点火，由于温度过低造成积水，在关机时，未先熄火就降温、关检测器，也会造成积水。因此，要避免积水现象发生，在开机时要等检测器温度达到设定温度后再点火（通常不低于200℃），在关机时要先熄火再降温关检测器。

68 在操作色谱仪时如何保护TCD检测器？

在TCD检测器开关打开前及使用过程中，要确保系统中始终有载气通过检测器，关机时，要先停检测器后关载气，否则会损坏检测器热丝；日常使用中当载气压力波动较大及进行流量调节时要将检测器关掉；分析完毕及时关闭检测器开关。

69 分析高密度聚乙烯火炬气、反应气注意事项有哪些？

（1）由于火炬气、一反、二反气体组分不同，差异较大，在分析氢气时，需根据样品气中的氢气含量，选择不同的分析方法。

（2）在做组分分析时，采样器要在80℃水浴内预热5min，防止碳五以上的组分吸附于内壁。

（3）保持足够的分析运行时间，通常不低于90min。

70 简述熔体流动速率的测定方法（A法）。

（1）仪器清洗：料筒用布片擦净，活塞杆及口模应趁热用布擦净，口模及料筒清洗的标准是把口模放入料筒内，口模应自然滑落，要求能听到口模落到料筒底部的“咔嗒”声，否则要重新清洗。

（2）仪器要在选定温度恒温不少于15min。

（3）按预先估计的熔体质量流动速率，将3～8g样品装入料筒，要求在1min内完成装料过程，并用装料杆压实。然后将活塞杆放入料筒。

（4）在装料完成后4min，温度应恢复到所选定的温度，此时把选定的负载加到活塞杆上，让活塞杆在重力的作用下下降，直到挤出没有气泡的细条。用切断工具切断挤出物，并丢弃。然后让加负荷的活塞杆在重力作用下继续下降。

（5）逐一收集按一定时间间隔的挤出物切段，称出每一切段质量。

（6）计算熔体流动速率（MFR）值，单位为g/10min。

71 影响熔体流动速率测定的因素有哪些?

（1）仪器应在检定期限内使用并在使用前应用标准树脂进行校正。

（2）应经常用口模量规检查口模尺寸是否符合要求。

（3）检查料筒、口模及活塞杆清理是否符合要求，把口模放入料筒内，口模应自然滑落，要求能听到口模落到料筒底部的“咔嗒”声，活塞杆上的挡圈应能自由滑动，否则要重新清洗。

（4）口模、活塞杆及活塞杆上的角座不能有划痕及损伤，角座与活塞杆连接紧密，不能有松动。

（5）为避免树脂出现氧化降解现象，加料应在1min内完成。

（6）从装料到测定结束全部时间不应超过25min。

（7）连续测定高密度聚乙烯树脂时，由于其蜡含量较高，多次做熔体流动速率时蜡会附着在口模及料筒内壁上，使熔体质量流动速率偏高，应对口模、料筒进行仔细清洗。

72 聚乙烯树脂密度测定有哪些注意事项?

（1）试样表面应清洁光滑，无气泡、凹陷、毛刺等。

（2）在切割制样时，应防止外力引起试样的密度变化。

(3) 样条应在沸水中煮沸 30min。

(4) 密度梯度柱应恒温在 23.0℃±0.1℃。

(5) 配制密度梯度柱所使用的玻璃浮子应在检定期限内。

(6) 密度梯度曲线应呈线性。

(7) 若发现试样表面附有气泡，该试样作废。

73 简述聚乙烯树脂压塑制片的流程。

(1) 当聚乙烯树脂的 MFR (2.16kg) ＜1.0g/10min 时，用压塑的方法制备试片。

(2) 制备较厚的试片（如 4mm）时，推荐使用不溢料式模具。

(3) 仪器在 180℃下预热 30min。

(4) 溢料式模具　压机压板温度达到试验温度后，把模制版放在试验台上，在模制版上依次放上聚酯膜、模制框，模制框应置于模制版中心，在上面再加放一层聚酯膜。按树脂密度与模制框空间体积乘积求得需要量的树脂置于模制框上，同时多加 10％作为溢料，树脂的堆积宜中间稍高，然后依次将另一聚酯膜、模制版盖上。

(5) 不溢料式模具　压机压板温度达到试验温度后，把不溢料式模具框放在压机压板上预热 15min，然后把模具放在试验台上，放入下板，之后加入 133～134g 树脂，加上上板。

(6) 将盛有树脂样品的模具置于压机的压板间，关好防护门，按“启动”按钮，开启冷却水泵。

(7) 预热　溢料式模具制片需在接触压力下预热 5min，不溢料式模具制片需在接触压力下预热 15min。

(8) 全压　溢料式模具制片需在 5MPa 压力下保持 5min，不溢料式模具制片需在 10MPa 压力下保持 5min。

(9) 冷却　在全压压力下以 15℃/min 的速度降温至 40℃，开模，取出试片。

(10) 关冷却水泵，关机。

74 怎样测定鱼眼的数量?

薄膜中的透明或半透明树脂形成的球状物块称为鱼眼。鱼眼数量的测定方法如下：

(1) 从距膜端大于1m处开始裁取试样，每隔5m取一片试样，试样尺寸为190mm×200mm，共取4片，试样应平整、无皱折；

(2) 仔细观察每一片试样，如有鱼眼则用笔圈出；

(3) 用测量投影仪中的刻度放大镜检验鱼眼尺寸，大于或等于0.8mm的，记为0.8mm的鱼眼；小于0.8mm大于0.4mm的，记为0.4mm的鱼眼；

(4) 分别累计测量过的4片薄膜试片中0.4mm和0.8mm的鱼眼个数；

(5) 分别报告每1520cm^{2}薄膜中0.4mm和0.8mm的鱼眼个数。

75 力学性能测试（拉伸屈服应力及断裂标称应变）有哪些注意事项？

(1) 试件表面要平整光滑，厚度均匀，并符合厚度要求。

(2) 如冲切试件则冲刀的刀口锋利、光滑无损伤。

(3) 仪器通过检定并在有效期内。

(4) 试验前测量每一样条的厚度及窄部分宽度。

(5) 试样按标准要求进行状态调节并在标准环境下进行试验。

76 什么是试样的状态调节和试验的标准条件？

(1) 为使样品或试样达到温度和湿度的平衡状态所进行的一种或多种操作称为状态调节。进行试验前保存样品或试样所处的恒定环境称为状态调节环境。在整个试验期间样品或试样所处的恒定环境称为试验环境。

(2) 未填充的聚乙烯树脂试样的状态调节的条件为温度23℃±2℃，调节时间至少40h但不超过96h，薄膜样品调节时间不少于12h。填充的聚乙烯树脂试样还应附加相对湿度50%±10%的要求。

试验应在标准环境下进行，环境的温度为23℃±2℃，相对湿度为50%±10%。

77 清洗吹膜机口模有何意义？如何清洗口模？

由于长时间处于高温下，口模的边缘发生氧化结焦，并附在其上，使口模变得不光滑，膜制品出现划痕，影响薄膜产品的质量。所以，必须定期进行清洗，才能保证生产出合格产品。

在操作温度下，断开吹膜机的加热电源，卸去口模心轴的螺栓，取出心轴，趁热用铜丝或铜丝刷清洗口模内壁的结焦部分，使其光洁如新。

78 颗粒外观试验中常遇到哪几种粒子，其定义是什么？

（1）黑粒　黑色粒子及深褐色粒子。

（2）色粒　除黑粒和树脂应有的颜色外其它颜色的粒子。

（3）大粒　任意方向尺寸大于5mm的粒子，包括连粒。

（4）小粒　任意方向尺寸小于2mm的粒子，包括碎屑和碎粒。

（5）蛇皮粒　形似蛇皮的带状树脂。

（6）拖尾粒（丝发）　因切粒不良产生的带锥角或毛刺的粒子。

（7）杂质　除本体外的其它物质。

79 颗粒外观的统计原理及试验方法是什么？

原理：将1000g树脂粒料经试验用套筛筛出定义中规定的大粒、小粒。在不少于10min的时间内，用镊子拣净1000g树脂粒料中的各类粒子，并分类统计。

试验方法：

（1）将孔径为5mm的试验筛装在孔径为2mm的试验筛上面，并在筛子的下面装配上接料盘。称取1000g±1g试样，放入孔径为5mm的试验筛内，在筛子的上面装配上盖，在水平方向充分摇动试验用套筛后，留在筛内的试样即为大粒，接料盘内的试样即为小粒。并将大粒和小粒分别放入两个培养皿内。

（2）将过筛后留在孔径为2mm的试验筛内的物料倒入干燥、洁净的白色搪瓷盘内，以摊平盘底为宜。在良好照明条件下，在不少于10min的时间内，用镊子拣净白色搪瓷盘和培养皿内的各类粒子，分别放入烧杯中。

（3）计数或用天平称量各类粒子。

80 进厂原料 1-丁烯分析项目有哪些？各采用什么分析方法？控制指标怎样？

1-丁烯的分析项目有：1-丁烯纯度、烃类杂质含量、甲醇含量、一氧化碳含量、二氧化碳含量、硫含量、水含量。其中烃类杂质包括：二烯烃、甲基乙炔、碳四。控制指标及分析方法如下：

分析项目	单位	控制指标	分析方法
1-丁烯	%(质量分数)	≥99.0	气相色谱
碳四	%(质量分数)	≤1.0	气相色谱
二烯烃	mL/m^3	≤200	气相色谱
甲基乙炔	mL/m^3	≤10	气相色谱
甲醇	mL/m^3	≤1	气相色谱
一氧化碳	mL/m^3	≤5	气相色谱
二氧化碳	mL/m^3	≤5	气相色谱
硫	mg/kg	≤1	紫外荧光法
水	mg/kg	≤20	电量法

81 1-丁烯纯度及烃类杂质分析采用什么方法定量？色谱柱是什么？

1-丁烯测定采用面积归一法定量，纯度由100%减去杂质总量得到；烃类杂质测定采用外标法定量。采用大口径 PLOT/Al_2O_3 石英毛细管柱为分析柱。

82 己烷组成分析控制什么成分？指标是多少？

己烷组成分析应控制：苯≤50mL/m^3，甲基环戊烷≤8.00%（质量分数），正己烷≥80.00%（质量分数），环己烷≤2%（质量分数），饱和烃≥99.97%（质量分数）。

83 复合抗氧剂 AT-1010、AT-168 如何测定？

采用液相色谱法测定，外标法定量，控制指标 36.6%～41.6%（质量分数）。

84 液相色谱一般有几种色谱柱？常用检测器有几种？分析复合抗氧剂 AT-1010、AT-168 采用什么柱子？什么检测器？

液相色谱柱一般分为两种：正相柱和反相柱。检测器常用有紫外检测器、示差检测器、荧光检测器。分析复合抗氧剂 AT-1010、AT-168 采用反相 C18 柱，紫外检测器。

85 线型低密度聚乙烯粉料重量平均粒径是如何测定的？

将粉料置于一组标准筛内，经振动进行筛分，称量每个筛网存留树脂的质量，通过计算求得重量平均粒径。

（1）用两次称量数据计算出筛余物占样品的质量百分数。

（2）将计算出的质量百分数分别与各筛子的孔径系数相乘，所得的各数据求和。

（3）计算平均粒径：将上述求得的和除以 100 得树脂平均粒径。

86 线型低密度聚乙烯粉料重量平均粒径分析注意事项有哪些？

（1）样品在称量前要放在搪瓷盘中放置 30min 以上，挥发掉轻组分。

（2）称取样品时必须将样品充分混合均匀。

（3）分析用筛子一定要按目数由小到大，由上到下依次罗列，不能颠倒顺序。

（4）各筛子罗列要整齐严密，筛盖要盖严，放到振动筛口上时要稳定放置。

（5）在筛列搬动过程中，注意防止筛子跌落变形。

（6）在清理筛子时要注意保护筛网，防止在清洗过程中造成损坏。

（7）更换筛子时注意孔径系数的变化。

第十章 聚乙烯生产的安全环保

第一节 浆液法

1 离心泵在启动前应做好哪些安全工作?

（1）进行机泵盘车，确认是否灵活。

（2）进行泵体冲液、排气。

（3）检查联轴器罩是否松动。

（4）检查油杯、油箱视镜是否油位正常。

（5）检查机泵地角螺栓是否松动。

（6）检查机泵冷却水是否畅通。

（7）压力表及仪表安装调试完毕并且投用。

（8）确认电机送电，并且点试检查机泵旋转方向是否正常。

（9）检查确认阀门开、关是否正常，并且通知相关单位。

2 怎么使用高密度聚乙烯车间蒸汽灭火系统?

半固定式蒸汽灭火设备宜扑救闪点大于120℃的可燃液体储罐的火灾，开启时注意戴上手套、防止烫伤等，喷气的一头勿对准人。当泵房火大不易进人或炉区周围有易燃易爆气体时，开启固定式蒸汽灭火装置，即打开各固定开关。

3 怎么使用造粒水喷淋系统?

造粒楼水喷淋为自动系统，当温度过高时，引发水喷淋系统，即可喷水。

4 怎么使用高密度聚乙烯车间聚合水喷淋?

到消防阀门室将消防阀方盒内阀门打开，消防阀门即可打开。

5 高密度聚乙烯装置的消防设施有哪些？

装置的消防设施有水消防系统、水喷雾消防系统、消防水竖管系统、泡沫灭火系统、移动式灭火器、干砂灭火。

6 高密度聚乙烯车间集液池灭火时用什么？

高密度聚乙烯车间集液池灭火时用蒸汽灭火系统。

7 高密度聚乙烯车间有几套水喷淋灭火系统？

有 2 套，分别为聚合反应器水喷淋、吸附塔及造粒楼水喷淋。

8 高密度聚乙烯车间的事故应急预案都包括什么？

包括高密度聚乙烯车间现场处置专项应急救援预案、高密度聚乙烯车间特种设备应急预案、高密度聚乙烯车间维护稳定应急预案、高密度聚乙烯车间治安保卫应急预案、高密度聚乙烯车间停仪表风应急预案、高密度聚乙烯车间停氮气应急预案、高密度聚乙烯车间停蒸汽应急预案、高密度聚乙烯车间停电应急预案、高密度聚乙烯车间停冷却水应急预案、高密度聚乙烯车间原料中断应急预案。

9 高压消防给水系统的压力应为多少？

高压消防给水系统的压力应为 0.7～1.2MPa。

10 低压消防给水系统的压力应如何确定？

应确保灭火时最不利点消火栓的水压不低于 0.15MPa（自地面算起）。

11 消火栓的设置应符合哪些规定？

（1）宜选用地上式消火栓；

（2）消火栓应沿道路敷设；

（3）消火栓距路面边不宜大于 5m；距建筑物外墙不宜小于 5m；

（4）地上式消火栓的大口径出水口，应面向道路。当其设置场所有可能受到车辆冲撞时，应在其周围设置防护设施；

(5) 地下式消火栓应有明显标志。

12 工艺装置区的消火栓设置的部位及其间距是多少？

工艺装置区的消火栓应在工艺装置四周设置，消火栓的间距不宜超过 60m。当装置内设有消防通道时，亦应在通道边设置消火栓。

13 工艺装置内手提式干粉型灭火器的配置应符合哪些规定？

(1) 甲类装置灭火器的最大保护距离不宜超过 9m，乙、丙类装置不宜超过 12m；

(2) 每一配置点的灭火器数量不应少于 2 个，多层框架应分层配置；

(3) 危险的重要场所，宜增设推车式灭火器；

(4) 可燃气体、液化烃、可燃液体的铁路装卸栈台，应沿栈台每 12m 处上下分别设置一个手提式干粉型灭火器；

(5) 可燃气体、液化烃、可燃液体的地上罐组，宜按防火堤内面积每 400m^2 配置一个手提式灭火器，但每个储罐配置的数量不宜超过 3 个。

14 甲 B、乙类液体的固定顶罐，应设置哪些安全设施？

甲 B、乙类液体的固定顶罐，应设阻火器和呼吸阀。

15 哪些气体不得排入高密度聚乙烯火炬系统？

液体、低热值可燃气体、空气、惰性气、酸性气及其它腐蚀性气体，不得排入火炬系统。

16 每组专设的静电接地体的接地电阻值宜小于多少？

每组专设的静电接地体的接地电阻值宜小于 100Ω。

17 高密度聚乙烯蜡装车站台与罐车的静电接地是如何规定的？

(1) 站台区域内的金属管道、设备、构筑物等应进行等电位连接并接地；

(2) 在操作平台梯子入口处，应设置人体静电接地棒；

（3）储罐汽车在装卸作业前，应采用专用接地线及接地夹将汽车、储罐与装卸设备等电位连接。作业完毕封闭储罐盖后方可拆除。接地设备宜与装卸泵联锁。

18 高密度聚乙烯装置操作人员在风送系统可能产生静电危害的场所，应采取什么措施防止产生静电？

操作人员在可能产生静电危害的场所，应采取下列措施：

（1）应正确使用各种防静电防护用品（如防静电鞋、防静电工作服、防静电手套等），不得穿戴合成纤维及丝绸衣物；

（2）操作人员应徒手或徒手戴防静电手套触摸接地金属物体后方可进人工作场所；

（3）禁止在爆炸危险场所穿脱衣服、帽子等。

19 高密度聚乙烯车间特种作业有哪些？

高密度聚乙烯车间特种作业有聚合工艺作业。

20 特种作业操作证复审期限是多长时间？

特种作业操作证复审期限为：

（1）特种作业操作证，每 3 年复审 1 次；

（2）连续从事本工种 10 年以上的，经用人单位进行知识更新教育后，复审时间可延长至 4 年 1 次。

21 车间三乙基铝（T_2）岗位配备的消防器材及防护用具都有什么？

消防器材：干粉灭火器、干粉车、干沙。

防护用品：消防铝服、空气呼吸器、长管面具。

第二节 气 相 法

1 公司反违章禁令实施细则是什么？

（1）特种作业无有效操作证人员上岗操作；

（2）违反操作规程操作；

（3）无票证从事危险作业；

（4）脱岗、睡岗和酒后上岗；

（5）违反规定运输民爆物品、放射源和危险化学品；

（6）违章指挥、强令他人违章作业。

2 装置安全消防设施配备情况如何？

（1）应急物资的配备　低密度聚乙烯装置现场外操间和主控制室共配有巴固空气呼吸器 6 套，己烯泵房配有长管呼吸器 2 套，现场外操间配有防火服 2 套，主控室备用医疗急救箱，车间应急物资库设在老料仓门前简易房，内配有工程抢险、照明设备等应对车间突发事件的足够物资，相关人员每月定期检查应急物资的完好性，由专人负责补充物资，应急库钥匙放在控制室内。

（2）安全消防设施分配　可燃气体报警仪探头 55 台，有毒有害探头 3 台，高压水炮 2 台，移动水炮 2 台，地上消火栓 15 台，蒸汽灭火系统 7 处，35kg 干粉灭火车 9 具，二氧化碳灭火器 6 具，8kg 干粉灭火器 222 具，洗眼器 4 套，泡沫灭火系统 1 套，CO 便携式报警仪 5 台，干式消防竖管 4 套。

3 如何使用蒸汽消防设施？

消防蒸汽分成固定式蒸汽灭火系统和消防胶带蒸汽灭火系统。固定式蒸汽灭火装置分别布置在 T_2 泵房、丁烯泵房、N_2 压缩机泵房、H_2 压缩机泵房、新回收泵房、老回收泵房共 6 处；消防胶带蒸汽灭火装置分布在戊烷油泵区、新回收泵房 2 处。

蒸汽灭火系统由蒸汽喷枪、软管、蒸汽消防箱组成，蒸气压力为 0.6MPa。使用方法如下：

（1）打开蒸汽消防设施总阀；

（2）将蒸汽灭火枪口对准火源的根部；

（3）打开蒸汽阀，将蒸汽直接喷射至着火点，进行灭火；

（4）灭火后关闭蒸汽阀。

4 如何使用 T_2 系统消防干沙？

T_2 系统消防干沙使用方法如下：

（1）消防干沙用于扑灭 T_2 类火灾；

（2）在 T_2 钢瓶间上部的防火砂，平时盛装在塑料袋中，一旦 T_2 钢瓶着火，将塑料袋烧化后，消防干砂会落下来灭火；

（3）盛装在专用防火箱内的干砂，是用来扑灭 T_2 残液池内的火灾。使用时将防火箱门拉开后，用箱上配备的专用消防钢锹搓出砂子灭火；

（4）灭火时，要注意站在上风处，穿上防 T_2 物质的专用防护服灭火。

5 如何使用干粉灭火器？

干粉灭火器有手提式和推车式，使用手提式干粉灭火器时，先把干粉灭火器拿到距离火区 3～4m 处，放妥后拔去保险销，一手紧握喷嘴对准火焰根部，另一手紧握导杆提环，将顶针压下，这时干粉灭火器内就喷出大量干粉气流。对准火焰式干粉气流由近及远反复横扫，直到火完全熄灭。如遇多处零星火灾时，扑灭一处，松开导管提环，再跑到另一处，重新下压导杆提环继续灭火。使用推车式干粉灭火器时，打开二氧化碳气瓶开关，保持 15～20s，待粉罐内压力升至 1.5～2MPa 后，扳动喷枪扳手，将喷嘴对准火焰根部喷射即可。

6 车间消防水竖管系统有哪些？

在造粒 2 台脱气仓顶层、料仓顶层框架平台上设置了 4 根消防水竖管（DN100），消防水竖管的间距为 30m，在 15m 平台上设置了箱式水消火栓，箱内配带水枪、水龙带、减压阀等。消防水引自装置周围高压消防水管线，消防水压力为 0.9MPa，灭火时经箱式水消火栓内减压阀减至 0.35MPa 后使用。

7 如何使用巴固型空气呼吸器？

（1）使用前的准备工作

① 检查压力打开气瓶开关，空气压力应不低于 25MPa。

② 确认气密关闭气瓶开关在 5min 内压力下降不大于 2MPa，说明气密完好。

③ 试报警器按供给阀膜片观察压力降到 4～6MPa 时，报警器

笛声响。

(2) 使用方法

① 将器材阀门朝下背在身后，调节腰带肩带。

② 打开气瓶开关，检查气瓶压力一般 25MPa 以上就可以使用。

③ 佩戴好全面罩带收紧，用手捂住吸入口，进行 2～3 次的深呼吸，感觉密封良好，迅速将供气阀快速接口与面罩接好，供给阀吸气。

④ 进入现场使用时注意压力表的指示数值，当压力降到 4～6MPa 时，警报器会发出警报声响，应立即撤出现场。

8 岗位人员巡检过程中，不会损伤听力的可允许时间是多少？

员工不能全天 8h 都暴露在 85 分贝（dBA）以上的噪声下，否则听力会逐渐减弱。如果员工暴露在高于 85 分贝的噪声下，那么暴露的时间必须低于 8h，或者应该采取防护措施。不会损伤听力的可允许时间见表 10-1。

表 10-1 不会损伤听力的可允许时间

噪声水平	不会损伤听力的可允许时间	噪声水平	不会损伤听力的可允许时间
82 分贝	16h	94 分贝	1h
85 分贝	8h	97 分贝	30min
88 分贝	4h	100 分贝	15min
91 分贝	2h		

9 什么是放射源？

放射源是指除研究堆和动力堆核燃料循环范畴的材料以外，永久密封在容器中或者有严密包层并呈固态的放射性材料。

10 车间放射源分布情况是怎样的？

车间共有 8 台放射源，其中反应器 6 台、造粒脱气仓 2 台，是车间重要环境因素之一。用来探测穿过反应器的射线，以检测反应器的结块情况。作为使用单位，应明确认识放射源的危害和作用，提高责任意识，加强自我防护能力，在巡检过程中不要长时间停留在放射源区域。

11 粉尘对人体造成的危害有哪些？

主要的危害是导致呼吸系统疾病——粉尘沉着病。不同的粉尘可致不同的粉尘沉着病，如游离二氧化硅可致硅沉着病；石棉、滑石、云母等可致硅酸盐沉着病；煤、石墨、炭黑、活性炭等可致炭尘沉着病；煤硅尘、铁硅尘等可致混合性粉尘沉着病；铁尘、铅尘、铝尘可致金属粉尘沉着病。吸入锡、钡、铁等尘后可致粉尘沉着症，但危害较小，脱离粉尘作业后，病变可无进展或消退。

12 粉料包装测爆工作程序有哪些？

（1）当粉料包装下料阀打开时，分析人员进行测爆工作；

（2）粉料连续工作2h以上时，以间隔2h为基准，继续联系分析人员进行测爆分析；

（3）当测爆分析不合格时立即要关闭粉料阀停止包料，脱气岗位增加F5009-9A设定，加大氮气反吹流量，直至分析合格后方可以进行包料工作；

（4）每次分析后要求分析人员把结果及签名立即填上。

13 装置环保设施有哪些？

（1）装置各种含油污水井共计39口。

（2）装置各设备（塔、容器）均设有密闭排放线。

（3）再生废气经再生排放气洗涤塔后排放至大气。

（4）罐区各罐设有氮封系统，防止罐内气体挥发排放到大气。

（5）装置内设有1个污水隔油池、1台污水泵，防止设备跑油造成环境污染事故。

（6）为防止装置原料罐区泄漏着火扩大，在罐区周围设置围堰围提；其中戊烷油储罐围堰1座、丁烯储罐围提1座、丁烯缓冲罐围提1座、戊烷油缓冲罐围提1座。

14 车间哪些岗位涉及哪些危险物料及助剂？

车间反应岗、造粒岗、粉料岗涉及危险物料及助剂。主要危险介质有乙烯、丁烯、氢气、一氧化碳，各种助剂有戊烷油、三乙基铝（T_2）、M4520 催化剂、淤浆催化剂、添加剂等。这些岗位工艺操作条件复杂，这些物质具有高温高压、遇明火着火爆炸、误操作造成系统憋压的特点，易发生火灾爆炸事故。

15 岗位人员日常巡检中，主要检查和监督的内容有哪些？

（1）检查生产作业环境　查跑冒滴漏；查通排风设施；查是否按照规定实施检测；查检测数据是否按照规定时间挂放到相应的检测地点卡片上。

（2）检查个人防护　查岗位上是否配置符合实际的个人劳保用品；查岗位员工的劳保佩戴。

16 车间室内可燃气体报警器报警后应如何处理？

首先通过显示器对应的位号确认现场探测器位置，立即赶到现场检查有无可燃气泄漏，如有可燃气体泄漏及时组织人员处理，避免浓度超高达到二级报警引起有关连锁停车或爆炸着火事故。

17 发生危险化学品事故，为了减少事故损失，防止事故蔓延、扩大，应当采取哪些措施？

（1）立即组织营救受害人员，组织撤离或者采取其它措施保护危害区域内的其它人员；

（2）迅速控制危害源，并对危险化学品造成的危害进行检验、监测，测定事故的危害区域、危险化学品性质及危害程度。

18 车间特种作业的种类有哪些？

车间的特种作业有：压力容器作业、压力管道作业、电梯作业、聚合反应作业、制冷作业。

19 危害辨识的主要部位有哪些？

危害辨识的主要部位有装置区平面布局、建（构）筑物、生产工艺过程、生产机械设备、有害作业部位（粉尘、毒物、噪声、振动、辐射、高温、低温等）和管理设施、事故应急设施及辅助生产生活卫生设施等。

20 建立应急预案与响应程序的作用是什么？

（1）确定潜在事故和紧急情况；

（2）制定所确定具体紧急情况发生时的应急预案与响应的计划；

（3）通过定期检验或演练测试应急预案与响应计划对潜在事故或紧急情况的响应能力或效果；

（4）依据演练结果特别是在事故或紧急情况发生后的应急情况、应对程序予以评审和修订，并对纠正措施和程序的更改予以记录。

21 更换三乙基铝（T_2）钢瓶操作有什么防护措施？

（1）更换钢瓶前对钢瓶连接口用氮气吹扫置换合格。

（2）操作人员佩戴防火铝服、鞋、防护罩作业。

（3）配备D类干粉灭火器，以防发生突发事故时使用。

22 车间手提式（D类）灭火器如何使用？

车间现有手提式（D类）灭火器2具，使用时须上下翻滚数次，拔出保险销，展开导管，手握手柄，按下压把将喷嘴对准火焰根部，推进喷射。注意死角，以免复燃。在需要喷射稍远距离时，可将导管的金属段卸下直接喷射。

23 三乙基铝安全注意事项有哪些？

三乙基铝化学反应活性很高，接触空气会冒烟自燃。对微量的氧及水分反应极其灵敏，易引起燃烧爆炸。与酸、卤素、醇、胺类接触发生剧烈反应。遇水强烈分解，放出易燃的烷烃气体。

24 在可能产生静电危害的场所，应采取什么措施防止产生静电？

（1）应正确使用各种防静电防护用品（如防静电鞋、防静电工作服、防静电手套等），不得穿戴合成纤维及丝绸衣物；

(2) 操作人员应徒手或徒手戴防静电手套触摸接地金属物体后方可进入工作场所；

(3) 禁止在爆炸危险场所穿脱衣服、帽子等。

25 机动车辆进入装置区及罐区有哪些规定？

(1) 机动车辆进入生产装置区和罐区作业，必须填写“装置证”、“用火作业票”，并佩戴阻火器方可进入；

(2) 非防爆电瓶车、机动三轮车、拖拉机、翻斗车等不准进入正在生产的装置区和罐区。

26 监护人主要职责是什么？

(1) 用火作业单位与用火所在单位双方监护人检查确认用火作业前的现场安全措施、分析结果，签署意见并签名；

(2) 负责用火现场防火检查和监督工作，准备灭火器材，随时扑灭用火飞溅火花，认真观察和及时了解用火现场周围装置运行情况。发现异常情况，立即通知用火人停止用火作业，及时联系有关人员共同采取措施；

(3) 坚守岗位，不准脱岗，不准从事其它工作；

(4) 用火作业中断 30min 以上，确认重新取样分析合格后，允许继续作业；

(5) 用火作业完成，会同有关人员清理现场，消除残火，确认无遗留火种后，方可离开现场。

27 车间重大危险源如何界定？

以低密度聚乙烯装置为重大危险源，根据危险源分析得出，低密度聚乙烯装置危险度等级为Ⅱ级，高度危险。

28 车间出现具有毒性的化学品泄漏后，对环境、人体危害有哪些？

本装置的毒性化学品为气态、液态，气态、液态有毒物质泄漏后形成有毒蒸气云，它在空气中漂移、扩散、直接影响现场人员并可能波及居民区。大量有毒物质泄漏可能带来严重的人员伤亡和环境污染。

毒物对人员的危害程度取决于毒物的性质、毒物的浓度和人员与毒物接触时间等因素。有毒物质泄漏初期，其毒气形成气团密集在泄漏源周围，随后由于环境温度、地形、风力和湍流等影响气团漂移、扩散，扩散范围扩大，浓度减小。

在后果分析中，往往不考虑毒物泄漏的初期情况，而主要计算其在大气中漂移、扩散的范围、浓度、接触毒物的人数等。

29 车间阻火设备包括哪些？

阻火设备包括安全液封、水封井、阻火器、单向阀、防火堤、燃烧池、防火墙等。

30 装置尘毒噪检测周期是如何确定的，检测指标是多少？

尘检测周期为1个月1次，车间主要检测尘为聚乙烯粉尘，指标为5mg/m^3。

毒物检测周期为3个月1次，车间主要检测毒物为丁烯，指标为100mg/m^3。

噪声检测周期为3个月1次，车间主要检测噪声为机械产生的噪声，以泵房噪声为主，指标为75～97分贝。

31 放射源泄漏事故处理程序有哪些？

首先用警戒绳将放射源5m范围内作警戒标志，上报上级部门做好防范措施，防止多人受到照射使事故扩大。然后用射源专用安装工具由熟练的放射线仪表操作人员佩带专用防护用品进行放射源的重新回装，在安装过程中按照维护放射源的三个基本方法进行操作。无关人员一律不得靠近警戒线以内。操作结束后通知相关部门撤销警戒，同时通知生产车间恢复已切除的相应生产流程。

32 对存有易爆、可燃、有毒有害、腐蚀性物料的设备、容器、管道在检修作业前应如何处理？

应进行相应的蒸汽吹扫、热水洗煮、中和、氮气置换，使设备、容器、管道内部不再含有残余物料。气体分析应符合：可燃气体浓度（液体蒸汽）不超过该物质与空气混合物爆炸下限10%

（体积），有毒气体含量不超过国家卫生标准，氧含量 19%～23.5%（体积分数）。分析合格后应加盲板与系统隔绝。不进行检修作业的上述设备、容器、管道也应进行相应的工艺处理，以保证停工期间的安全。